全国船舶工业职业教育教学指导委员会“十三五”规划教材

PLC 一体化实训教程

主　编　刘　伟
副主编　张俊杰
参　编　王占文　李佳宇
主　审　王　宇

哈爾濱工程大學出版社
Harbin Engineering University Press

内 容 简 介

本书是根据高职高专教育的培养目标，结合职业院校教学改革和课程建设成果，按照工学结合、项目引导、任务驱动、“教学做”一体化的原则编写而成的，突出实用，淡化理论，注重工艺性、实践性。本书包括5个项目：PLC基础实验，PLC应用实训，变频器应用实训，触摸屏应用实训，PLC与变频器、触摸屏的综合实训。每个项目可以单独作为实训教学中的一个节点，也可以全书贯穿形成系统化培训教材。

本书可作为高职高专院校电气自动化、智能控制、机电一体化等专业的实训教材，也可供中等职业院校师生及从事电气自动化等相关专业的工程技术人员参考。

图书在版编目(CIP)数据

PLC一体化实训教程/刘伟主编. —哈尔滨：哈尔滨工程大学出版社，2021.7(2023.7重印)
ISBN 978-7-5661-3003-7

Ⅰ.①P… Ⅱ.①刘… Ⅲ.①PLC技术-高等职业教育-教材 Ⅳ.①TM571.61

中国版本图书馆CIP数据核字(2021)第106507号

PLC一体化实训教程
PLC YITIHUA SHIXUN JIAOCHENG

选题策划 史大伟 薛 力
责任编辑 张 彦 马毓聪
封面设计 李海波

出版发行 哈尔滨工程大学出版社
社　　址 哈尔滨市南岗区南通大街145号
邮政编码 150001
发行电话 0451-82519328
传　　真 0451-82519699
经　　销 新华书店
印　　刷 哈尔滨午阳印刷有限公司
开　　本 787 mm×1 092 mm 1/16
印　　张 17
字　　数 448千字
版　　次 2021年7月第1版
印　　次 2023年7月第2次印刷
定　　价 45.00元
http://www.hrbeupress.com
E-mail:heupress@hrbeu.edu.cn

船舶行指委“十三五”规划教材编委会

前　言

PLC应用技术、变频技术、电气控制技术和组态控制技术是电气自动化及其相关专业的核心课程。PLC因具有编程简单、灵活通用、可靠性强等优点已经成为工业控制的核心；变频器作为交流电动机的调速装置,因具有高效节能等优点而广泛应用于工业生产和民用生活中;使用触摸屏进行监控操作是现代工业控制的常用手段,有效地弥补了PLC在监控方面的不足。本书以PLC为核心,通过应用实例把PLC、变频器及触摸屏等多方面专业知识有机地结合起来,体现了技术的现代性、实用性和综合性,对于培养学生专业技能和综合素质有极其重要的意义。

本书是根据高职高专教育的培养目标,结合职业院校教学改革和课程建设成果,按照工学结合、项目引导、任务驱动、"教学做"一体化的原则编写而成的。本书突出实用,淡化理论,注重工艺性、实践性,以职业岗位群的需求为出发点,本着"必需、够用"的原则,精选内容。本书编写具有以下特点。

(1)创新教材编写模式。本书打破原有实训教材单一科目的编写模式,跨学科地将PLC、变频器及触摸屏有机地结合起来。

(2)理论够用,突出实践。本书以实训项目为主线,并将PLC编程技术、变频器应用技术及触摸屏组态技术等有机地贯穿其中,内容的组织富有操作性,融理论于实践,让学生从实践中获取知识。

(3)本书充分利用了混合课程建设资源,为实训项目配置微课、慕课等视频资源。同时,每个实训项目从硬件连接、参数设置、编程到组态等都有清晰的图片和详细的步骤,只要按照给定的步骤进行操作,就可以实现工程的构建和调试,便于学生自学。

(4)本书由校企合作共同编写,实训项目贴近生产实际。本书主编和参编人员在企业从事专业工作多年并长期担任相关专业的理论和实训教学工作,具有丰富的教学经验。

本书包括5个项目:PLC基础实验,PLC应用实训,变频器应用实训,触摸屏应用实训,PLC与变频器、触摸屏的综合实训。每个项目可以单独作为实训教学中的一个节点,也可以全书贯穿形成系统化培训教材。

本书由渤海船舶职业学院刘伟副教授担任主编,由渤海船舶职业学院张俊杰讲师担任副主编。本书项目2、项目4由刘伟编写,项目1、项目3由张俊杰编写,渤海造船厂高级讲师王占文与渤海船舶职业学院讲师李佳宇合作编写了项目5以及附录部分内容。本书的教学视频资源是由江苏工程职业技术学院王欣教授、渤海船舶职业学院赵群副教授等提供的。全书由刘伟统稿和定稿,由渤海船舶职业学院王宇教授担任主审。

本书在编写过程中,参考了许多同行专家的论著,借鉴了他们许多宝贵的经验。渤海船舶职业学院电气实训车间主任杨庆堂教授为本书的出版提供了大力支持并提出了许多宝贵建议，在此表示诚挚的谢意。

本书可作为高职高专院校电气自动化、智能控制、机电一体化等专业的实训教材，也可供中等职业院校师生及从事电气自动化等相关专业的工程技术人员参考。

由于编者水平有限，且编写时间紧迫，书中难免存在一些错误和不足，恳请广大读者批评指正。

编　者

2021年4月

目　　录

二、实验要求

三相异步电动机星/三角换接时，有可能因为电动机容量较大或操作不当等原因，使接触器主触头产生较为严重的起弧现象，如果电弧还未完全熄灭时反转的接触器就闭合，则会造成电源相间短路。用 PLC 来控制电动机则可避免这一问题。

三相异步电动机星/三角换接启动控制的实验板如图 1 - 14 所示，使用软元件定时器来进行延时。具体控制要求：按下启动按钮 SS，主接触器 KM1 线圈得电，3 s 后星接接触器 KM3 得电，电动机做星形连接启动；再过 3 s，星接接触器 KM3 断电；再过 3 s，角接接触器 KM2 得电，电动机做三角形连接正常运行。要求星接接触器和角接接触器之间有互锁。按下停止按钮 ST 或热继电器 FR 动作时，电动机停止运行。

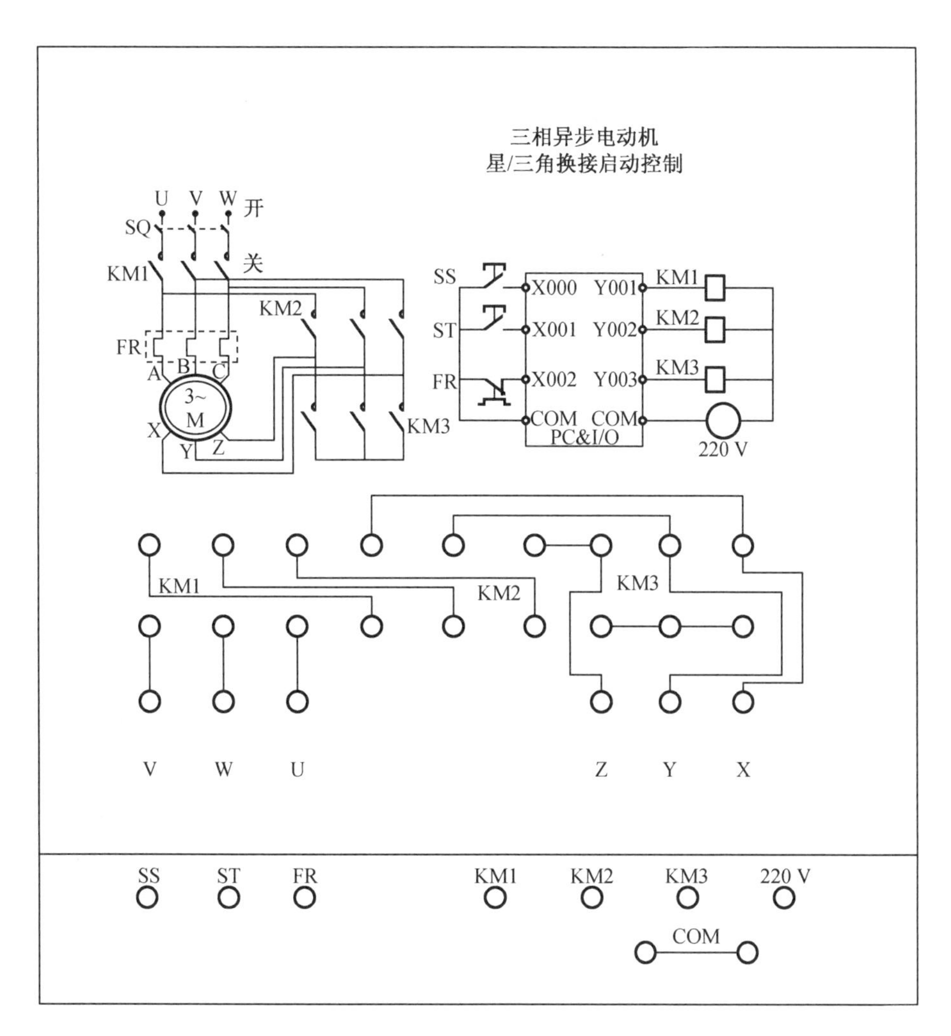

图 1 - 14　三相异步电动机星/三角换接启动控制的实验板

三、电动机主电路连接及 PLC 外部接线

将图 1－14 下框中的 SS、ST、FR 分别接主机的输入点 X000、X001、X002；将 KM1、KM2、KM3 分别接主机的输出点 Y001、Y002、Y003；COM 端与主机的 COM 端相连；本实验区的 COM1、COM2 端与主机的 COM1、COM2 端相连。KM1、KM2、KM3 的动作用发光二极管来模拟。

实验装置已将三个 CJ0－10 接触器的触点引出至面板上。学生可按图 1－14 所示，用专用实验连接导线连接。三相市电已引至三相开关 SQ 的 U、V、W 端。A、B、C、X、Y、Z 与三相异步电动机（400 W）相应的六个接线柱相连。将三相闸刀开关拨向“开”位置，三相 380 V市电即引至 U、V、W 三端。

注意：接通电源之前，将三相异步电动机星/三角换接启动实验模块的开关置于“关”位置（开关往下扳）。因为一旦接通三相电，只要开关置于“开”位置（开关往上扳），这一实验模块中的 U、V、W 端就已得电。所以，请在连好实验接线后，再将这一开关接通，千万注意人身安全。

四、PLC 程序设计与运行调试

程序中共用到 3 个延时，主接触器得电后延时 3 s，星接接触器得电，再过 3 s 后，星接接触器断电；再延时 3 s，角接接触器得电。因此，程序中需要使用三个定时器。为了避免电源被短路，星接接触器 KM3 和角接接触器 KM2 不能同时得电，要进行互锁，可采用机械互锁和程序互锁两种方法，包括 KM2 断电 3 s 后，KM3 才得电，都是为了保证前者可靠断电后，后者才得电。

三相异步电动机星/三角降压启动控制参考梯形图如图 1－15 所示。

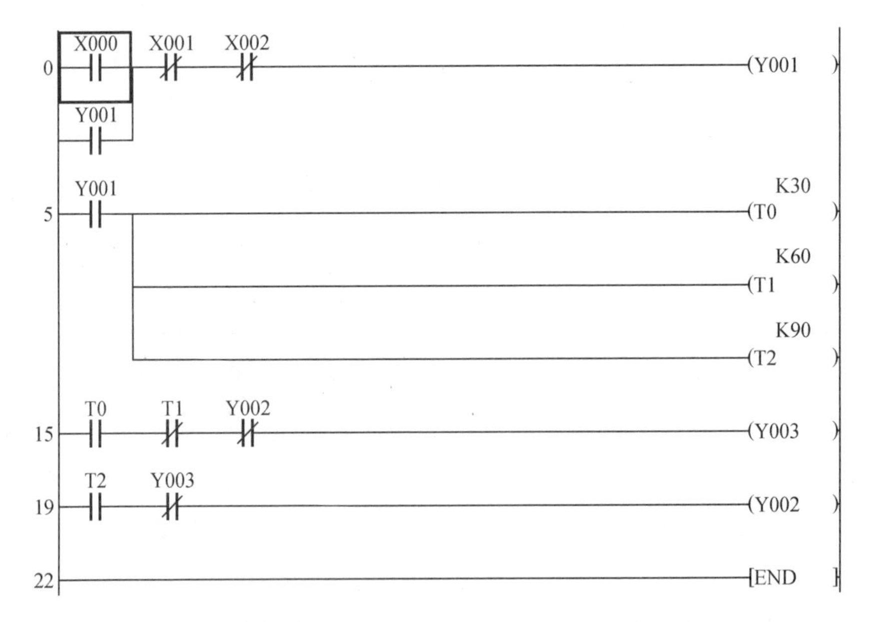

图 1－15　三相异步电动机星/三角降压启动控制参考梯形图

与图1－15所示梯形图对应的三相异步电动机星/三角降压启动控制参考程序见表1－9。

表1－9　三相异步电动机星/三角降压启动控制参考程序

步序号	指令	器件号	说明	步序号	指令	器件号	说明
0	LD	X000	启动	10	OUT	T2	延时9 s
1	OR	Y001		11		K90	
2	ANI	X001	停车	12	LD	T0	
3	ANI	X002	过载保护	13	ANI	T1	
4	OUT	Y001	KM1 吸合	14	ANI	Y002	
5	LD	Y001		15	OUT	Y003	KM3 吸合
6	OUT	T0		16	LD	T2	
7		K30	延时3 s	17	ANI	Y003	
8	OUT	T1		18	OUT	Y002	KM2 吸合
9		K60	延时6 s	19	END		程序结束

五、动作过程分析

启动：按下启动按钮SS，X000的动合触点闭合，Y001的线圈得电，即主接触器KM1的线圈得电，3 s后Y003的线圈得电，即星接接触器KM3的线圈得电，电动机做星形连接启动；当启动时间累计达6 s时，T0的动断触点断开，Y003的线圈断电，星接接触器KM3断电，触头释放；启动时间累计达9 s时，Y002的线圈得电，电动机做三角形连接，启动完毕。

停车：按下停止按钮ST，X001的动断触点断开，Y001、Y002的线圈断电。KM1、KM2的线圈断电，电动机做自由停车运行。

过载保护：当电动机过载时，X002的动断触点断开，Y001、Y002的线圈断电，电动机也停车。按一下按钮FR，可模拟过载的情况，观察运行结果。

六、知识扩展

如果使用堆栈指令来设计程序，该如何修改图1－15所示梯形图？

实验5　LED数码显示控制

一、实验目的

1. 练习使用手持编程器。
2. 练习PLC外部端子接线方法。
3. 了解并掌握移位指令SFTL/SFTR在控制中的应用及其编程方法。

4. 掌握 PLC 应用程序的调试方法。

二、控制要求

按下启动按钮 SD 后，由 8 组 LED 发光二极管模拟的 8 段数码管开始显示，先是一段一段显示，显示次序是 0、1、2、3、4、5、6、7、8、9、A、B、C、D、E、F，再返回初始显示，并循环。

三、LED 数码显示控制的实验板

本实验在 LED 数码显示控制实验区完成。LED 数码显示控制的实验板如图 1－16 所示。图 1－16 下框中的 A、B、C、D、E、F、G、H 分别接主机的输出点 Y0、Y1、Y2、Y3、Y4、Y5、Y6、Y7，SD 接主机的输入点 X0。图 1－16 上框中的 A、B、C、D、E、F、G、H 用发光二极管模拟输出。

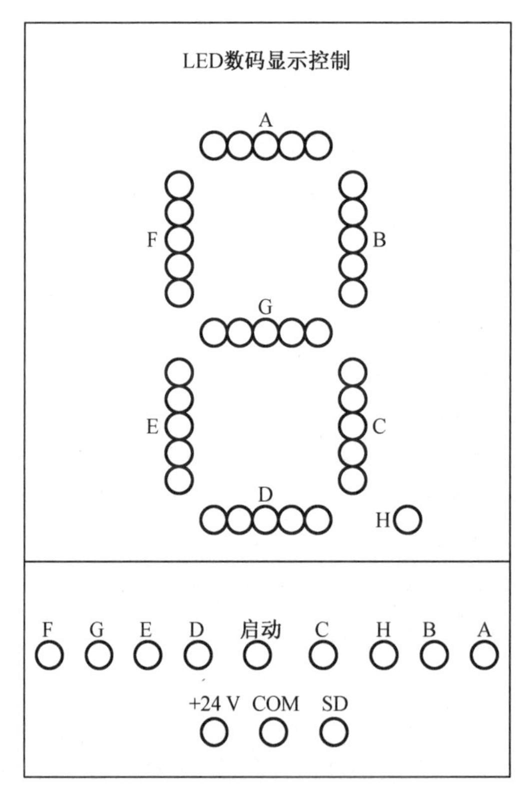

图 1－16　LED 数码显示控制的实验板

四、位左移指令 SFTL/SFTR 指令的用法

1. SFTL 指令

格式：SFTL　[S]　[D]　n1　n2

功能：SFTL 指令使元件中的状态向左移位，由 n1 指定位元件的长度，n2 指定移动的位数（n2≤n1≤1 024）。

SFTL 指令的功能如图 1－17 所示，当 X11 由“OFF”变为“ON”时，执行 SFTL 指令，数据按以下顺序移位：M15 ~ M12 中的数溢出，M11 ~ M8→M15 ~ M12，M7 ~ M4 →M11 ~ M8，M3 ~ M0 →M7 ~ M4，X3 ~ X0→M3 ~ M0。

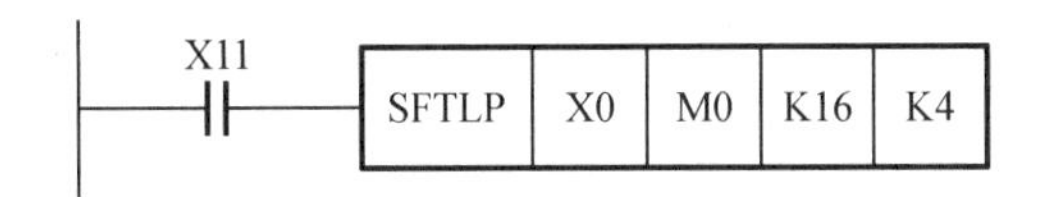

图 1－17　SFTL 指令的功能

其他说明：

（1）源操作数[S]为数据位的起始位置，目标操作数[D]为移位数据位的起始位置。

（2）源操作数[S]的形式可以为 X、Y、M、S；目标操作数[D]的形式可以为 Y、M、S；n1、n2 的形式可以为 K、H。

SFTL 指令通常使用脉冲执行型，即使用时在指令后加“P”。SFTLP 在执行条件的上升沿时执行；用连续指令时，当执行条件满足时，每个扫描周期执行一次。

2. SFTR 指令

格式：SFTR　[S]　[D]　n1　n2

功能：SFTR 指令使元件中的状态向右移位，由 n1 指定位元件的长度，n2 指定移动的位数（n2≤n1≤1 024）。

SFTR 指令的功能和使用方法与 SFTL 指令基本相同，只是移位方向不同。

五、编制梯形图并写出程序

设计程序时，在启动开关 SD（X000）满足条件的情况下，一要产生一个一定时间间隔（如 1 s）的脉冲（如 M0），在脉冲 M0 的作用下执行左移位指令 SFTL；二要输出一个初始状态“1”给 M10，再输出到 M100，以 M100 的状态“1”为数据源依次移位，每次只移动 1 位，一共是 16 个状态，且当前时刻只有一个状态为“1”，即显示 16 个字符中的一个。

字符的显示是按笔画分段进行的，分为 A ~ H 一共 8 段，如字符“1”，需点亮 B 段（Y001）、C 段（Y002）；字符“2”，需点亮 A 段（Y000）、B 段（Y001）、D 段（Y003）、E 段（Y004）、G 段（Y006）；字符“3”到字符“H”的显示方式以此类推。通过观察我们发现，显示字符“1”和“2”都需要点亮 B 段（Y001），可是 PLC 梯形图一般是不允许重复线圈输出的，为了解决这个问题，我们把 A ~ F 段集中起来，把显示该段的条件以“或”的形式并联起来。

LED 数码显示控制参考梯形图如图 1－18 所示。

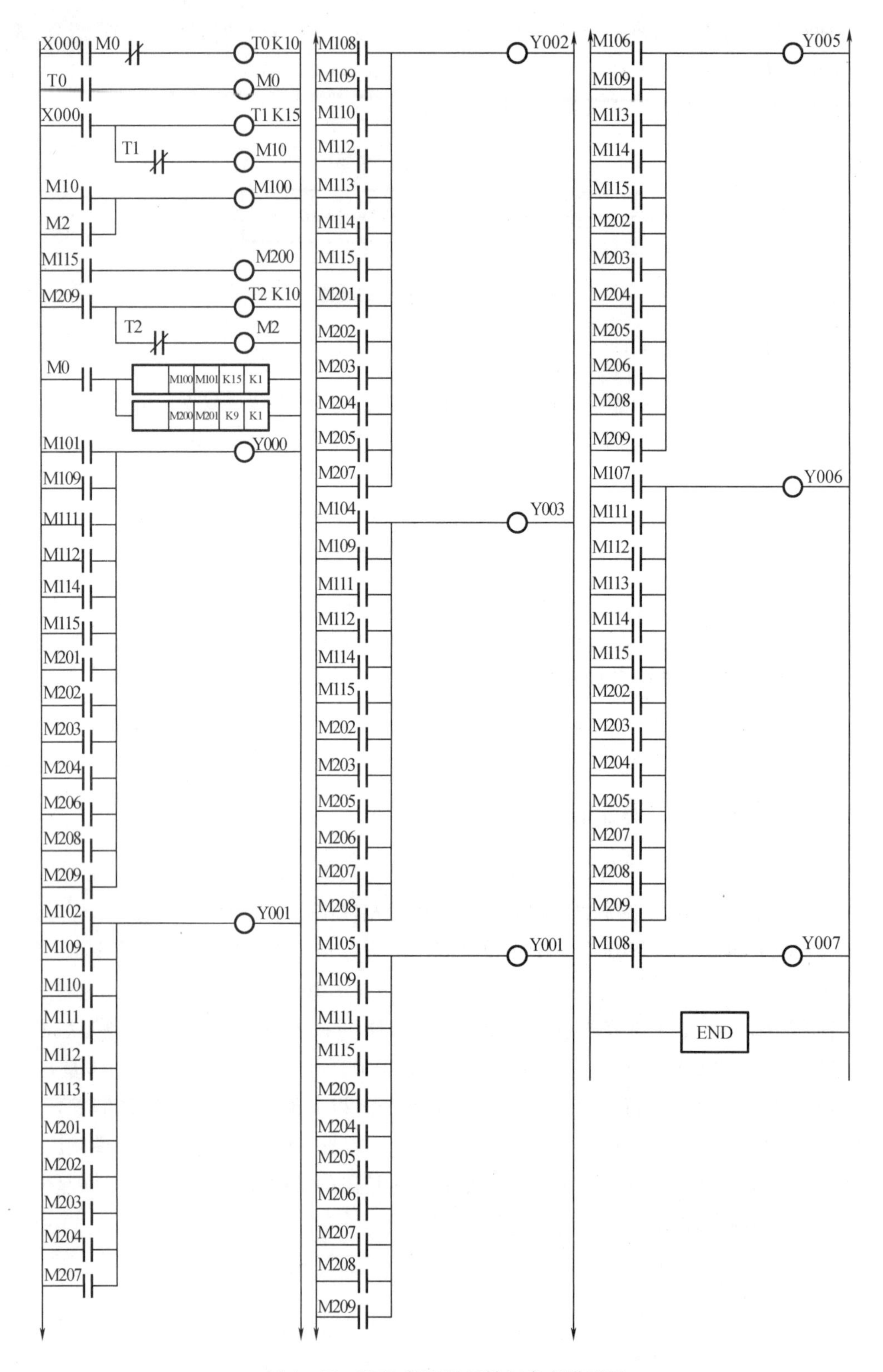

图 1－18　LED 数码显示控制参考梯形图

与图 1－18 所示梯形图对应的 LED 数码显示控制参考程序见表 1－10。

表 1-10 LED 数码显示控制参考程序

步序号	指令	器件号	说明	步序号	指令	器件号	说明
0	LD	X000	启动	53	OR	M206	
1	ANI	M0		54	OR	M208	
2	OUT	T0 K10	延时 1 s	55	OR	M209	
5	LD	T0		56	OUT	Y000	A 段显示
6	OUT	M0	产生脉冲	57	LD	M102	
7	LD	X000		58	OR	M109	
8	OUT	T1 K15	延时 1.5 s	59	OR	M110	
11	ANI	T1		60	OR	M111	
12	OUT	M10		61	OR	M112	
13	LD	M10		62	OR	M113	
14	OR	M2		63	OR	M201	
15	OUT	M100		64	OR	M202	
16	LD	M115		65	OR	M203	
17	OUT	M200		66	OR	M204	
18	LD	M209		67	OR	M207	
19	OUT	T2 K10	延时 1 s	68	OUT	Y001	B 段显示
22	ANI	T2		69	LD	M103	
23	OUT	M2		70	OR	M109	
24	LD	M0	移位输入	71	OR	M110	
25	FNC35 (SFTL)	M100 M101 K15 K1	左移位	72	OR	M112	
34	FNC35 (SFTL)	M200 M201 K9 K1	左移位	73	OR	M113	
43	LD	M101		74	OR	M114	
44	OR	M109		75	OR	M115	
45	OR	M111		76	OR	M201	
46	OR	M112		77	OR	M202	
47	OR	M114		78	OR	M203	
48	OR	M115		79	OR	M204	
49	OR	M201		80	OR	M205	
50	OR	M202		81	OR	M207	
51	OR	M203		82	OUT	Y001	C 段显示
52	OR	M204		83	LD	M104	

表 1－10(续)

步序号	指令	器件号	说明	步序号	指令	器件号	说明
84	OR	M109		111	OR	M114	
85	OR	M111		112	OR	M115	
86	OR	M112		113	OR	M202	
87	OR	M114		114	OR	M203	
88	OR	M115		115	OR	M204	
89	OR	M202		116	OR	M205	
90	OR	M203		117	OR	M206	
91	OR	M205		118	OR	M208	
92	OR	M206		119	OR	M209	
93	OR	M207		120	OUT	Y005	F 段显示
94	OR	M208		121	LD	M107	
95	OUT	Y003	D 段显示	122	OR	M111	
96	LD	M105		123	OR	M112	
97	OR	M109		124	OR	M113	
98	OR	M111		125	OR	M114	
99	OR	M115		126	OR	M115	
100	OR	M202		127	OR	M202	
101	OR	M204		128	OR	M203	
102	OR	M205		129	OR	M204	
103	OR	M206		130	OR	M205	
104	OR	M207		131	OR	M207	
105	OR	M208		132	OR	M208	
106	OR	M209		133	OR	M209	
107	OUT	Y003	E 段显示	134	OUT	Y006	G 段显示
108	LD	M106		135	LD	M108	
109	OR	M109		136	OUT	Y007	H 小数点显示
110	OR	M113		137	END		程序结束

六、知识扩展

图 1－18 的循环功能是怎样实现的？

实验6 彩灯循环控制

彩灯循环控制

一、实验目的

1. 练习使用手持编程器。
2. 练习 PLC 外部端子接线方法。
3. 了解并掌握移位指令 SFTL 在控制中的应用及其编程方法。
4. 掌握 PLC 应用程序的调试方法。

二、实验内容

合上启动按钮后，按以下规律显示：L1、L2、L9→L1、L5、L8→L1、L4、L7→L1、L3、L6→L1→L2、L3、L4、L5、L6、L7、L8、L9→L1、L2、L6→L1、L3、L7→L1、L4、L8→L1、L5、L9→L1→L2、L3、L4、L5→L6、L7、L8、L9→L1、L2、L9，如此循环，周而复始。

三、彩灯循环控制的实验板

图 1－19 下框中的 L1、L2、L3、L4、L5、L6、L7、L8、L9 分别接主机的输出点 Y0、Y1、Y2、Y3、Y4、Y5、Y6、Y7、Y10。启动按钮接主机的输入点 X0，停止按钮接主机的输入点 X1。COM 端与主机的 COM 端相连。

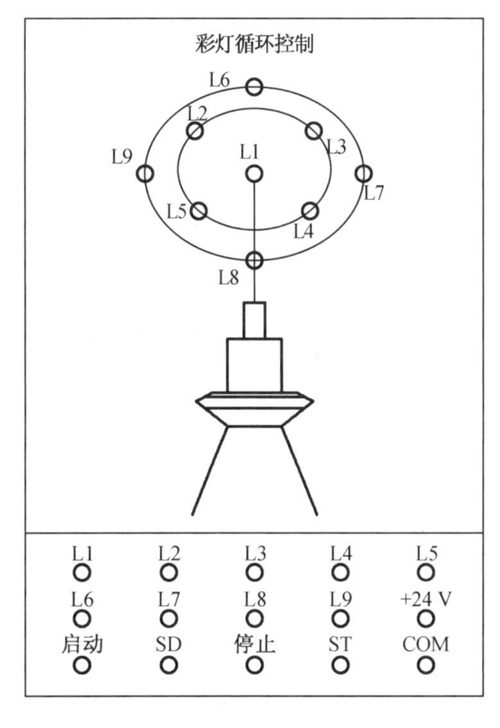

图 1－19 彩灯循环控制的实验板

四、编制梯形图并写出程序

彩灯循环控制参考梯形图如图 1－20 所示。

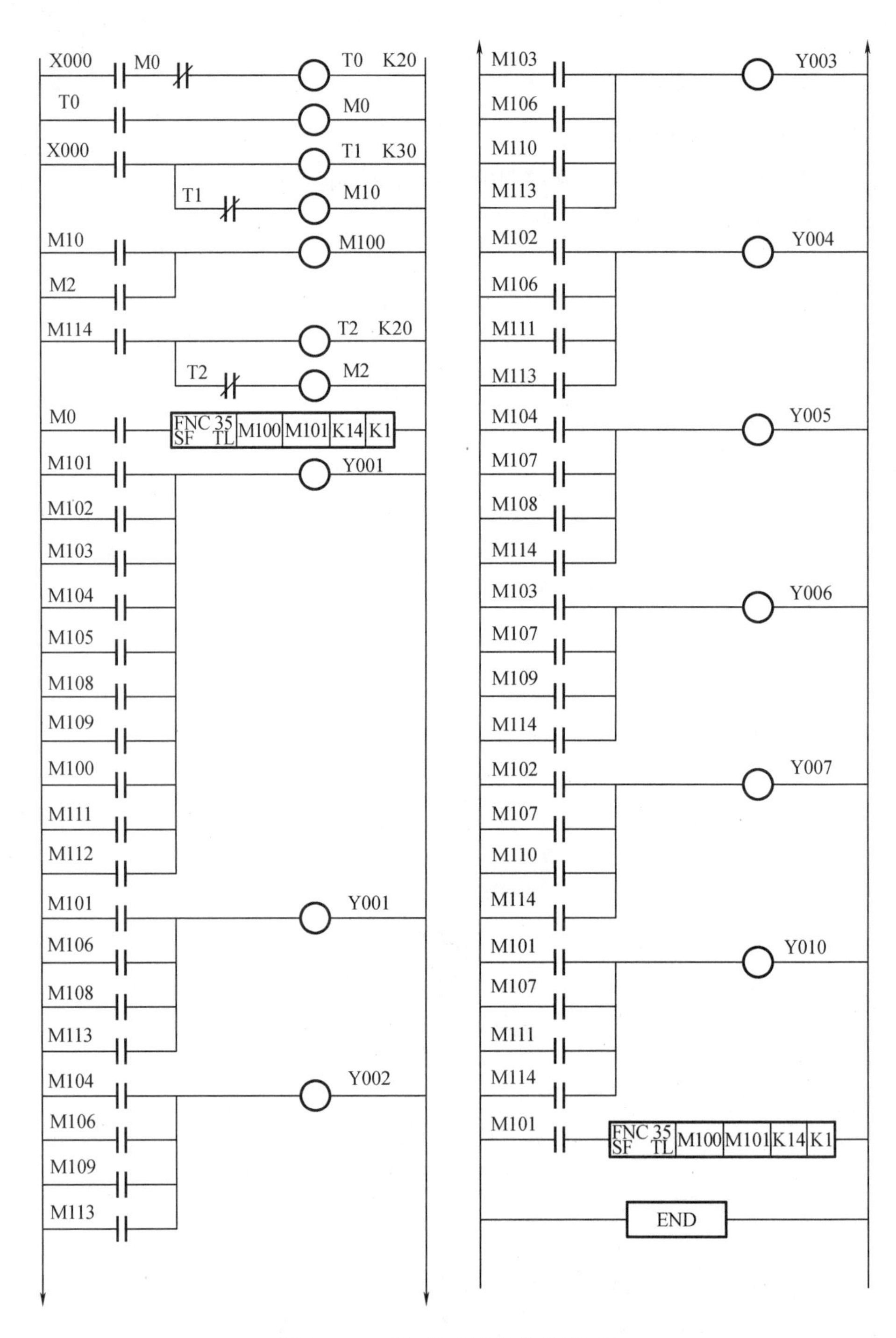

图 1－20　彩灯循环控制参考梯形图

与图 1－20 所示梯形图对应的彩灯循环控制参考程序见表 1－11。

表 1－11 彩灯循环控制参考程序

步序号	指令	器件号	说明	步序号	指令	器件号	说明
0	LD	X000	启动按钮	32	OR	M110	
1	ANI	MO		33	OR	M111	
2	OUT	T0	延时 2 s	34	OR	M112	
3		K20		35	OUT	Y000	L1 显示
4	LD	T0		36	LD	M101	
5	OUT	M0		37	OR	M106	
6	LD	X000		38	OR	M108	
7	OUT	T2	延时 3 s	39	OR	M113	
8		K30		40	OUT	Y001	L2 显示
9	ANI	T1		41	LD	M104	
10	OUT	M10		42	OR	M106	
11	LD	M10		43	OR	M109	
12	OR	M2		44	OR	M113	
13	OUT	M100		45	OUT	Y002	L3 显示
14	LD	M114		46	LD	M103	
15	OUT	T2	延时 2 s	47	OR	M106	
16		K20		48	OR	M110	
17	ANI	T2		49	OR	M113	
18	OUT	M2		50	OUT	Y003	L4 显示
19	LD	M0	移位输入	51	LD	M102	
20	FNC	35	左移位	52	OR	M106	
21		M100	数据输入	53	OR	M111	
22		M101	移位	54	OR	M113	
23		K14	移位段数:14	55	OUT	Y004	L5 显示
24		K1	1 位移位	56	LD	M104	
25	LD	M101		57	OR	M107	
26	OR	M102		58	OR	M108	
27	OR	M103		59	OR	M114	
28	OR	M104		60	OUT	Y005	L6 显示
29	OR	M105		61	LD	M103	
30	OR	M108		62	OR	M107	
31	OR	M109		63	OR	M109	

表 1-11(续)

步序号	指令	器件号	说明	步序号	指令	器件号	说明
64	OR	M114		73	OR	M111	
65	OUT	Y006	L7 显示	74	OR	M114	
66	LD	M102		75	OUT	Y010	L9 显示
67	OR	M107		76	LD	X001	停止按钮
68	OR	M110		77	FNC	40	全部复位
69	OR	M114		78		M101	
70	OUT	Y007	L8 显示	79		M114	
71	LD	M101		80	END		程序结束
72	OR	M107					

五、知识与扩展

1. 隔两灯闪烁:L1、L4、L7 亮,1 s 后灭,接着 L2、L5、L8 亮,1 s 后灭,接着 L3、L6、L9 亮,1 s 后灭,接着 L1、L4、L7 亮,1 s 后灭;如此循环。试编制程序,并上机调试运行。

2. 发射型闪烁:L1 亮,2 s 后灭,接着 L2、L3、L4、L5 亮,2 s 后灭,接着 L6、L7、L8、L9 亮,2 s 后灭,接着 L1 亮,2 s 后灭;如此循环。试编制程序,并上机调试运行。

实验 7　液体混合装置控制的模拟

一、实验目的

液体混合装置控制

1. 练习使用手持编程器。
2. 练习 PLC 外部端子接线方法。
3. 练习使用基本指令和 SFC 指令。
4. 熟悉 PLC 编程方法,即经验设计法和 SFC 设计法。
5. 通过对工程实例的模拟,掌握 PLC 的编程和程序调试方法。

二、液体混合装置控制的模拟实验板

本实验在液体混合装置控制的模拟实验区完成。液体混合装置控制的模拟实验板如图 1-21 所示,上框中液面传感器用拨把开关来模拟,启动、停止用动合按钮来实现,液体 A 阀门、液体 B 阀门、混合液体阀门的打开与关闭以及搅匀电机的运行与停转用发光二极管的点亮与熄灭来模拟。

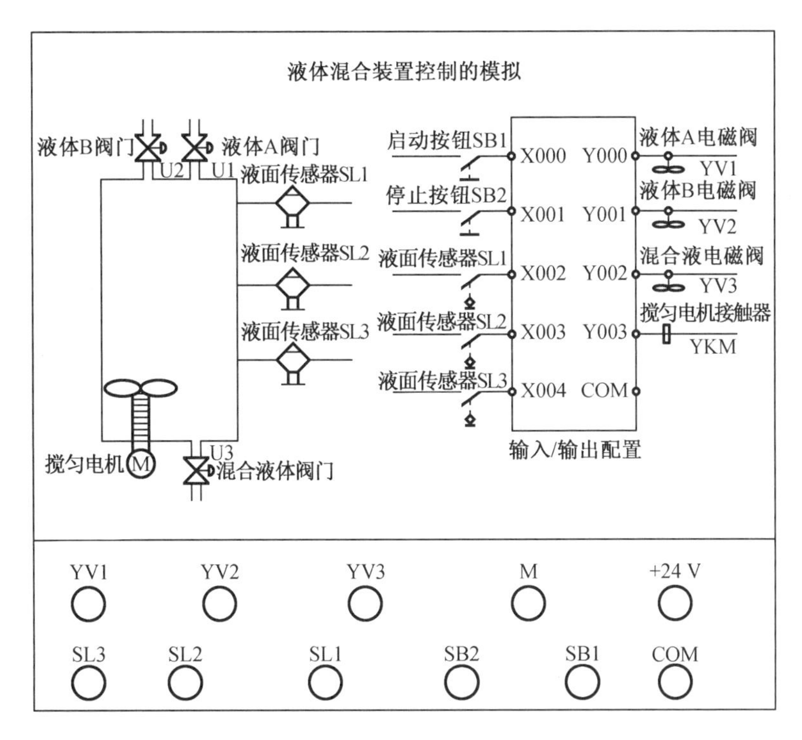

图 1-21 液体混合装置控制的模拟实验板

三、控制要求

由图 1-21 可知，本装置为两种液体混合装置，SL1、SL2、SL3 为液面传感器，液体 A、B 阀门与混合液体阀门由电磁阀 YV1、YV2、YV3 控制，M 为搅匀电机。控制要求如下。

1. 初始状态

装置投入运行时，液体 A、B 阀门关闭，混合液体阀门打开 20 s 将容器放空后关闭。

2. 启动操作

按下启动按钮 SB1，装置就开始按下列约定的规律操作：液体 A 阀门打开，液体 A 流入容器。当液面到达 SL2 位置时，SL2 接通，关闭液体 A 阀门，打开液体 B 阀门。液面到达 SL1 位置时，关闭液体 B 阀门，搅匀电机开始搅匀。搅匀电机工作 1 min 后停止搅动，混合液体阀门打开，开始放出混合液体。当液面下降到 SL3 位置时，SL3 由接通变为断开，再过 20 s 后，容器放空，混合液体阀门关闭，开始下一周期。

3. 停止操作

按下停止按钮 SB2 后，在当前的混合液操作处理完毕后，才停止操作（停在初始状态上）。

三、制定 I/O（输入/输出）分配表及硬件接线

根据液体混合装置控制要求，确定 PLC 需要 5 个输入点、4 个输出点，其 I/O 分配表见表 1-12。

表1－12　I/O分配表

输入		输出	
设备名称及代号	输入继电器	设备名称及代号	输出继电器
启动按钮 SB1	X0	液体 A 电磁阀 YV1	Y0
停止按钮 SB2	X1	液体 B 电磁阀 YV2	Y1
液面传感器 SL1	X2	混合液电磁阀 YV3	Y2
液面传感器 SL2	X3	搅匀电机接触器 YKM	Y3
液面传感器 SL3	X4		

在实验板上，将启动、停止按钮插孔 SB1、SB2 分别接主机的输入点 X0、X1；将液面传感器插孔 SL1、SL2、SL3 分别接主机的输入点 X2、X3、X4；用导线将插孔 YV1、YV2、YV3、M 分别接 PLC 主机的输出点 Y0、Y1、Y2、Y3。

四、编制梯形图并写出程序

利用经验设计法，编写液体混合装置控制的模拟参考梯形图，如图 1－22 所示。

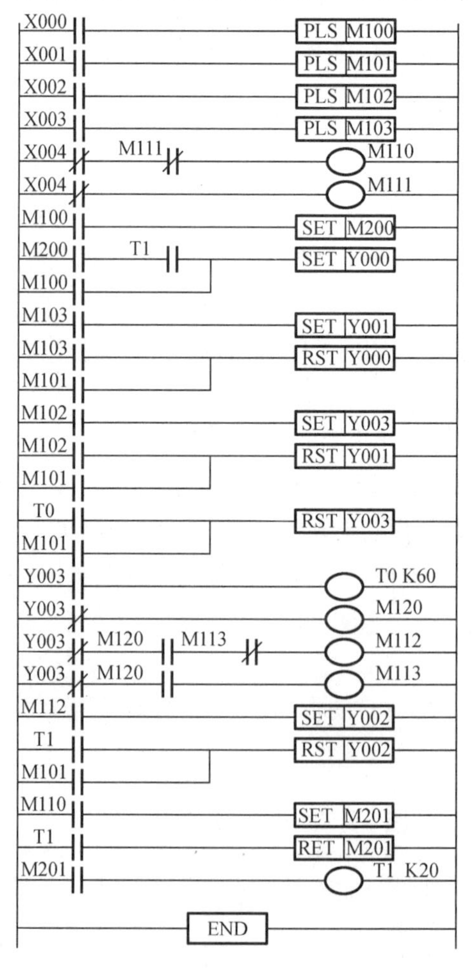

图 1－22　液体混合装置的控制参考梯形图

与图 1－22 所示参考梯形图对应的液体混合装置的控制参考程序见表 1－13。

表 1－13 液体混合装置的控制参考程序

步序号	指令	器件号	说明	步序号	指令	器件号	说明
0	LD	X000		17	OR	M100	
1	PLS	M100	启动脉冲	18	SET	Y000	液体 A 电磁阀打开
2	LD	X001		19	LD	M103	
3	PLS	M101	停止脉冲	20	SET	Y001	液体 B 电磁阀打开
4	LD	X002		21	LD	M103	
5	PLS	M102		22	OR	M101	
6	LD	X003		23	RST	Y000	液体 A 电磁阀关闭
7	PLS	M103		24	LD	M102	
8	LDI	X004		25	SET	Y003	搅匀电机工作
9	ANI	M111		26	LD	M102	
10	OUT	M110		27	OR	M101	
11	LDI	X004		28	RST	Y001	液体 B 电磁阀关闭
12	OUT	M111		29	LD	T0	
13	LD	M100		30	OR	M101	
14	SET	M200		31	RST	Y003	搅匀电机停止
15	LD	M200		32	LD	Y003	
16	AND	T1		33	OUT	T0	延时 6 s
34		K60		46	LD	T1	
35	LDI	Y003		47	OR	M101	
36	OUT	M120		48	RST	Y002	混合液电磁阀关闭
37	LDI	Y003		49	LD	M110	
38	AND	M120		50	SET	M201	
39	ANI	M113		51	LD	T1	
40	OUT	M112		52	RST	M201	
41	LDI	Y003		53	LD	M201	
42	AND	M120		54	OUT	T1	延时 2 s
43	OUT	M113		55		K20	
44	LD	M112		56	END		程序结束
45	SET	Y002	混合液电磁阀打开				

五、程序设计及工作过程分析

根据按照控制要求编写的梯形图分析其工作过程。

(1)启动操作

按下启动按钮 SB1,X000 的动合触点闭合,M100 产生启动脉冲,M100 的动合触点闭合,使 Y000 保持接通,液体 A 电磁阀 YV1 打开,液体 A 流入容器。

当液面上升到 SL3 时,虽然 X004 动合触点接通,但没有引起输出动作。

当液面上升到 SL2 位置时,SL2 接通,X003 的动合触点接通,M103 产生脉冲,M103 的动合触点接通一个扫描周期,复位指令 RST　Y000 使 Y000 线圈断开,液体 A 电磁阀 YV1 关闭,液体 A 停止流入;与此同时,M103 的动合触点接通一个扫描周期,保持操作指令 SET　Y001 使 Y001 线圈接通,液体 B 电磁阀 YV2 打开,液体 B 流入。

当液面上升到 SL1 位置时,SL1 接通,M102 产生脉冲,M102 动合触点闭合,使 Y0001 线圈断开,液体 B 电磁阀 YV2 关闭,液体 B 停止注入,M102 动合触点闭合,Y003 线圈接通,搅匀电机工作,开始搅匀。搅匀电机工作时,Y003 的动合触点闭合,启动定时器 T0,过了 60 s,T0 动合触点闭合,Y003 线圈断开,搅匀电机停止搅动。当搅匀电机由接通变为断开时,使 M112 产生一个扫描周期的脉冲,M112 的动合触点闭合,Y002 线圈接通,混合液电磁阀 YV3 打开,开始放混合液。

液面下降到 SL3 位置,液面传感器 SL3 由接通变为断开,使 M110 动合触点接通一个扫描周期,M201 线圈接通,T1 开始工作,20 s 后混合液流完,T1 动合触点闭合,Y002 线圈断开,混合液电磁阀 YV3 关闭。同时 T1 的动合触点闭合,Y000 线圈接通,液体 A 电磁阀 YV1 打开,液体 A 流入,开始下一循环。

(2)停止操作

按下停止按钮 SB2,X001 的动合触点接通,M101 产生停止脉冲,使 M200 线圈复位断开,M200 动合触点断开,在当前的混合操作处理完毕后,使 Y000 不能再接通,即停止操作。

六、液体自动混合装置单序列 SFC 图编程

(1)为了实现按下停止按钮时,系统运行不立即停止,而是要完成当前周期才停止,可在程序开头采用起 - 保 - 停电路借助中间继电器 M1 记忆已按下停止按钮这一动作。

(2)在液体混合过程中,液面的变化信号由液面传感器来检测,要采用液面传感器状态的变化(OFF→ON,ON→OFF)作为转移条件,而不能用传感器的 ON 或 OFF 状态来作为状态转移条件。

(3)程序调试过程中,要手动模拟各液面传感器被液面淹没或排出液体时开关触点 ON 与 OFF 动作的转换。

液体自动混合装置 SFC 控制程序如图 1 - 23 所示。

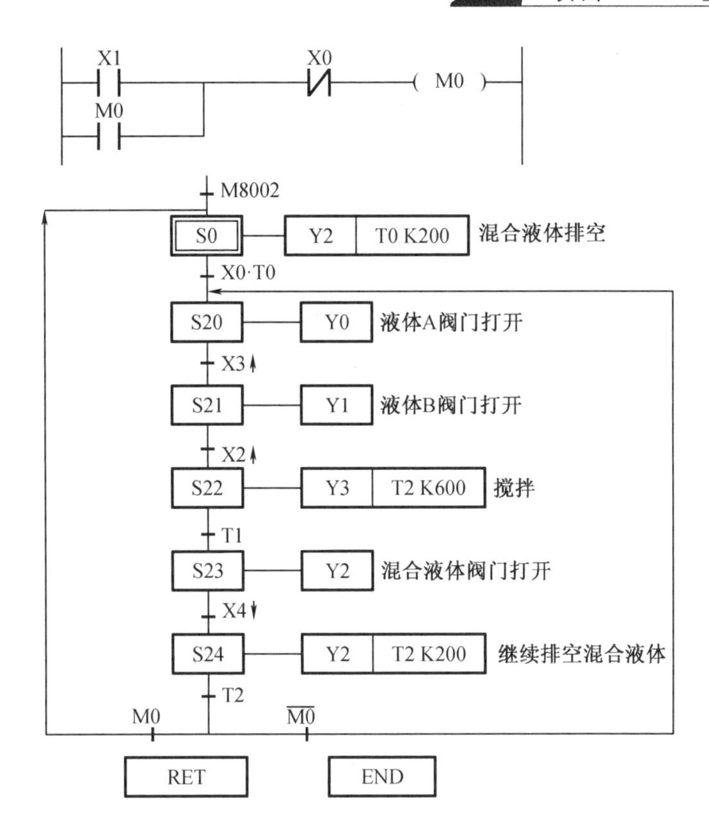

图 1-23 液体自动混合装置 SFC 控制程序

与图 1-23 所示控制程序对应的液体自动混合装置 SFC 指令程序见表 1-14。

表 1-14 液体自动混合装置 SFC 指令程序

步序号	指令	器件号	说明	步序号	指令	器件号	说明
0	LD	X1		14	OUT	Y0	液体 A 阀门打开
1	OR	M0	启动脉冲	15	LDP	X3	
2	ANI	X0	停止脉冲	17	SET	S21	
3	OUT	M0	运行标志	18	STL	S21	
4	LD	M8002		19	OUT	Y1	液体 B 阀门打开
5	SET	S0		20	LDP	X2	
6	STL	S0		22	SET	S22	
7	OUT	Y2	混合液体排空	23	STL	S22	
8	OUT	T0 K200		24	OUT	Y3	搅拌
10	LD	X0		25	OUT	T1 K600	
11	AND	T0		27	LD	T1	
12	SET	S20		28	SET	S23	
13	STL	S20		29	STL	S23	

表 1-14(续)

步序号	指令	器件号	说明	步序号	指令	器件号	说明
30	OUT	Y2	混合液体阀门打开	39	AND	M0	
31	LDF	X4		40	OUT	S0	返回原点
33	SET	S24		41	LD	T2	
34	STL	S24		42	ANI	M0	
35	OUT	Y2	继续排空混合液体	43	OUT	S20	进入下一循环
	OUT	T2 K200		44	RET		
38	LD	T2		45	END		程序结束

七、知识扩展

通过对液体自动混合装置 PLC 控制的设计与调试,试比较经验设计法和 SFC 设计法的异同点。

实验 8　十字路口交通灯控制

一、实验目的

十字路口
交通灯控制

1. 练习使用手持编程器。
2. 练习 PLC 外部端子接线方法。
3. 练习使用基本指令和 SFC 指令。
4. 熟悉 PLC 编程方法,即经验设计法和 SFC 设计法。
5. 学会用 PLC 解决实际问题的程序设计与调试方法。

二、十字路口交通灯控制实验板

实训接线　十字路口交通灯 PLC 控制

图 1-24 所示为十字路口交通灯控制实验板,上面区域为模拟的十字路口及各路口交通指示灯。交通指示灯用三组红绿黄三色发光二极管模拟,红色、黄色与绿色分别用字母 R、Y 与 G 标注。在实验板的下面区域,有南北红、黄、绿灯的输入端口,东西红、黄、绿灯的输入端口,甲、乙通过车辆指示输入端口,启动开关 SD 及其输出端口,还有 +24 V 电源及公共端 COM 端口。

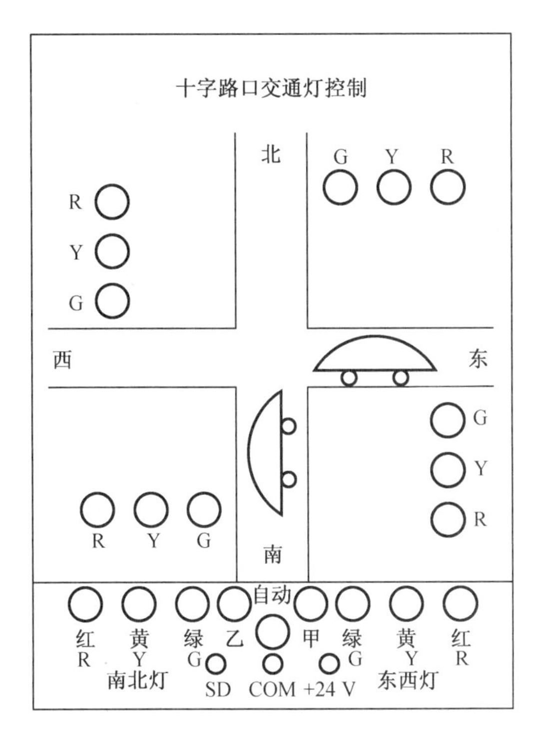

图 1-24　十字路口交通灯控制实验板

三、控制要求

交通灯受启动开关 SD 控制，当开关 SD 打开时，交通灯系统开始工作，且先南北红灯亮，东西绿灯亮。当开关 SD 关断时，所有交通灯都熄灭。

南北红灯亮维持 25 s，在南北红灯亮的同时东西绿灯也亮，并维持 20 s。到 20 s 时，东西绿灯闪亮，闪亮 3 s 后熄灭。在东西绿灯熄灭时，东西黄灯亮，并维持 2 s。到 2 s 时，东西黄灯熄灭，东西红灯亮，同时，南北红灯熄灭，绿灯亮。

东西红灯亮维持 30 s。南北绿灯亮维持 20 s，然后闪亮 3 s 后熄灭。同时南北黄灯亮，维持 2 s 后熄灭，这时南北红灯亮，东西绿灯亮。周而复始。

四、用经验设计法编制梯形图并写出程序

图 1-24 中，将 SD 端口接 PLC 的输入端 X0，南北红、黄、绿灯的输入端分别接 PLC 的输出点 Y2、Y1、Y0，东西红、黄、绿灯分别接 PLC 的输出点 Y5、Y4、Y3，南北行驶车指示灯接 Y6，东西行驶车指示灯接 Y7。按控制要求编制梯形图，如图 1-25 所示。

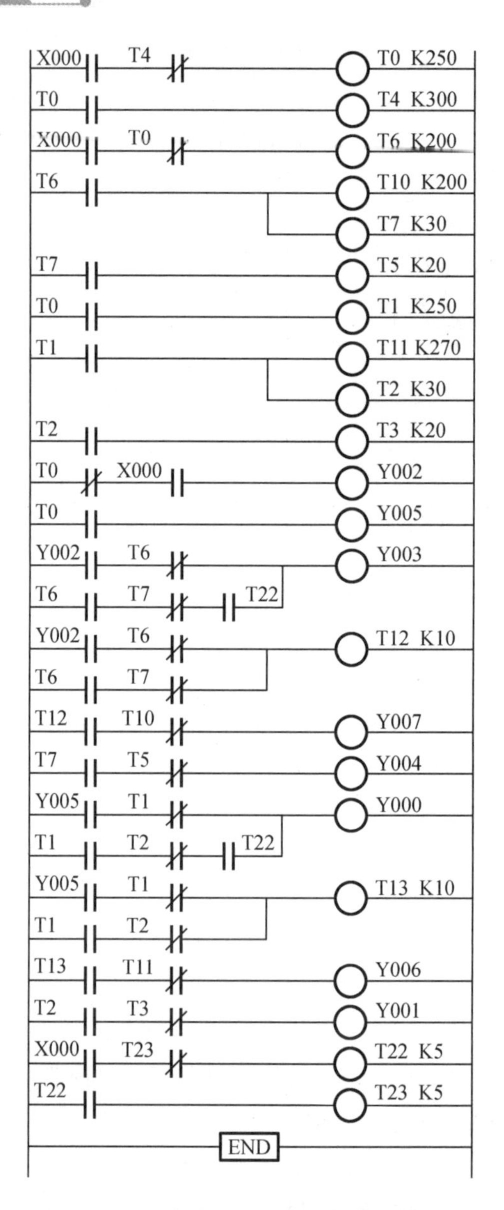

图 1－25　十字路口交通灯控制参考梯形图

与图 1－25 所示梯形图对应的十字路口交通灯控制参考程序见表 1－15。

表 1－15　十字路口交通灯控制参考程序

步序号	指令	器件号	说明	步序号	指令	器件号	说明
0	LD	X000	启动	7	LD	X000	
1	ANI	T4		8	ANI	T0	
2	OUT	T0 K250	南北红灯 25 s	9	OUT	T6 K200	东西绿灯 20 s
4	LD	T0		11	LD	T6	
5	OUT	T4 K300	东西红灯 30 s	12	OUT	T10 K220	东西向车行驶 22 s

表 1－15(续)

步序号	指令	器件号	说明	步序号	指令	器件号	说明
14	OUT	T7 K30	东西绿灯闪烁	51	OUT	Y007	东西向车行驶
16	LD	T7		52	LD	T7	
17	OUT	T5 K20	东西黄灯 2 s	53	ANI	T5	
19	LD	T0		54	OUT	Y004	东西黄灯工作
20	OUT	T1 K250	南北绿灯 25 s	55	LD	Y005	
22	LD	T1		56	ANI	T1	
23	OUT	T11 K270	南北向车 27 s	57	LD	T1	
25	OUT	T2 K30	南北绿灯闪烁	58	ANI	T2	
27	LD	T2		59	AND	T22	
28	OUT	T3 K20	南北黄灯 2 s	60	ORB		
30	LDI	T0		61	OUT	Y000	南北绿灯工作
31	AND	X000		62	LD	Y005	
32	OUT	Y002	南北红灯工作	63	ANI	T1	
33	LD	T0		64	LD	T1	
34	OUT	Y005	东西红灯工作	65	ANI	T2	
35	LD	Y002		66	ORB		
36	ANI	T6		67	OUT	T13 K10	延时 1 s
37	LD	T6		68			
38	ANI	T7		69	LD	T13	
39	AND	T22		70	ANI	T11	
40	ORB			71	OUT	Y006	南北向车行驶
41	OUT	Y003	东西绿灯工作	72	LD	T2	
42	LD	Y002		73	ANI	T3	
43	ANI	T6		74	OUT	Y001	南北黄灯工作
44	LD	T6		75	LD	X000	
45	ANI	T7		76	ANI	T23	
46	ORB			77	OUT	T22 K5	产生 1 s 脉冲
47	OUT	T12 K10	延时 1 s	79	LD	T22	
49	LD	T12		80	OUT	T23 K5	
50	ANI	T10		82	END		程序结束

五、工作过程分析

(1)当启动开关 SD 闭合时,X000 接通,Y002 得电,南北红灯亮;同时 Y002 的动合触点闭合,Y003 线圈得电,东西绿灯亮。1 s 后,T12 的动合触点闭合,Y007 线圈得电,模拟东西向行驶车的指示灯亮。

(2)维持到20 s,T6的动合触点接通,与该触点串联的T22动合触点每隔0.5 s导通0.5 s,从而使东西绿灯闪烁。

(3)又过3 s,T7的动断触点断开,Y003线圈失电,东西绿灯灭;此时T7的动合触点闭合、T10的动断触点断开,Y004线圈得电,东西黄灯亮,Y007线圈失电,模拟东西向行驶车的灯灭。

(4)再过2 s后,T5的动断触点断开,Y004线圈失电,东西黄灯灭;此时启动累计时间达25 s,T0的动断触点断开,Y002线圈失电,南北红灯灭,T0的动合触点闭合,Y005线圈得电,东西红灯亮,Y005的动合触点闭合,Y000线圈得电,南北绿灯亮。1 s后,T13的动合触点闭合,Y006线圈失电,模拟南北向行驶车的指示灯亮。

(5)又经过25 s,即启动累计时间为50 s,T1动合触点闭合,与该触点串联的T22的触点每隔0.5 s导通0.5 s,从而是南北绿灯闪烁;闪烁3 s,T2动断触点断开,Y000线圈失电,南北黄灯亮,Y006线圈失电,模拟南北向行驶车的灯灭。

(6)维持2 s后,T3动断触点断开,Y001线圈失电,南北黄灯灭。这时启动累计时间达5 s,T4的动断触点断开,T0复位,Y003线圈失电,即维持了30 s的东西红灯灭。

上述分析的过程是一个循环周期,接下来十字路口交通灯会按照这一循环周期周而复始地运行,直到启动开关SD关断。

六、并行序列SFC图编程

1. 列出I/O分配表

根据十字路口交通灯系统控制要求,确定PLC需要1个输入点、6个输出点,其I/O分配表见表1-16。

表1-16　I/O分配表

输入		输出	
设备名称	输入继电器	设备名称	输出继电器
启动开关SD	X0	南北红灯	Y0
		南北绿灯	Y1
		南北黄灯	Y2
		东西红灯	Y3
		东西绿灯	Y4
		东西黄灯	Y5

2. 硬件接线

图1-24中,SD端口接PLC的输入端X0,南北红、绿、黄灯的输入端分别接PLC的输出点Y0、Y1、Y2,东西红、绿、黄灯分别接PLC的输出点Y3、Y4、Y5。

3. SFC 图编程

(1)因为交通灯系统运行与否由启动开关 X0 控制,而不是采用其他系统中常用的按钮作为启停控制,所以在编程时,无须再增加停止按钮。只要一个工作循环结束后返回初始状态就可以了,至于是否向下转移,由 X0 的状态来决定。

(2)在程序运行过程中,如果一个周期没有结束,PLC 被强制退出 RUN 方式,则在下次运行时,会出现输出混乱的状态,这种情况在实际交通灯系统中是不被允许的。解决办法:在程序的初始步,将所有程序中用到的状态器均复位,这可以使用 PLC 的区间复位指令 ZRST 来实现。

(3)绿灯的闪烁控制程序有两种设计方法:一是利用 PLC 内部提供的特殊功能继电器 M8013 提供的脉冲信号;二是采用项目 2 中介绍的闪烁程序来驱动绿灯。

采用并行序列 SFC 图进行编程,SFC 图控制程序及其对应指令表分别如图 1－26(a)、图 1－26(b)所示。

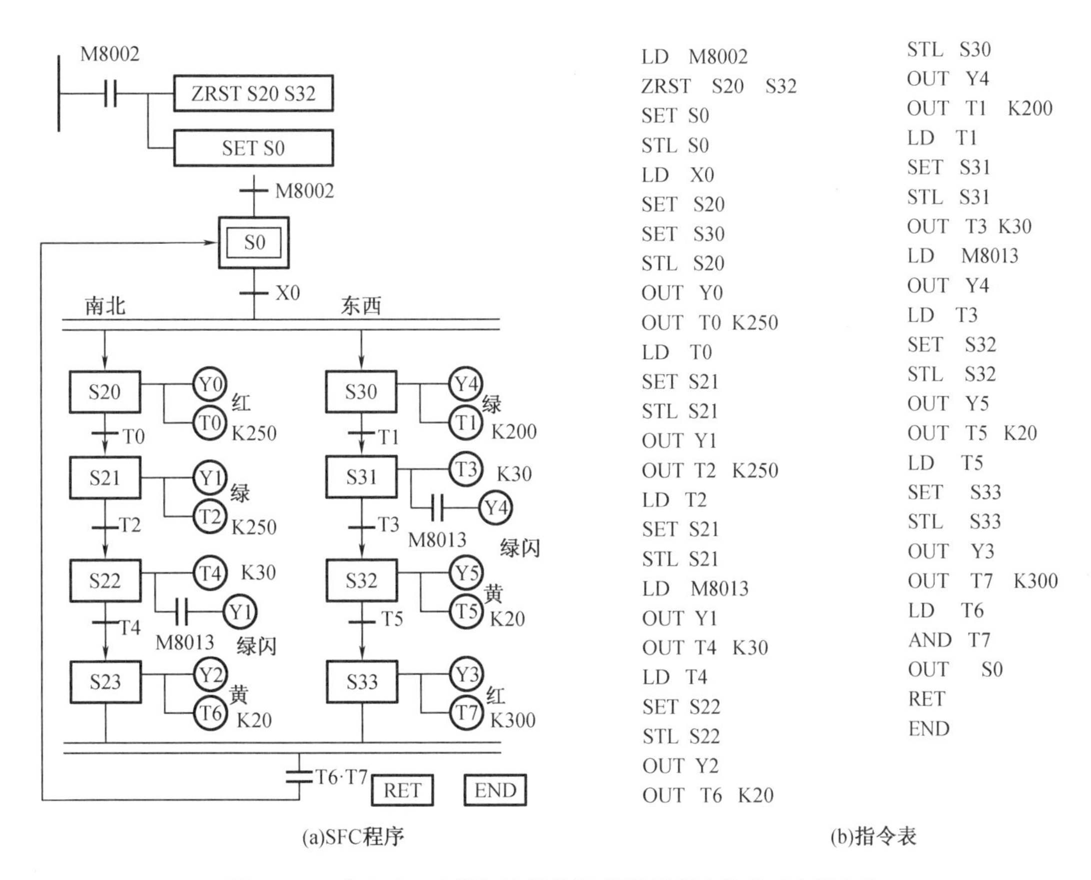


```
LD   M8002
ZRST  S20  S32
SET  S0
STL  S0
LD   X0
SET  S20
SET  S30
STL  S20
OUT  Y0
OUT  T0 K250
LD   T0
SET  S21
STL  S21
OUT  Y1
OUT  T2  K250
LD  T2
SET  S21
STL  S21
LD   M8013
OUT  Y1
OUT  T4  K30
LD  T4
SET  S22
STL  S22
OUT  Y2
OUT  T6  K20
STL  S30
OUT  Y4
OUT  T1  K200
LD  T1
SET  S31
STL  S31
OUT  T3 K30
LD   M8013
OUT  Y4
LD  T3
SET  S32
STL  S32
OUT  Y5
OUT  T5  K20
LD   T5
SET  S33
STL  S33
OUT  Y3
OUT  T7  K300
LD   T6
AND  T7
OUT  S0
RET
END
```

(a)SFC程序　　(b)指令表

图 1－26　十字路口交通灯控制并行 SFC 图程序及其对应指令表

六、知识扩展

在十字路口交通灯控制中,其他要求不变,只在对某一方向绿灯切换黄灯前闪烁 3 次采用计数器进行计数,且使用单序列 SFC 编程。

项目2　PLC应用实训

【项目描述】

PLC应用实训专为学生集中训练所设计，主要包括PLC的认识与安装、编程软件GX Developer的使用、定时器与计数器的应用、SFC的设计与应用四个方面的专项训练。通过本项目训练，可以提高学生的PLC综合运用能力和实践技能。

任务1　PLC的认识与安装

【实训目标】

1. 掌握PLC的基本结构和基本原理；
2. 了解PLC的型号及功能；
3. 能够正确安装PLC及其扩展模块；
4. 掌握FX系列PLC系统的基本配置及其外部连接。

【实训设备】

1. FX1N或FX3GA型PLC一台；
2. PC(personal computer，个人计算机)一台；
3. SC-09编程电缆一根；
4. 电源、按钮、行程开关、接触器及三相异步电动机等；
5. 编程软件GX Developer；
6. 电工工具一套。

PLC组成和工作原理仿真

【实训内容】

2.1.1　PLC的组成与工作原理

PLC实质上是一种工业专用的计算机，它采用可编程序存储器，存储并执行逻辑运算、顺序控制、定时、计数和算术运算等操作的指令，通过数字式或模拟式的输入和输出来实现对各类机械或生产过程的控制。

1. PLC的基本组成

PLC采用典型的计算机结构，包括硬件和软件两部分。PLC的硬件配置如图2-1所示，其由中央处理单元(central processing unit，CPU)、存储器、输入/输出单元(I/O单元)、电源、扩展设备及外部设备组成。它的软件包括系统软件、应用软件(即用户程序)、编程软件。

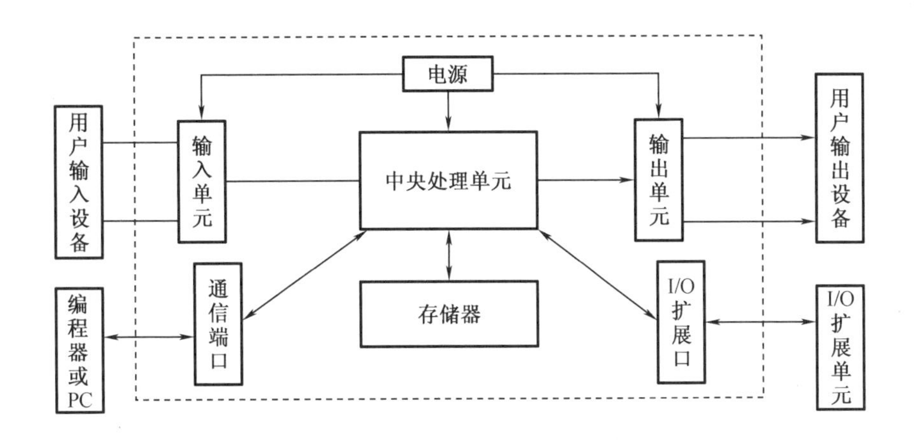

图2-1 PLC的硬件配置

(1)输入/输出单元(I/O单元)

I/O单元是PLC进行工业控制的输入与输出控制信号的转换接口。PLC的CPU内部信号是计算机标准电平,而PLC控制对象的电信号却是千差万别的,不同的信号传感元件(如按钮、普通开关、电子开关、传感器等)与执行机构(电磁阀、继电器、接触器、电动机、指示灯等)的信号电平各不相同,信号的质量也有差别。因此,需要将控制对象的状态信号通过输入接口转换为CPU的标准电平,将CPU处理结果输出的标准电平通过输出接口转换为执行机构所需的信号形式。同时,由于PLC在工业环境中工作,外部电信号干扰很大,为确保PLC的正常工作,必须考虑到抗干扰措施。

I/O单元按信号的形式可分为开关量I/O单元和模拟量I/O单元;按电源形式可分为直流型I/O单元和交流型I/O单元、电压型I/O单元和电流型I/O单元;按功能可分为基本I/O单元和特殊I/O单元。

①开关量输入单元

开关量输入单元的作用是把现场各种开关信号变成用于PLC内部处理的标准信号。开关量输入单元又可分为直流开关量输入单元(图2-2)和交流开关量输入单元(图2-3)。由于各输入点的输入电路都相同,图2-2中只画出了一个输入端和一个公共端构成的输入回路。在图2-2中,当输入开关闭合时,信号电源经R_1、R_2分压加至光耦合器的输入端,R_1同时起限流作用,R_2和C组成滤波电路,提高电路的抗干扰能力。光耦合器具有光电隔离的抗干扰作用,将电信号转换为光信号传输,同时将输入信号转换成TTL(5 V)标准信号。二极管VD禁止反极性电压输入,发光二极管LED用作输入状态指示。图2-3所示的交流开关量输入单元与直流开关量输入单元结构类似,请自行分析。

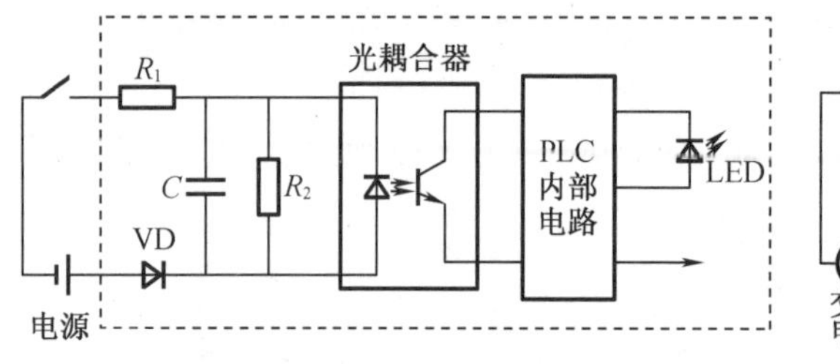

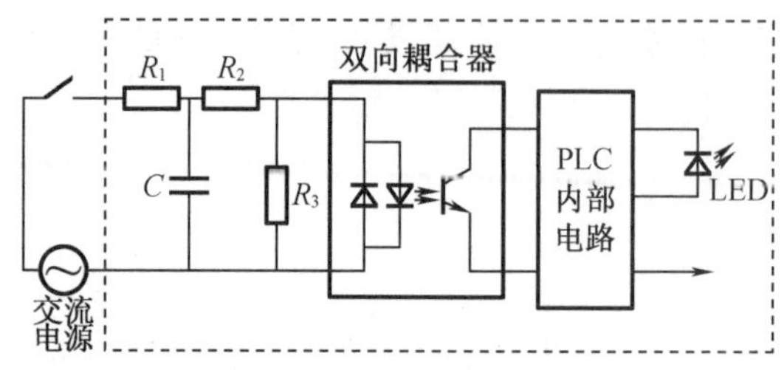

图 2-2　直流开关量输入单元　　　　图 2-3　交流开关量输入单元

②开关量输出单元

开关量输出单元的作用是把 PLC 的内部信号转换成现场执行机构的各种开关信号，开关量输出单元有继电器输出、晶体管输出和晶闸管输出三种。

继电器输出方式电路原理图如图 2-4 所示，继电器既是输出开关器件，又是隔离器件，LED 为输出状态显示器。当 CPU 输出一个接通信号时，指示灯 LED 亮，继电器线圈得电，其常开触点闭合，使电源、负载和触点形成回路。继电器触点动作响应时间约为 10 ms。继电器输出模块既可以连接直流负载又可以连接交流负载。

晶体管输出方式电路原理图如图 2-5 所示，晶体三极管 VT 为输出开关器件，光耦合器为隔离元件，稳压管用于输出端的过压保护。当 CPU 输出一个接通信号时，指示灯 LED 亮，信号光耦合器使 VT 导通，负载得电。晶体管输出模块只能使用直流负载，通断时间一般小于 0.2 ms。

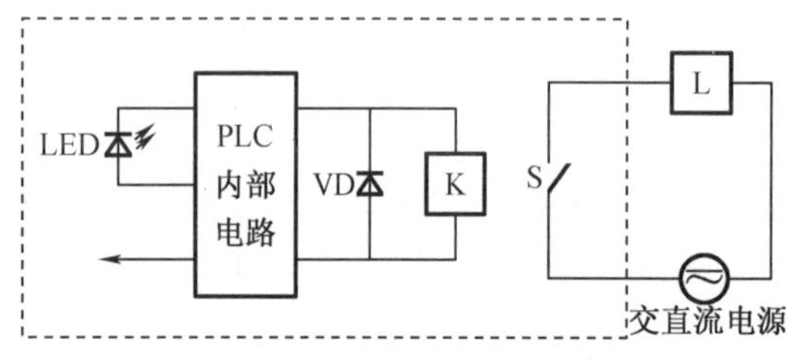

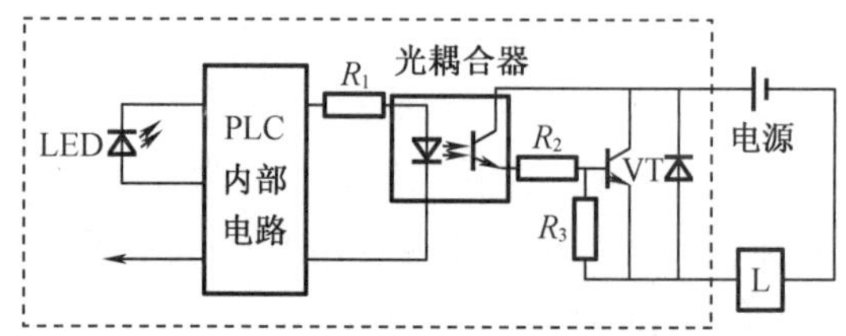

图 2-4　继电器输出方式电路原理图　　　　图 2-5　晶体管输出方式电路原理图

晶闸管输出模块所带负载只能使用交流负载，双向晶闸管开通时间小于 1 ms，关断时间小于 10 ms。

(2)电源

在现场控制中，干扰侵入 PLC 的主要途径之一就是电源，因此设计合理的电源是 PLC 可靠运行的必要条件。PLC 的电源分为三类：外部电源、内部电源和后备电源。

外部电源用于驱动 PLC 的负载或传递现场信号，又称用户电源。同一台 PLC 的外部电源可以是一个规格，也可以是多个规格。常见的外部电源规格有：交流 220 V、110 V，直流 100 V、48 V、24 V、12 V、5 V 等。

内部电源是指 PLC 的工作电源，为了保证 PLC 工作可靠通常采用稳压电源。

后备电源在停机或突然失电时，能保证 RAM 的信息不丢失，一般采用锂电池。

(3)编程器

编程器一般有两类,一类是专用的编程器,有手持的、台式的,携带方便,适合工业控制现场使用;另一类是个人计算机,采用与 PLC 配套的编程软件,如与三菱 FX 系列 PLC 配套使用的编程软件 GX Developer、GX Works 等。

FX1N 系列 PLC 除了通过手持编程器或个人计算机编程以外,一般还通过触摸屏进行操作和显示。FX1N 系列 PLC 外围设备的连接如图 2-6 所示。

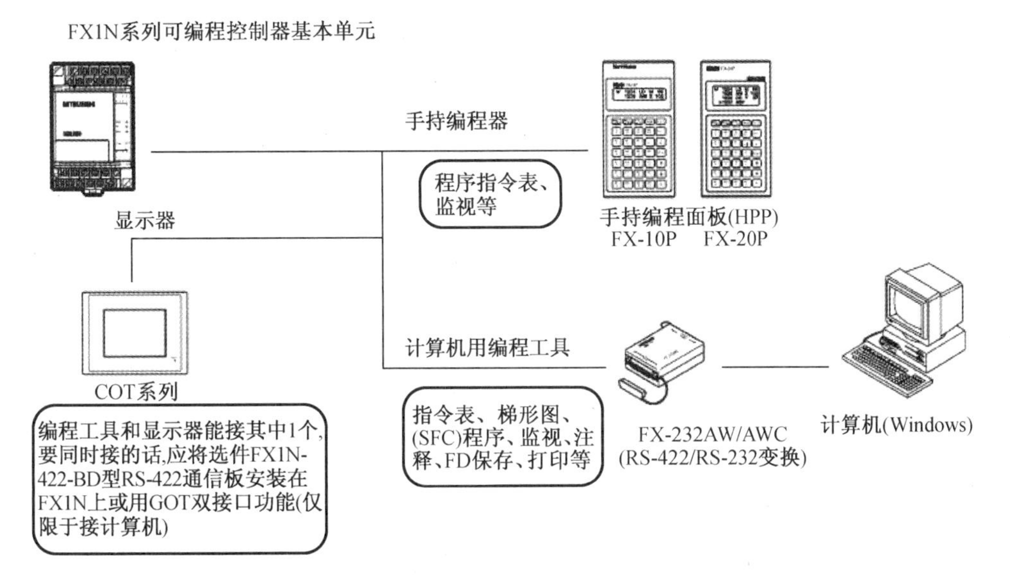

图 2-6　FX1N 系列 PLC 外围设备的连接

2. PLC 的工作原理

计算机的工作方式是顺序执行,继电器-接触器控制系统的工作方式则是并行的,而 PLC 的工作方式与二者的工作方式都不同,PLC 采用周期循环扫描、集中输入/输出的工作方式。

PLC 有 STOP(停止)与 RUN(运行)两种基本工作状态,STOP 状态一般用于程序的编制和修改,RUN 状态用于执行应用程序,这两种工作状态通过 PLC 的外部开关来选择。PLC 上电后,如果开关选择 STOP 状态,PLC 进行内部自检处理以及端口通信服务;如果开关选择 RUN 状态,PLC 除了执行上述任务外,还要完成输入采样、程序执行与输出刷新任务。也就是说,PLC 的一个扫描过程包括内部处理、端口通信服务、输入采样、程序执行与输出刷新五个阶段,如图 2-7 所示,完成一个扫描过程所用的时间称为一个扫描周期。在 PLC 整个运行期间,PLC 的 CPU 以一定的扫描速度重复执行上述的扫描过程。根据 PLC 的工作过程,可以得出从输入端子到输出端子的 PLC 信号传递过程,如图 2-8 所示。

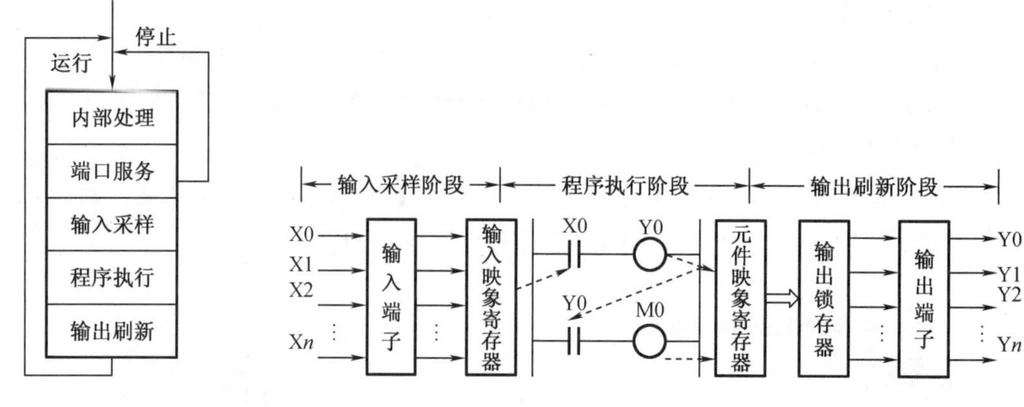

图 2－7　PLC 扫描过程

图 2－8　PLC 信号传递过程

以三相异步电动机单向点动控制为例,继电器－接触器点动控制如图 2－9 所示。主电路不变,PLC 点动控制电路如图 2－10 所示。按钮 SB 与 PLC 的输入端子 X0 连接,接触器 KM 线圈与 PLC 的输出端子 Y0 连接,同时在 PLC 内部编写了相应的控制程序。

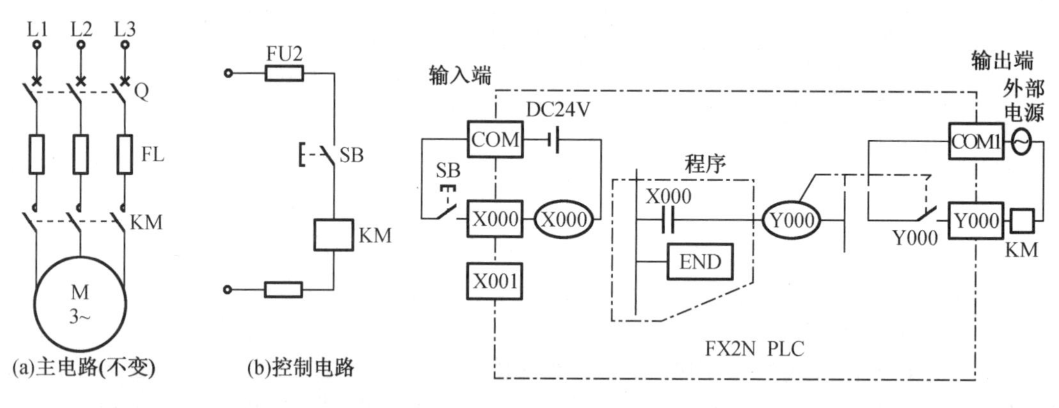

图 2－9　继电器－接触器点动控制

图 2－10　PLC 点动控制电路

2.1.2　FX 系列 PLC 型号含义、外部特征及输入/输出回路的连接

1. 型号含义

FX 系列 PLC 型号含义如图 2－11 所示。

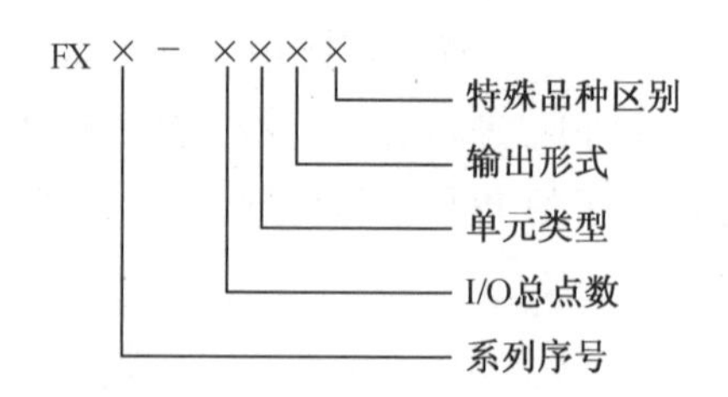

图 2－11　FX 系列 PLC 型号含义

其中,各部分的具体含义如下。

(1)系列序号:0、2、2C、0N、1N、2N 等。

(2)I/O 总点数:14 ~256。

(3)单元类型:M—基本单元;E—扩展单元;EX—输入专用扩展模块;EY—输出专用扩展模块。

(4)输出形式:R—继电器输出;S—晶闸管输出;T—晶体管输出。

(5)特殊品种区别:D—直流电源;A—交流电源等。

例如,型号为 FX2N -48MR 的 PLC,其 I/O 总点数为 48,单元类型为基本单元,采用继电器输出形式。

2. 外部特征

FX2N -64MR 基本单元外形如图 2 -12 所示。

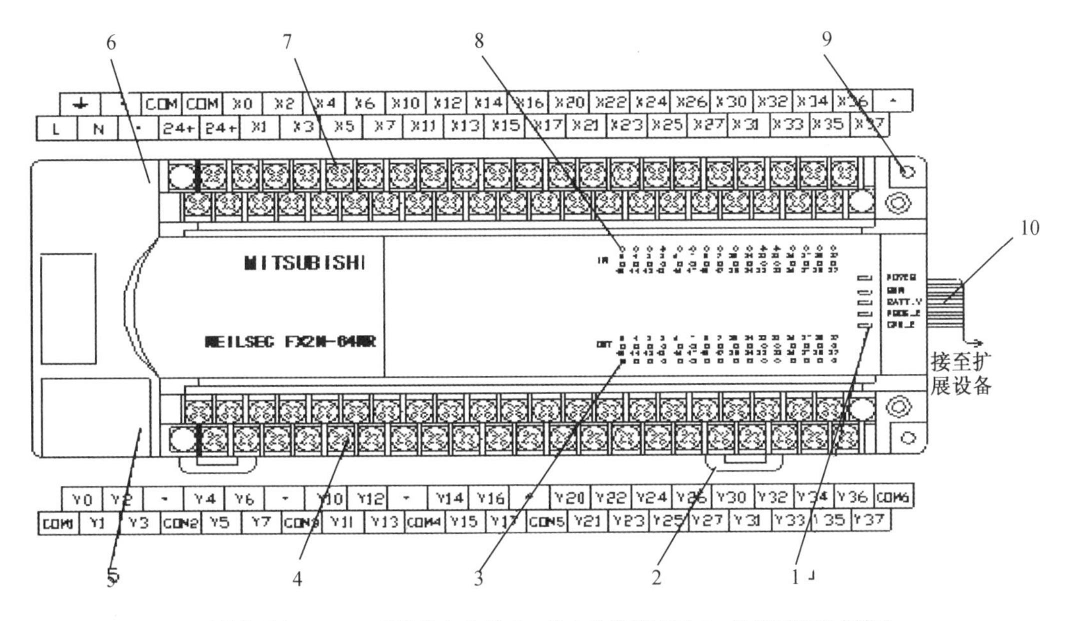

1—动作指示灯;2—DIN 导轨装卸卡子;3—输出动作指示灯;4—输出用装卸式端子;5—外围设备接线插座盖板;6—面板盖;7—电源、辅助电源、输入信号用装卸式端子;8—输入指示灯;9—安装孔(4 -f4.5);10—扩展设备接线插座板。

图 2 -12　FX2N -64MR 基本单元外形

FX2N 系列 PLC 面板主要由外部接线端子、指示灯、接口三部分组成。

3. 输入/输出回路的连接

输入回路的连接如图 2 -13 所示。

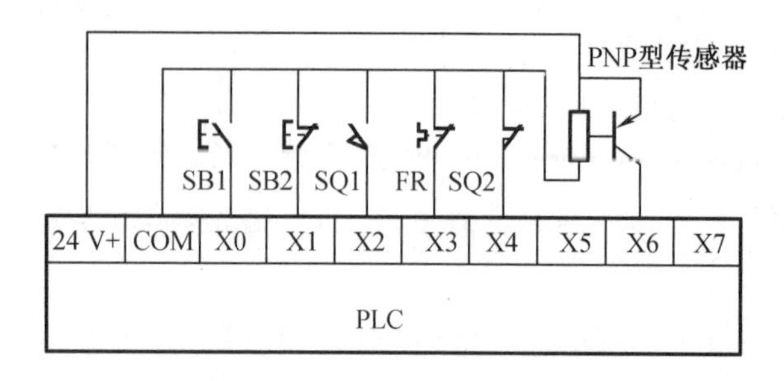

图 2 – 13　输入回路的连接

输出回路就是 PLC 的负载驱动回路，输出回路的连接如图 2 – 14 所示。

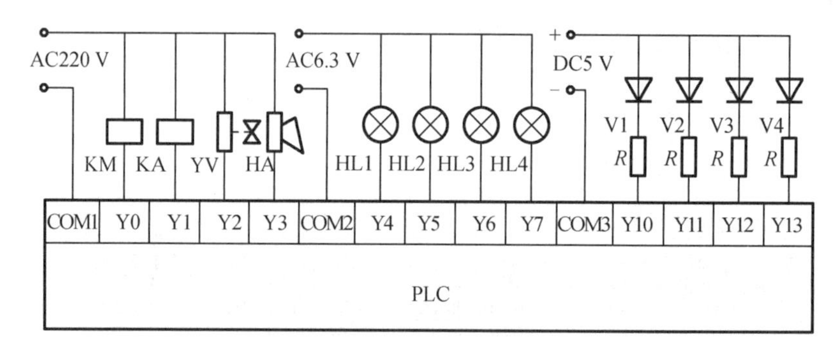

图 2 – 14　输出回路的连接

不同的输出类别，有不同的技术规格。应根据负载的类别、大小，负载电源的等级，响应时间等选择不同类别的输出形式，三种输出形式的技术规格见表 2 – 1。

表 2 – 1　三种输出形式的技术规格

项目		继电器输出	可控硅开关元件输出	晶体管输出
机型		FX2N 基本单元 扩展单元 扩展模块	FX2N 基本单元 扩展模块	FX2N 基本单元 扩展单元 扩展模块
内部电源		AC250 V，DC30 V 以下	AC85 ~ 242 V	DC5 ~ 30 V
电路绝缘		机械绝缘	光控晶闸管绝缘	光耦合器绝缘
动作显示		继电器螺线管通电时 LED 灯亮	光控晶闸管驱动时 LED 灯亮	光耦合器驱动时 LED 灯亮
最大负载	电阻负载	2 A/1 点、8 A/4 点公用、8 A/8 点公用	0.3 A/1 点 0.8 A/4 点	0.5 A/1 点 0.8 A/4 点（Y0、Y1 以外）0.3 A/1 点（Y0、Y1）
	感性负载	80 VA	15 VA/AC100V 30 VA/AC200 V	12 W/DC24 V（Y0、Y1 以外） 7.2 W/DC24 V（Y0、Y1）
	灯负载	100 W	30 W	1.5 W/DC24 V（Y0、Y1 以外） 0.9 W/DC24 V（Y0、Y1）

表 2-1(续)

项目		继电器输出	可控硅开关元件输出	晶体管输出
开路漏电流		—	1 mA/AC100 V 2 mA/AC200 V	0.1 mA/DC30 V
最小负载		DC 5 V 2 mA(参考值)	0.4 VA/AC 100 V 1.6 VA/AC 200 V	—
响应时间	OFF→ON	约 10 ms	1 ms 以下	0.2 ms 以下
	ON→OFF	约 10 ms	10 ms 以下	0.2 ms 以下

2.1.3　PLC 的安装和接线

工业生产现场的环境条件一般是比较恶劣的，干扰源众多。例如，大功率用电设备的启动或者停止会引起电网电压的波动形成低频干扰；电焊机、电火花加工机床、电机的电刷等会产生高频电火花干扰；各种动力电源线会通过电磁耦合产生工频干扰；等等。这些干扰都会影响 PLC 的正常工作。

尽管 PLC 是专为生产现场使用的控制装置，在设计制造时已采取了很多措施，使它的环境适应力比较强，但为了确保整个系统稳定可靠，还应当尽量使 PLC 有良好的工作环境条件，并采取必要的抗干扰措施。

1. PLC 的安装

PLC 适用于大多数工业现场，但它对使用场合、环境温度等还是有一定要求的。控制 PLC 的工作环境可以有效地提高它的工作效率和使用寿命。在安装 PLC 时要避开下列场所。

(1)环境温度不在 0~55 ℃。

(2)相对湿度超过 85% 或者存在露水凝聚(由温度突变或其他因素所引起)。

(3)太阳光直接照射。

(4)有腐蚀和易燃的气体，例如氯化氢、硫化氢等。

(5)有大量铁屑及灰尘。

(6)有频繁或连续振动，振动频率为 10~55 Hz，幅度为 0.5 mm(峰-峰)。

(7)有超过 10g(g 为重力加速度)的冲击。

小型 PLC 外壳的四角上均有安装孔，有两种安装方法，一种是用螺钉固定，不同的单元有不同的安装尺寸。另一种是用 DIN 轨道固定，DIN 轨道配套使用的安装夹板左右各一对，在轨道上先装好左右夹板，装上 PLC，然后拧紧螺丝。为了使控制系统工作可靠，通常把 PLC 安装在有保护外壳的控制柜中，以防止灰尘、油污、水溅；为了保证 PLC 在工作状态下环境温度保持在规定温度范围内，安装机器应有足够的通风空间，基本单元和扩展单元之间要有 30 mm 以上间隔。如果周围环境温度超过 55 ℃，要安装电风扇强迫通风。

为了避免其他外围设备的电干扰，PLC 应尽可能远离高压电源线和高压设备，PLC 与高压电源线和高压设备之间应留出至少 200 mm 的距离。

当 PLC 垂直安装时，要严防导线头、灰尘等脏物从通风窗掉入 PLC 内部。导线头等脏物会损坏 PLC 印制电路板,使其不能正常工作。

2. 接线

(1)电源

PLC 的供电电源为 50 Hz、220 V ± 10% 交流市电。

FX 系列 PLC 有直流 24 V 输出接线端,该接线端可为输入传感器(如光电开关或接近开关)提供直流 24 V 电源。

如果电源发生故障,中断时间少于 10 ms,PLC 工作不受影响;如果电源中断超过 10 ms 或电源下降超过允许值,则 PLC 停止工作,所有的输出点均同时断开。当电源恢复时,若 RUN 输入接通,则操作自动进行。

对于来自电源的干扰,PLC 本身具有足够的抵制能力。如果电源干扰特别严重,可以安装一个变比为 1∶1的隔离变压器,以减少设备与电源之间的干扰。

(2)接地

良好的接地是保证 PLC 可靠工作的重要条件,可以避免偶然发生的电压冲击危害。接地线与机器的接地端相接,基本单元接地。如果要用扩展单元,其接地点应与基本单元的接地点接在一起。

为了抑制附加在电源及输入端、输出端上的干扰,应给 PLC 接专用地线,接地点应与动力设备(如电动机)的接地点分开。若达不到这种要求,也必须做到与其他设备公共接地,禁止与其他设备串联接地。接地点应尽可能靠近 PLC。

(3)直流 24 V 接线端

使用无源触点的输入器件时,PLC 内部 24 V 电源通过输入器件向输入端提供每点 7 mA的电流。

PLC 上的 24 V 接线端子还可以向外部传感器(如接近开关或光电开关)提供电流。24 V 接线端子作为传感器电源时,COM 端子是直流 24 V 地端,即 0 V 端。如果采用扩展单元,则应将基本单元和扩展单元的 24 V 端连接起来。另外,任何外部电源都不能接到这个端子。

如果有过载现象发生,电压将自动跌落,该点输入对 PLC 不起作用。

每种型号的 PLC 其输入点数量是有规定的。尚未使用的输入点不耗电,因此在这种情况下 24 V 电源端子外供电流的能力可以增加。

FX 系列 PLC 的空位端子在任何情况下都不能使用。

(4)输入接线

PLC 一般接受行程开关、限位开关等输入的开关量信号。输入接线端子是 PLC 与外部传感器负载转换信号的端口,输入接线一般指外部传感器与输入端口的接线。

输入器件可以是任何无源的触点或集电极开路的 NPN 管。输入器件接通时,输入端接通,输入线路闭合,同时输入指示发光二极管亮。

输入端的一次电路与二次电路之间采用光电耦合隔离。二次电路带 RC 滤波器,以防止输入触点抖动或从输入线路串入的电噪声引起 PLC 的误动作。

若在输入触点电路串联二极管,在串联二极管上的电压应小于 4 V。若使用发光二极管的舌簧开关,串联二极管的数目不能超过 2。

关于输入接线还应特别注意以下几点。

①输入接线长度一般不要超过 30 m,但如果环境干扰较小,电压降不大,输入接线可适当长些。

②输入、输出接线不能用同一根电缆。输入、输出接线要分开走。

③PLC 所能接受的脉冲信号的宽度应大于扫描周期。

(5)输出接线

PLC 输出有继电器输出、晶闸管输出、晶体管输出三种形式。

输出接线分为独立输出和公共输出。当 PLC 的输出继电器或晶闸管动作时,同一号码的两个输出端接通。在不同组中可采用不同类型和电压等级的输出电压,但在同一组中的输出,只能用同一类型、同一电压等级的电源。

由于 PLC 的输出元件被封装在印制电路板上,并且连接至端子排,若将连接输出元件的负载短路,将烧毁印制电路板,因此应用熔丝保护输出元件。

采用继电器输出时承受的电感性负载大小会影响继电器的工作寿命,因此要求继电器的工作寿命长。

PLC 的输出负载可能产生噪声干扰,因此要采取措施加以抑制。

此外,对于能对用户造成伤害的危险负载,除了在控制程序中加以考虑之外,还应设计外部紧急停车电路,使得 PLC 发生故障时,能将可能造成伤害的负载电源切断。交流输出接线和直流输出接线不要用同一根线,输出接线应尽量远离高压线和动力线,避免并行。

2.1.4 PLC 控制系统实训装置的构成及功用

PLC 控制系统实训装置由渤海船舶职业学院联合生产厂家设计开发,专为职业院校学生进行 PLC 控制系统实训而设计。它主要由 PLC、变频器、触摸屏及一些常用的电气器件组成。它是一个开放的系统开发平台,可以实现基于 PLC、变频器及触摸屏的相关项目实训。

PLC 一体化实训室有 30 套 PLC 一体化实训装置,其室内整体布置如图 2-15 所示。一套 PLC 一体化实训装置由控制柜、PC、电脑桌椅三部分组成,如图 2-16 所示。

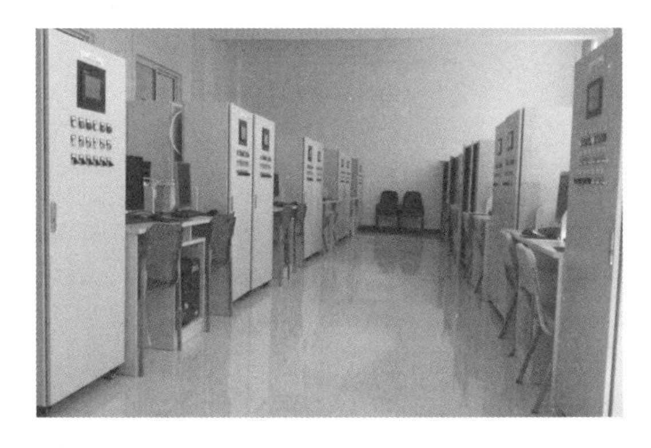

图 2-15 PLC 一体化实训室室内整体布置

图 2-16 PLC 一体化实训装置

1. 控制柜的构成及功用

PLC 一体化实训装置的控制柜由操作面板与柜体两部分组成。控制柜的操作面板如图 2－17 所示，面板上安装有触摸屏、指示灯、按钮及旋转开关，一般用于控制系统的主令操作和指示。其中，触摸屏与指示灯的供电电压都是直流 24 V，一般由 PLC 来提供。每个按钮或旋转开关都由一对常开触点和一对常闭触点组成，分别标有 NO 和 NC，使用时要根据实际控制要求来选择接线。

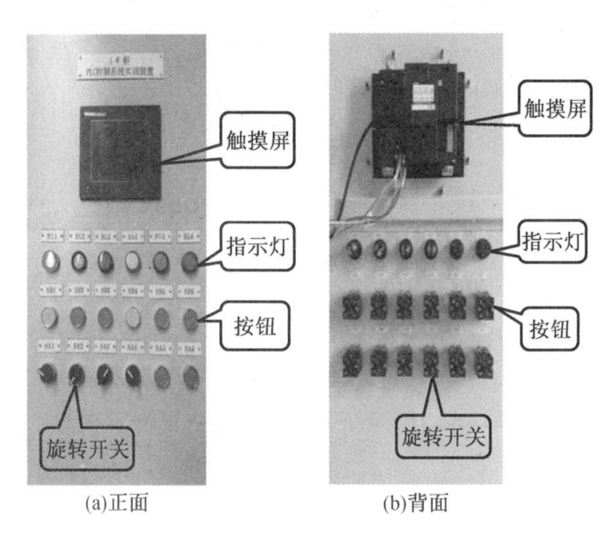

图 2－17　控制柜的操作面板

PLC 一体化实训装置控制柜柜体主要由电源、PLC、变频器、接触器/继电器、行程开关、端子排等组成，如图 2－18 所示。控制对象配套有三相异步电动机等，如图 2－19 所示，三相异步电动机可以采用星形或三角形接法。

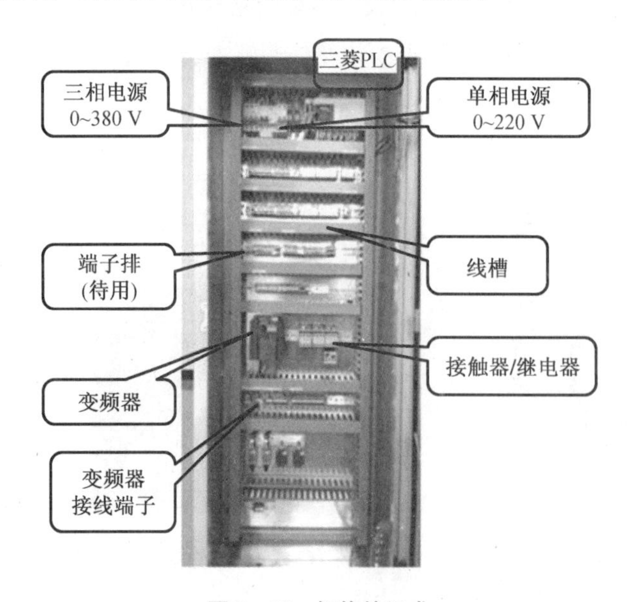

图 2－18　柜体的组成

图 2－19　三相异步电动机

2. PC 及其配套软件

PC 主要用于 PLC 编程及触摸屏组态，内装有 GX Developer、GX Simulater、GT Designer3 等配套软件以及相关通信电缆的驱动程序。

【实训考核】

根据给定的 PLC，写出 PLC 的型号及其含义；针对给定的控制柜，自己测量尺寸，设计安装 PLC，并完成给定任务的接线。按表 2－2 进行考核评分。

表 2－2 PLC 的认识与安装实训考核表

项目	配分	技能考核标准	扣分	得分
PLC 的认识	10	(1)写出 PLC 的型号，书写不正确扣 5 分。 (2)写出 PLC 的型号及其含义，包括系列、单元类型、I/O 总点数及输出类型等，缺一项扣 1 分		
PLC 的安装	30	(1)不符合安装程序，酌情扣 0～5 分。 (2)安装的牢固性差，酌情扣 0～5 分。 (3)安装与布置图不一致，酌情扣 0～5 分		
PLC 的外部接线	30	(1)接线正确 10 分，错误一处扣 3 分。 (2)接线牢固 5 分，不牢固一处扣 2 分。 (3)接线工艺正确 15 分，走线不入槽扣 5 分，压线皮一处扣 2 分，漏铜过长一处扣 1 分		
安全文明生产	10	违反安全文明生产规程、小组协作精神不强，酌情扣 1～10 分		
实训报告	20	没按照报告要求完成实训报告或内容不正确的，酌情扣 2～15分		
合计				

任务 2 编程软件 GX Developer 的使用

【实训目标】

1. 了解 PLC 的基本结构和工作原理。
2. 熟悉并掌握 GX Developer 的功能、用法。
3. 掌握 PLC 编程的基本步骤和注意事项。
4. 掌握 PLC 与 PC 通信的设置方法。

5. 初步掌握 PLC 程序的调试方法。

【实训设备】

1. FX1N 或 FX3GA 型 PLC 一台。
2. PC 一台。
3. SC－09 编程电缆一根。
4. 电源、按钮、行程开关、接触器及三相异步电动机等。
5. 连接导线若干。
6. 编程软件 GX Developer。
7. 电工工具一套。

编程软件
GX Developer 安装

【实训内容】

2.2.1 编程软件 GX Developer 的基本功能

GX Developer 是应用于三菱全系列 PLC 的中文编程仿真软件。在 PC 上安装 GX Developer 时，要先后安装 EnvMEL\setup. exe、GX Developer\setup. exe 以及 GX Simulater\setup. exe 等文件，以保证其正常运行并功能完整。PC 能够经由串行通信口(RS232 口)、USB 接口等与 PLC 的主机相连接，在 PC 与 PLC 之间必须有接口单元及电缆线，一般采用 SC－09 编程电缆。

GX Developer 通用性较强。它一般具有以下功能和特点：

(1)能够完成 FX 系列 PLC 不同编程语言的编写和编辑，包括梯形图、指令表、SFC 等，并能够很方便地进行相互转换。

(2)编写程序时可以使用标号编程、功能块、宏，操作方便。

(3)编程和调试过程中出现错误时提示错误信息，方便编程和调试。

(4)如果安装有模拟仿真软件 GX Simulater，在编写程序后可以运用梯形图逻辑测试功能，通过手动改变指定软元件的开关状态进行模拟在线测试。

(5)能够将编辑的程序转换成 GPPQ、GPPA 格式的文档，用于存储和打印。

(6)能够将 Excel、Word 等软件编辑的说明性文字、数据，通过复制、粘贴等简单操作导入程序中，使软件的使用、程序的编辑更加便捷。

GX Developer 的操作界面如图 2－20 所示，界面直观，操作简便，功能丰富。该操作界面大致由下拉菜单、工具条、编辑操作区、工程数据列表、状态栏等组成，见表 2－3。

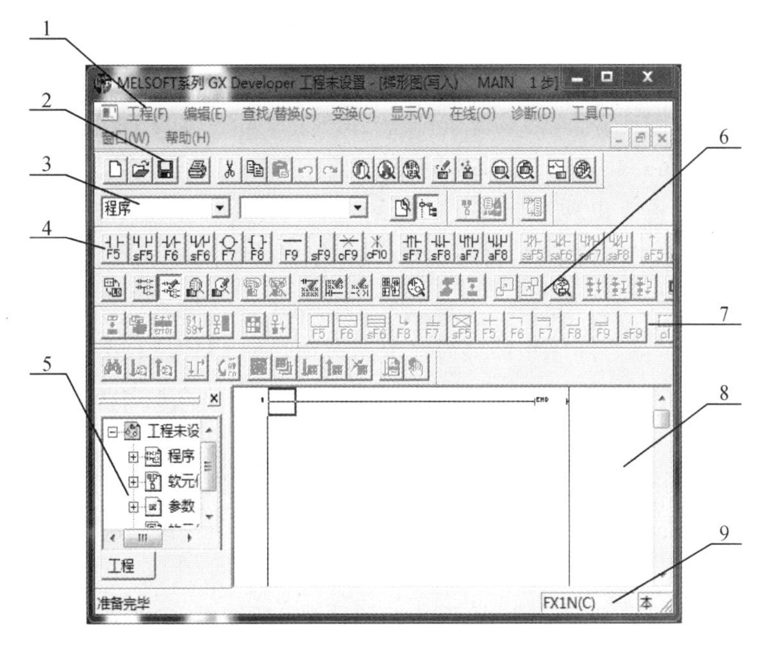

1—下拉菜单;2—标准工具条;3—数据切换工具条;4—梯形图标记工具条;5—工程数据列表;
6—程序工具条;7—SFC 工具条;8—编辑操作区;9—状态栏。

图 2－20　GX Developer 的操作界面

表 2－3　GX Developer 的操作界面的组成

序号	名称	说明
1	下拉菜单	包含工程、编辑、查找/替换、变换、显示、在线、诊断、工具、窗口、帮助 10 个菜单
2	标准工具条	由工程菜单、编辑菜单、查找/替换菜单、在线菜单、工具菜单中常用的功能组成
3	数据切换工具条	可在程序菜单、参数、注释、编程元件内存这四个项目中切换
4	梯形图标记工具条	包含梯形图编辑所需要的常开触点、常闭触点、线圈、应用指令等内容
5	工程数据列表	包含显示程序、编程元件注释、参数、编程元件内存等内容,可实现这些项目的数据的设定
6	程序工具条	可进行梯形图模式、指令表模式的转换;进行读出模式、写入模式、监视模式及监视写入模式的转换
7	SFC 工具条	SFC 程序编辑所需要的步、块启动步、选择合并、平行等功能键
8	编辑操作区	完成程序的编辑、修改、监控等操作的区域
9	状态栏	提示当前的操作:显示 PLC 类型以及当前操作状态等

2.2.2　PLC 编程的基本步骤和内容

PLC 软件使用操作

用户为了使 PLC 实现某些控制功能,需要按照要求编写控制程序。除了用户程序之外，一般还需要一些库函数、数据文件等，这些程序和文件统称为工程，一般放至一个文件夹。

1. 新建工程

(1)在系统开始菜单中点击“GX Developer”或在桌面上双击“GX Developer”应用程序图标启动编程软件。首先出现图2－20所示的GX Developer的操作界面。在“工程”菜单中，常用的操作功能有创建新工程、打开工程、保存工程等。

(2)如果要创建新工程，则点击“工程”→“创建新工程”，即弹出图2－21所示对话框。通常选定PLC后，在开始程序编辑前都需要根据所选择的PLC进行必要的参数设定，否则会影响程序的正常编辑。不同型号的PLC需要设定的内容是有区别的。

①选择所用PLC的系列，这里选“FXCPU”。

②选择所用PLC的类型。注意：PLC一体化实训室中有两种类型的PLC，分别是FX1N－60MR、FX3GA－60M，应根据自己所用装置的PLC类型进行选择，这里选“FX1N”。

③选择程序类型。一般常用的是梯形图、SFC两种编程方式，这里选择“梯形图”。

④设置路径、工程名和索引。也可以不做选择，系统默认的路径是“C：\MELSEC\GPPW”。

单击“确定”按钮，即进入PLC梯形图编程界面。

2. 梯形图编辑

(1)编辑梯形图

PLC梯形图编程界面如图2－22所示。在“编辑”菜单下，“梯形图标记”命令包括常开触点、常闭触点、线圈、功能框和连接导线等软元件。

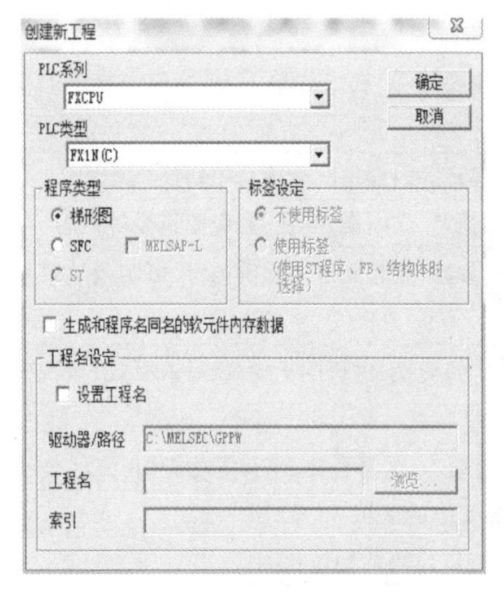

图2－21 “创建新工程”对话框

图2－22 PLC梯形图编程界面

梯形图的元件的输入可通过执行“编辑”→“梯形图标记”子菜单下的相应命令实现，如选择“常开触点”后，将弹出如图2－23所示的“梯形图输入”对话框，在输入栏输入相应的元件编号，单击“确定”按钮后即在梯形图编辑窗口中放置了该元件的一个常开触点。其他类型元件的输入方法类似。

图 2－23　“梯形图输入”对话框

还有一个更为便捷的实现元件的输入的方式，就是利用梯形图标记工具按钮，当鼠标指向某一图标时，软件会显示其功能。如果对程序指令熟悉，也可以采用直接输入编程指令的方式实现元件的输入，如键入“LD　X0”指令即可实现 X0 常开触点的输入。

(2)规则线操作

①规则线插入

单击“编辑”→“划线写入”或按“F10”键，如图 2－24 所示。将光标移到梯形图中需要插入规则线的位置，按住鼠标左键并移动到规则线终止位置。

②规则线删除

单击“编辑”→“划线删除”或按“F9”键，如图 2－25 所示。将光标移到梯形图中需要删除规则线的位置，按住鼠标左键并移动到规则线终止位置。

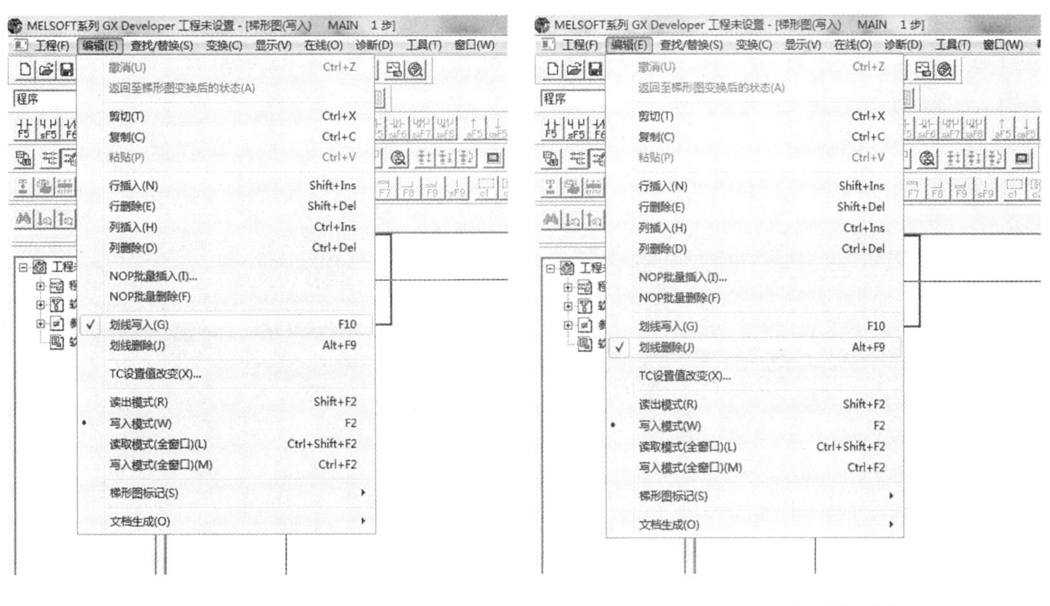

图 2－24　规则线插入　　　　图 2－25　规则线删除

3. 程序的变换、检查

在编写完梯形图程序后，必须执行“变换”菜单下的变换命令，或按一下快捷键“F4”，完成程序变换，这是将梯形图程序变换为 PLC 可以识别和执行的程序的过程，如图 2－26 所示。经过变换的程序会显示正确的标号，未经过变换的梯形图不能保存。

在程序变换后，要通过“工具”菜单，执行“程序检查”命令，检查梯形图程序是否存在语法错误，如图 2－27 所示。如有错误，需要重新修改，然后再次变换、检查，直到正确无误。

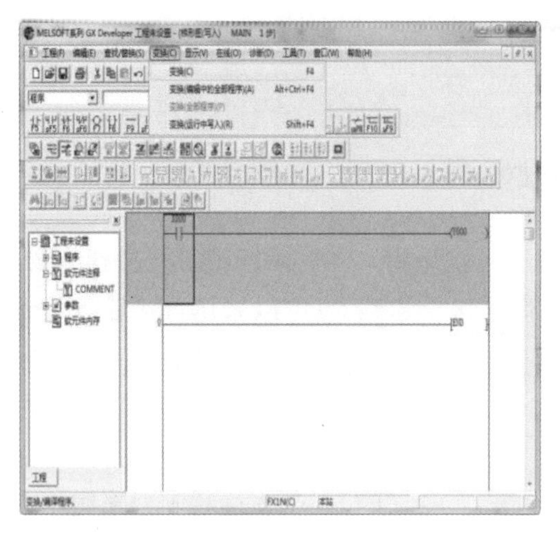

图 2－26　程序变换

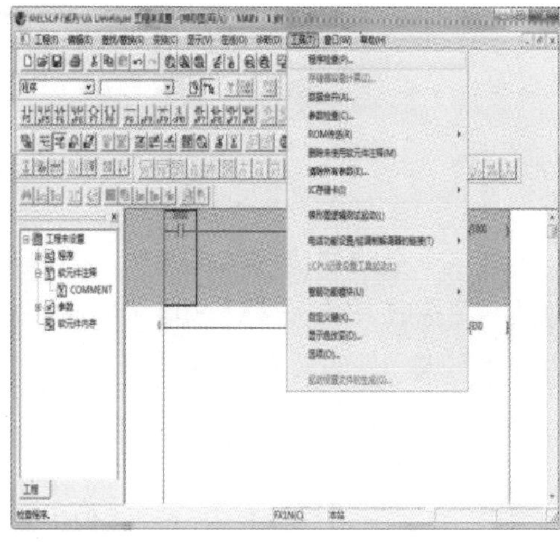

图 2－27　程序检查

4. 程序的下载

梯形图程序经过变换和检查无误后，用编程电缆将 PLC 和电脑连接好，接通 PLC 的电源，并将其工作方式开关拨到“STOP”状态。

PC—PLC 通信电缆初次连接时，需要进行传输设置，选择正确的串口，即 COM 口，然后进行通信测试，保证通信正常。通信时，PLC 应处于给电状态。传输设置在“在线”菜单中，如图 2－28 所示。

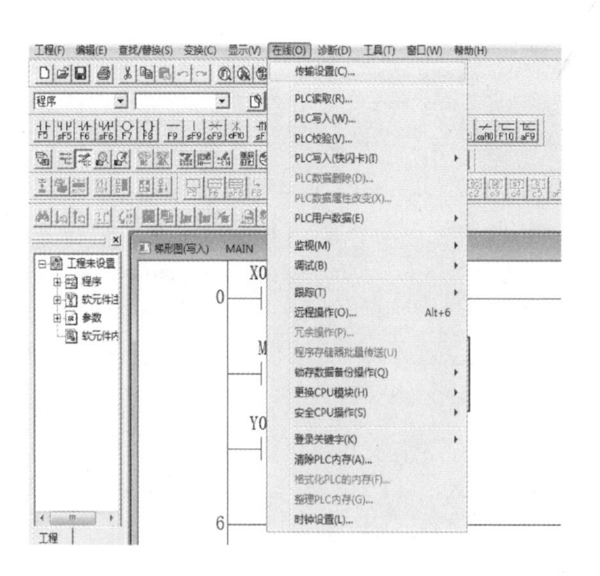

图 2－28　“在线”菜单

执行“在线”→“PLC 写入”命令，进行传送设置，然后点击“执行”按钮，窗口将弹出写入进度对话框。

程序的读出操作与程序写入操作方法相同，只需执行“在线”→“PLC 读取”命令。

5. 程序的运行

将 FX1N 面板上的开关由“STOP”状态拨向“RUN”状态。根据控制要求,输入相应的操作指令,观察控制对象输出的变化。

2.2.3 GX Developer 的其他实用功能

1. 查找/替换

可以通过以下两种方式来实现查找功能,如图 2-29 所示。

①点击“查找/替换”菜单,选择查找指令。

②在编辑区单击鼠标右键,在弹出的快捷工具栏中选择查找指令。

此外,该软件增加了替换功能,这为程序编辑修改提供了极大的便利。

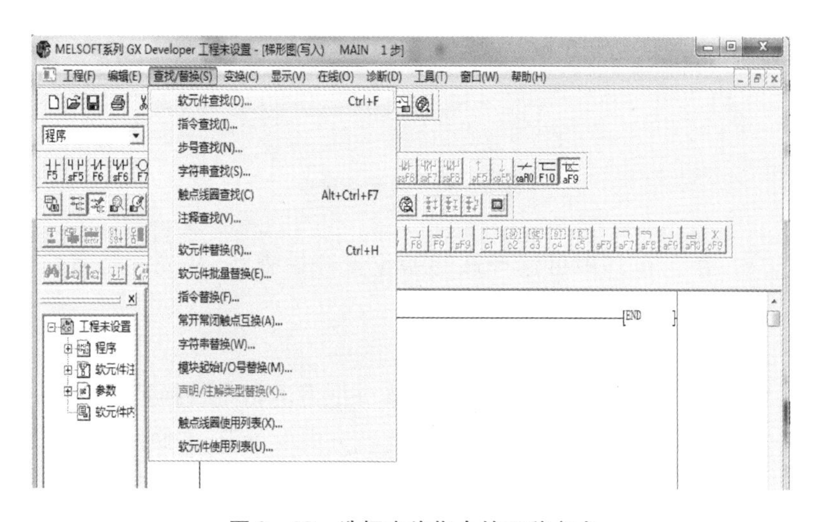

图 2-29 选择查找指令的两种方式

“查找/替换”菜单中的替换功能根据替换对象不同,可分为软元件替换、指令替换、常开常闭触点互换等。

(1)软元件替换

功能:通过该指令的操作可以用一个或多个元件把旧元件替换掉,在实际操作过程中,可根据用户的需要或操作习惯对替换点数、查找方向等进行设定,方便使用者操作。

操作步骤:执行“查找/替换”→“软元件替换”命令,弹出“软元件替换”对话框,如图 2-30 所示。在“旧软元件”栏中输入被替换的元件名。在“新软元件”栏中输入新的元件名。根据需要可以对替换点数、查找方向等进行设置。执行替换操作,可完成全部替换、逐个替换、选择替换。

说明:

①“替换点数”栏。当在“旧软元件”栏中输入“X002”,在“新软元件”栏中输入“M10”,替换点数设定为“3”时,执行该操作的结果是:“X002”被替换为“M10”,“X003”被替换为“M11”,“X004”被替换为“M12”。设定替换点数时输入数据选择为十进制或十六进制均可。

②“移动注释/别名”复选框。在替换过程中可以选择注释/别名不跟随旧元件移动,而是留

在原位成为新元件的注释/别名。勾选该复选框时，则说明注释/别名跟随旧元件移动。

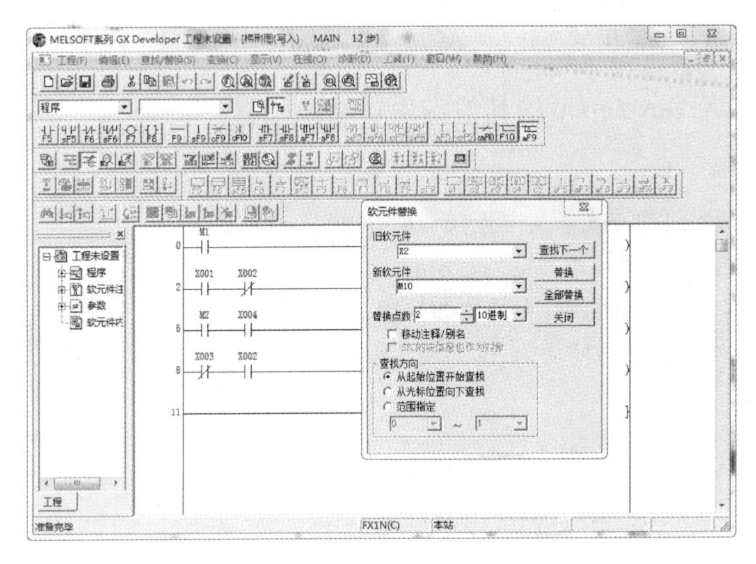

图 2－30　软元件替换

③“查找方向”组。在其中可选择从起始位置开始查找、从光标位置向下查找、范围指定。

(2)指令替换

功能：通过该指令的操作可以用一个新的指令把旧的指令替换掉，在实际操作过程中，可根据用户的需要或操作习惯进行替换类型、查找方向的设定，方便使用者操作。

操作步骤：执行“查找/替换”→“指令替换”命令，弹出“指令替换”对话框，如图 2－31 所示。选择旧指令类型(常开、常闭)，输入元件名。选择新指令类型(常开、常闭)，输入元件名。根据需要可以对查找方向进行设置。执行替换操作，可完成全部替换、逐个替换、选择替换。

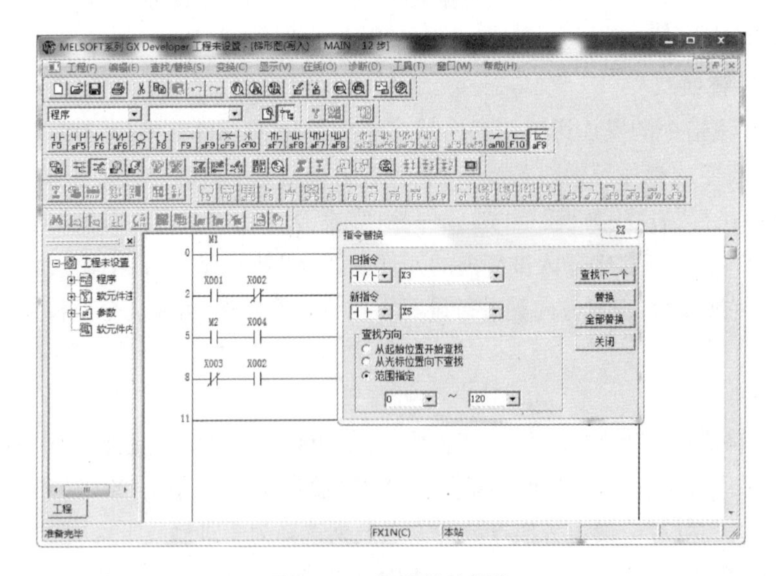

图 2－31　指令替换操作

(3)常开常闭触点互换

功能:通过该指令的操作可以将一个或连续若干个软元件的常开、常闭触点进行互换。

操作步骤:执行“查找/替换”→“常开常闭触点互换”命令,弹出“常开常闭触点互换”对话框,如图2-32所示。输入元件名。根据需要可以对替换点数、查找方向等进行设置。执行替换操作,可完成全部替换、逐个替换、选择替换。

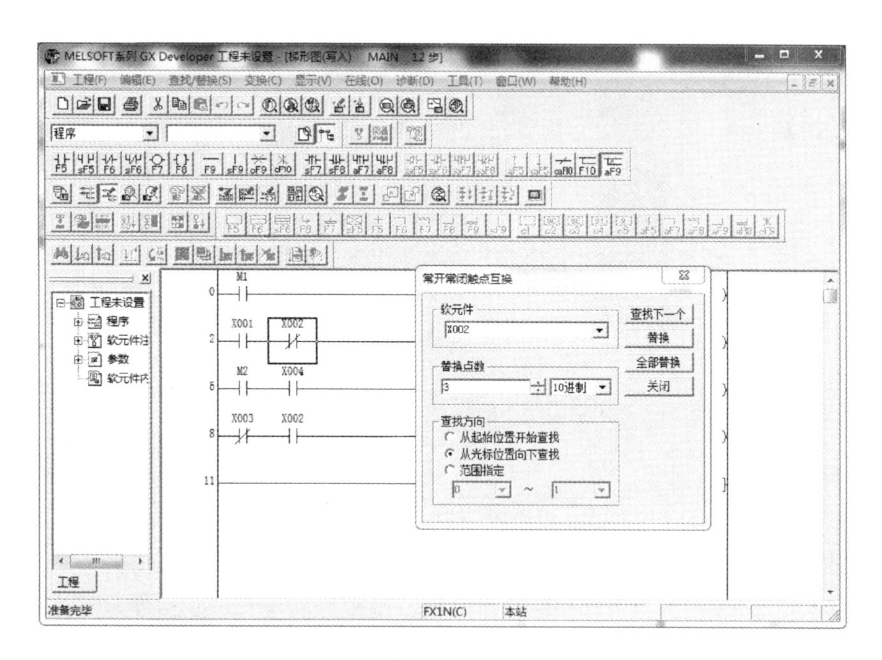

图2-32 常开常闭触点互换操作

2. 注释/别名

在梯形图中引入注释/别名后,用户可以更加直观地了解各软元件在程序中所起的作用。

(1)注释/别名的输入

操作步骤:执行“显示”→“工程数据列表”命令,也可按“Alt+O”键,打开或关闭工程数据列表,如图2-33所示。

在工程数据列表中单击“软元件注释”选项,显示“COMMENT”(注释)选项,双击该选项。

显示注释编辑画面。

在“软元件名”栏输入要编辑的元件名,单击“显示”按钮,画面就显示编辑对象。在注释/别名栏中输入欲说明内容,即完成注释/别名的输入。

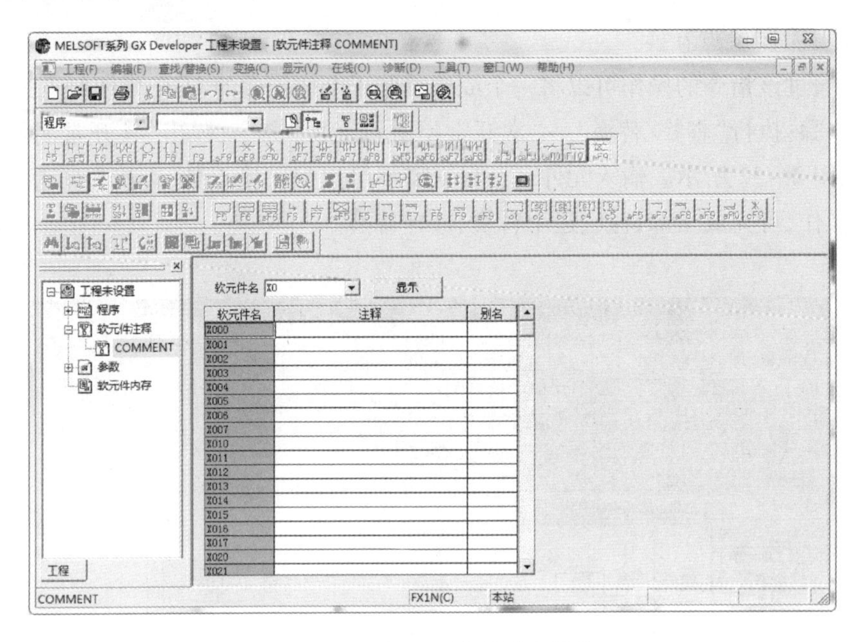

图 2-33　注释/别名的输入操作

(2)注释/别名的显示

用户定义完软元件注释/别名,如果没有将其显示功能开启,软元件是不能显示的。

操作步骤:执行"显示"→"注释显示"命令(或按"Ctrl + F5"键),或执行"显示"→"别名显示"命令(或按"Alt + Ctrl + F6"键),即可显示编辑好的注释/别名,如图 2-34 所示。

执行"显示"→"注释显示形式"命令,还可定义显示注释/别名字体的大小。

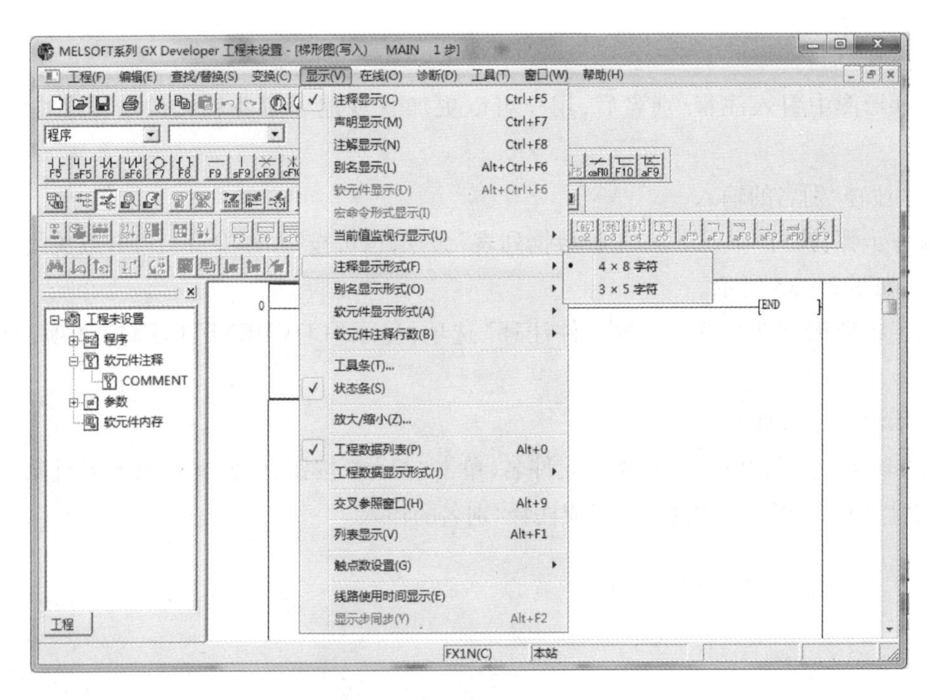

图 2-34　注释/别名的显示操作

【实训考核】

按任务要求，使用 GX Developer 编制程序，并完成相应功能。

(1)三相异步电动机点长动控制程序(图 2-35)。

(2)三相异步电动机正反转控制程序(图 2-36)。

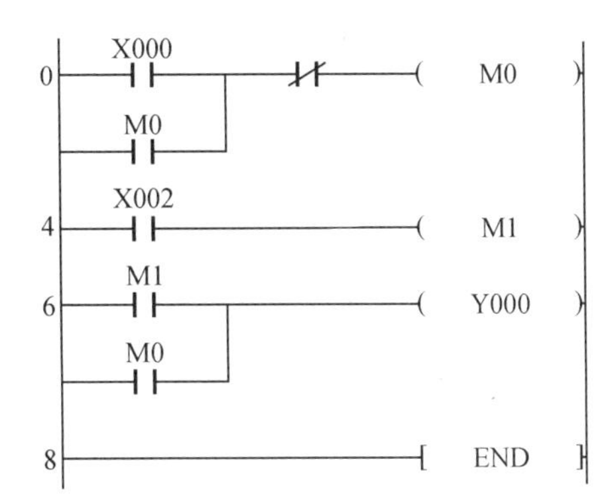

图 2-35 三相异步电动机点长动控制程序

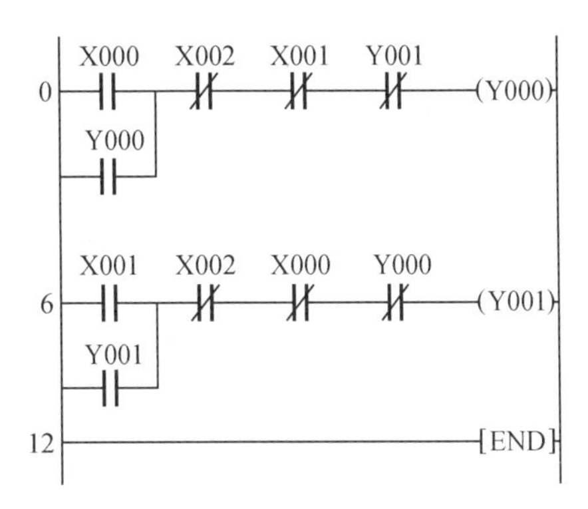

图 2-36 三相异步电动机正反转控制程序

按表 2-4 进行考核评分。

表 2-4 编程软件 GX Developer 的使用实训考核表

项目	配分	技能考核标准	扣分	得分
新建工程	10	(1)正确选择参数，选择所用 PLC 的系列、PLC 的类型及程序类型，一处不正确扣 2 分。 (2)合理设置路径、工程名和索引，一处不合理扣 1 分		
梯形图编辑	30	(1)程序编写简明、结构合理、功能正确(20 分) 不合理，视情况扣 1~15 分。 (2)合理使用复制、粘贴等快捷功能(10 分) 不使用的不得分		
程序的变换、检查	10	(1)程序变换(4 分) 程序没有变换成功的扣 5 分。 (2)程序检查(6 分) 程序检查出现语法错误，一处扣 2 分		
传输设置与程序下载	10	(1)传输设置(5 分) PC-PLC 传输设置不正确的，扣 5 分。 (2)程序下载(5 分) 程序下载不成功的，扣 5 分		
程序运行	20	不能实现任务功能或部分完成任务功能的，酌情扣 1~15 分		
实训报告	20	没按照报告要求完成实训报告或内容不正确的，酌情扣 2~15 分		
合计				

任务3　定时器与计数器的应用

【实训目标】

1. 熟悉 GX Developer 的功能。
2. 掌握定时指令的基本应用。
3. 掌握计数指令的基本应用。
4. 掌握 PLC 在线监控和模拟调试的方法。

【实训设备】

1. FX1N 或 FX3GA 型 PLC 一台。
2. PC 一台。
3. SC－09 编程电缆一根。
4. 电源、按钮、行程开关、接触器及三相异步电动机等。
5. 连接导线若干。
6. 编程软件 GX Developer。
7. 电工工具一套。

【实训内容】

2.3.1　定时器的应用

定时器的使用方法和案例

定时器 T 在 PLC 中的作用相当于一个通电延时型时间继电器。它有一个设定值寄存器(16 位)、一个当前值寄存器(16 位)以及无限个触点(1 位)。定时器是根据时钟脉冲累积计时的,时钟脉冲有 1 ms、10 ms、100 ms 三种。定时器开始工作时,当前值寄存器从 0 开始对时钟脉冲进行加 1 计数,在当前值达到设定值时,其输出触点动作。定时器的设定值为十进制整数,可用 K 直接设定,也可用数据寄存器间接设定。

根据工作方式,定时器可分为常规定时器和积算定时器两类。

1. 常规定时器

FX2N 系列 PLC 提供 246 个常规定时器,其中 100 ms 定时器 T0～T199 共 200 点,可设定时间范围 0.1～3 276.7 s;10 ms 定时器 T200～T245 共 46 点,可设定时间范围 0.01～327.67 s。

常规定时器线圈的控制线路只有一个,定时器的工作或停止都由该控制线路的接通与断开决定。当控制线路接通时,定时器开始计时,定时时间到,其常开触点闭合、常闭触点断开。一旦控制线路断开或断电,定时器的当前值寄存器的值复位为"0",相应地,其常开、常闭触点也复位。

在图 2－37 中，定时器 T200 的计时单位为 10 ms，设定值为 K123，即定时时间为 1.23 s。当输入继电器 X0 接通时，T200 用当前值寄存器累计 10 ms 的时钟脉冲，当计数值与设定值相等（即定时时间到）时，定时器常开触点闭合，常闭触点断开。当驱动 T200 的输入继电器 X0 断开或断电时，定时器复位，其常开、常闭触点也复位。

2. 积算定时器

FX2N 系列 PLC 提供 10 个积算定时器，其中，T246～T249 计时单位为 1 ms，可设定累积定时时间范围 0.001～32.767 s；T250～T255 计时单位为 100 ms，可设定累积定时时间范围 0.1～3 276.7 s。

积算定时器线圈的控制线路有两个，分别为计时控制线路和复位控制线路。当定时器复位控制线路接通时，不论其计时控制线路为何状态，定时器都不计时，其逻辑线圈断开。当定时器复位控制线路断开，而计时控制线路接通时，定时器开始计时，当定时时间到时，其常开触点闭合，常闭触点断开。若在定时器计时过程中出现计时控制线路断开或停电，定时器的当前计数值被保存，其常开触点、常闭触点也保持原状态不变；一旦计时控制线路重新接通或恢复通电，则定时器在原计数值的基础上继续计时，直到定时时间到。

图 2－38 中，定时器 T250 的计时单位为 100 ms，设定值为 K123，即定时时间为 12.3 s。当控制计时的输入继电器 X1 接通时，T250 开始对 100 ms 的时钟脉冲进行累积计数，当计数值与设定值相等（即定时时间到）时，定时器常开触点闭合，常闭触点断开。若在计数中途输入继电器 X1 断开或停电，当前值保持不变。当输入继电器 X1 重新接通或恢复通电时，计数继续进行，直至累积定时时间到，触点动作。当控制复位的输入继电器 X2 接通时，定时器线圈及其触点均复位。

定时器在计时的过程中，其寄存器的当前值是随时间变化的，通过实时比较定时器的当前值，使用触点比较指令也可以实现分阶段定时控制。下面是定时器实时比较应用的一个例子。

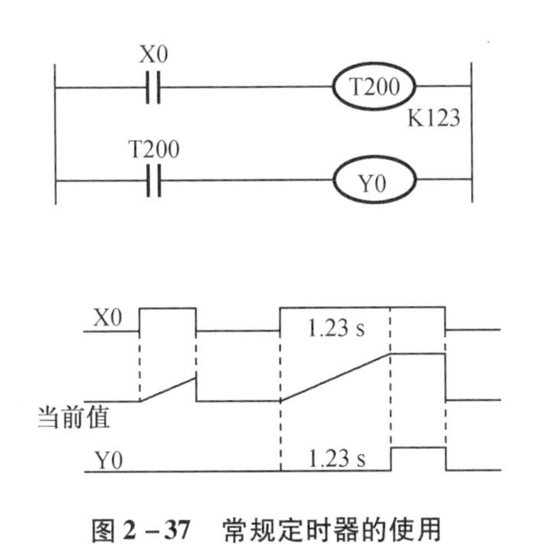

图 2－37　常规定时器的使用

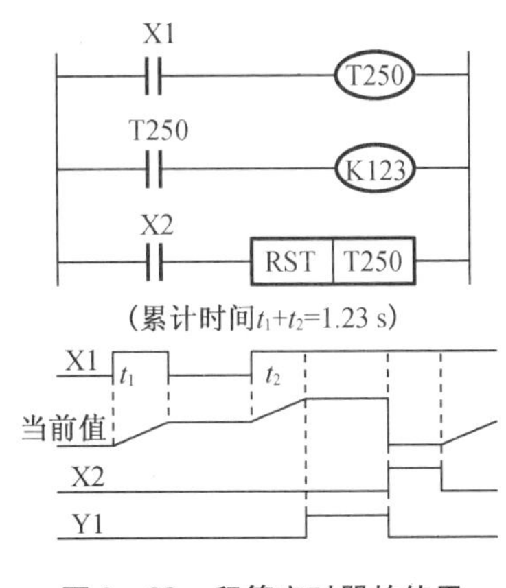

图 2－38　积算定时器的使用

有 4 台电机，按一下启动按钮，从 1 到 4 间隔 10 s 依次启动；按下停止按钮，从 4 到 1 间隔 10 s 依次停止。要求在电机从 1 到 4 启动的过程中，按一下停止按钮，最近启动的一台电机立即停止，下一台电机间隔 10 s 依次停止。参考梯形图如图 2－39 所示。

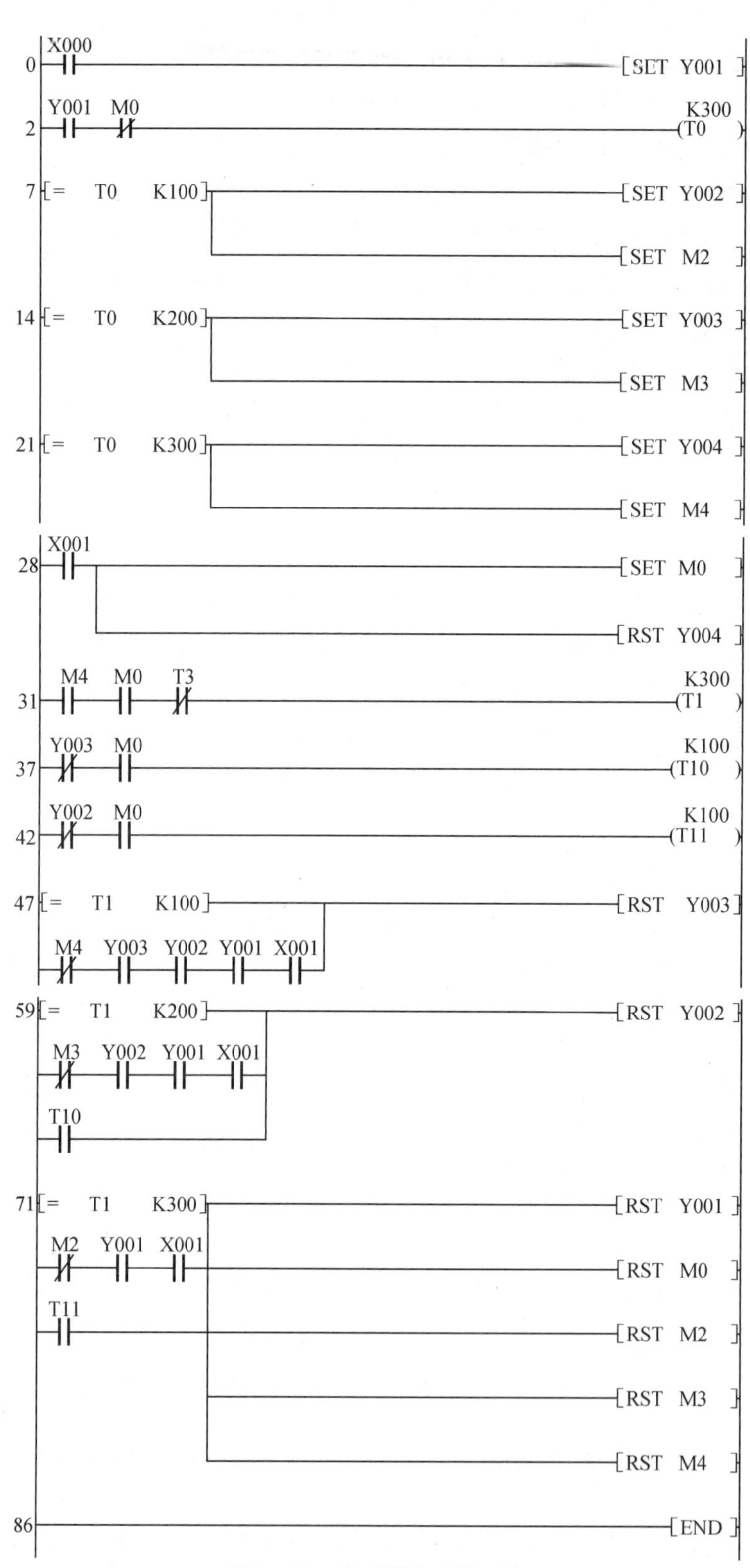

图 2－39　定时器应用梯形图

可以在编制梯形图后，进行梯形图仿真测试，观察定时器和输出继电器的工作状态。

【定时器应用训练】

1. 利用定时器指令编程，产生连续方波信号输出，其周期设为 3 s，占空比为 2∶1。

编程提示：通过定时器互锁轮流导通，再由其中的一个定时器控制输出。

2. 设某工件加工过程分为 4 道工序，共需 30 s，其时序要求如图 2－40 所示。X0 为运行控制开关。X0＝ON 时，启动和运行；X0＝OFF 时，停机。每次启动均从工序 1 开始。利用定时器指令实现上述分级定时控制，并观察 T1～T4 的通断情况以及定时器经过值的变化情况。

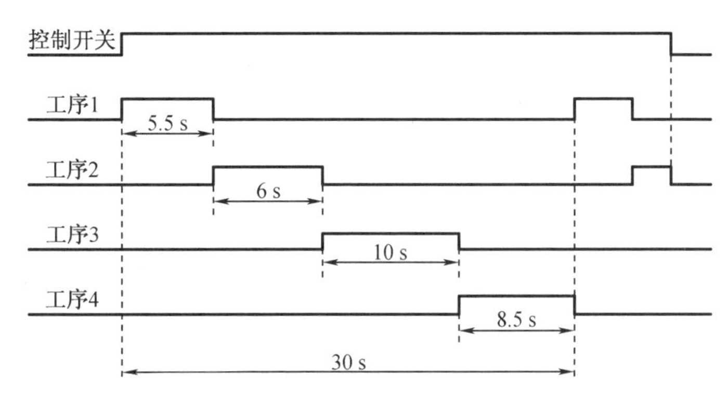

图 2－40 工件加工工序

编程提示：可用两种方法实现。

（1）用 4 个定时器分别设置 4 道工序的时间，并通过程序依次启动之。

（2）用一个定时器设置全过程时间，再用若干条比较指令来判断和启动各道工序。注意定时器 T 是减 1 定时器，当预置值 30 s（K300）开始计数，过 5.5 s 后，其经过值寄存器内的值应变为 K245，所以当比较结果定时器内容小于或等于 K245 时方可启动下一道工序。以此类推，即可完成要求和顺序控制工程。

2.3.2 计数器的应用

计数器的使用案例

FX2N 系列 PLC 中有内部计数器和高速计数器两种计数器。

内部计数器是在执行扫描操作时对位元件（如 X、Y、M、S、T 和 C 等）的信号进行计数的计数器，其接通时间和断开时间应比 PLC 的扫描周期长。内部计数器包括 16 位递增计数器和 32 位可逆计数器两种。

1. 16 位递增计数器

FX2N 系列 PLC 提供了 200 个 16 位递增计数器，其计数设定值范围为 1～32 767，计数次数由编程时常数 K 设定，其中计数器 C0～C99 为普通计数器，C100～C199 为掉电保持计数器。

16 位递增计数器有两个控制线路，分别为计数控制线路和复位控制线路。如图 2－41

所示，常开触点 X1 构成复位控制线路，常开触点 X2 构成计数控制线路。当计数器复位控制线路接通时，不论其计数控制线路为何状态，计数器当前值清零，其逻辑线圈断开，其触点复位。当计数器复位控制线路断开时，计数控制线路每接通一次，计数器当前值加 1，当计数值达到设定值时，计数器的逻辑线圈动作，控制相应的常开、常闭触点动作。

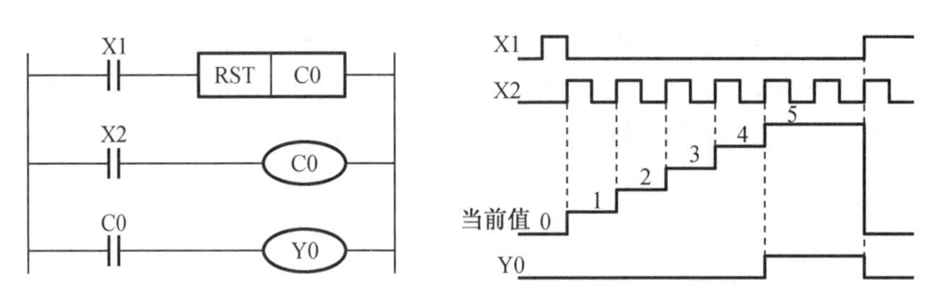

图 2－41　16 位递增计数器的应用

在图 2－41 中，X2 为控制计数的输入继电器，每当 X2 接通一次，当前值加 1；当前值为 5 时，即 X2 接通第 5 次时，计数器 C0 的常开触点闭合，此时，即使输入继电器 X2 再接通，计数器的当前值仍然保持不变。当控制复位的输入继电器 X1 接通时，执行复位操作，计数器当前值复位为 0，常开触点断开。

2.3.3　可逆计数器

FX2N 系列 PLC 提供了 35 个 32 位可逆计数器，其计数设定值范围为 －2 147 483 648 ~ ＋2 147 483 647（注意：可逆计数器的设定值允许为负数）。其中，C200 ~ C219 为普通计数器，C220 ~ C234 为掉电保持计数器。

可逆计数器与递增计数器不同的是，它有加计数和减计数两种工作方式，因此，其除了有计数控制线路和复位控制线路外，还必须有可逆控制线路。可逆计数器的计数方式由特殊辅助继电器 M8200 ~ M8234 线圈来控制（其后三位对应可逆计数器的地址编号，例如 C220 的计数方式由 8220 控制），特殊辅助继电器接通为减计数，断开为加计数。如图 2－42 所示，由常开触点 X0 构成可逆控制线路，当 X0 断开时，特殊辅助继电器 M8200 断开，计数器 C200 为递增计数器；当 X0 闭合时，特殊辅助继电器 M8200 接通，计数器 C200 为递减计数器。

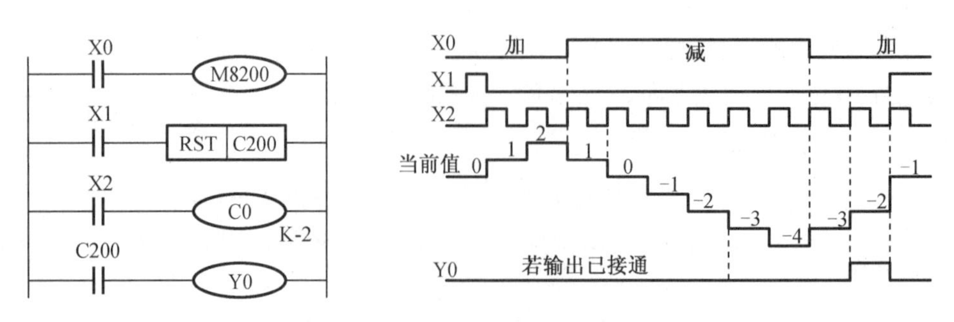

图 2－42　可逆计数器的应用

若计数器的设定值为正数,则当前值等于设定值时,其逻辑线圈接通;若计数器的设定值为负数,则只有当前值从小于设定值变为等于设定值时,其逻辑线圈才接通。和一般计数器有所不同的是,可逆计数器逻辑线圈接通后,只有当前值小于设定值或复位控制线路接通时,其逻辑线圈才复位。

在图 2-42 中,当常开触点 X1 闭合时,将计数器 C200 复位,这时 C200 的当前值被清零,其逻辑线圈断开。反之,当常开触点 X1 断开时,复位控制线路断开。此时,若常开触点 X0 闭合,即 C200 处在减计数工作方式,则常开触点 X2 由断开到闭合时,将其当前值减 1;若常开触点 X0 断开,即 C200 处在加计数工作方式,则常开触点 X2 由断开到闭合时,将其当前值加 1。其他情况,C200 不进行计数。

【计数器应用训练】

1. 用一个按钮开关(X2)控制三个灯(Y1、Y2、Y3),按钮开关按三下,Y1 灯亮,再按三下,Y2 灯亮,再按三下,Y3 灯亮,再按两下,灯全灭,如此反复。

2. 为了测试异步电动机正反转电路安装质量,需先点动三次,没问题再正转 5 s、反转 3 s,按停止按钮停止。

2.3.4 PLC 的仿真和在线监控

PLC 与计算机之间通信

GX Developer 软件提供了仿真和在线监控功能。

1. 仿真

如果在 PC 中成功地安装了模拟仿真软件 GX Simulater,就增加了 PLC 程序的离线调试功能,即仿真功能。通过该软件可以实现在没有 PLC 的情况下也能运行 PLC 程序,并实现程序的在线监控和时序图的仿真。

以图 2-43 所示梯形图为例,说明 PLC 仿真的步骤。

图 2-43 PLC 仿真梯形图实例

打开已经编写完成的 PLC 程序,执行"工具"→"梯形图逻辑测试起动"命令,几秒后出现运行画面,如图 2－44 所示。

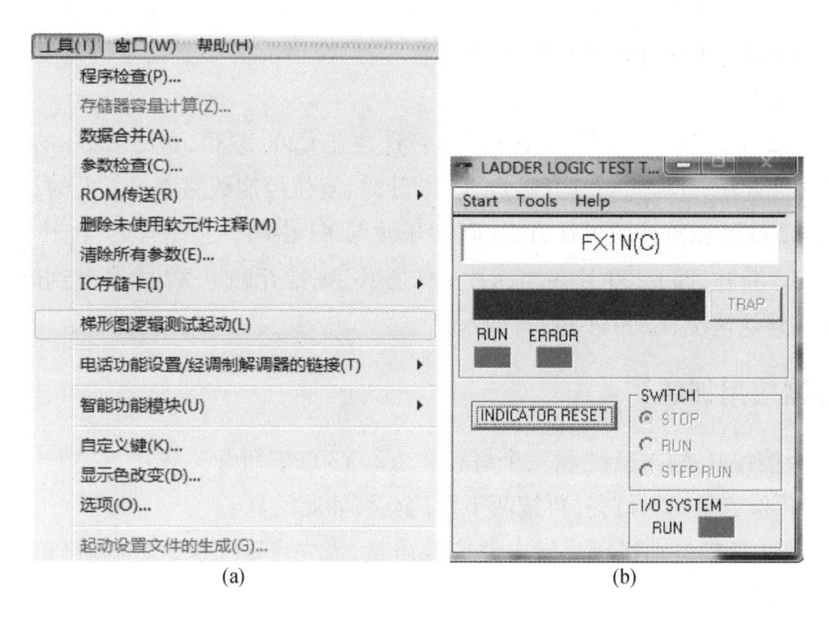

(a) (b)

图 2－44　梯形图逻辑测试启动及其运行画面

执行模拟 PLC 写入操作,PLC 写入画面如图 2－45(a)所示。写入完成后,PLC 程序进入运行状态,PLC 处于运行状态画面如图 2－45(b)所示。

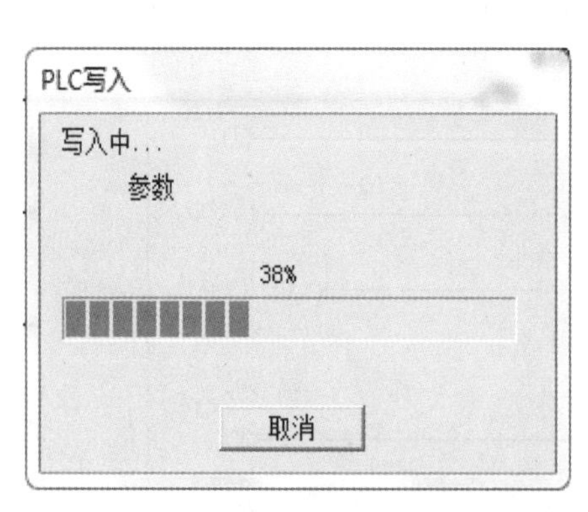

(a)PLC写入画面

(b)PLC处于运行状态画面

图 2－45　PLC 写入画面与 PLC 处于运行状态画面

单击时序图中的“启动”,等到出现画面时,单击监视菜单中的“开始/停止”或直接按“F3”键开始时序图监视。在时序图画面中,编程元件若为蓝色,则说明该编程元件状态为“1”,此时,可以通过 PLC 程序的启动信号,启动程序。若要停止运行,只要单击监视菜单中的“开始/停止”或直接按“F3”键即可。

光标选中元件“X000”，单击鼠标右键，选择“软元件测试”选项，弹出“软元件测试”对话框，如图2-46所示。

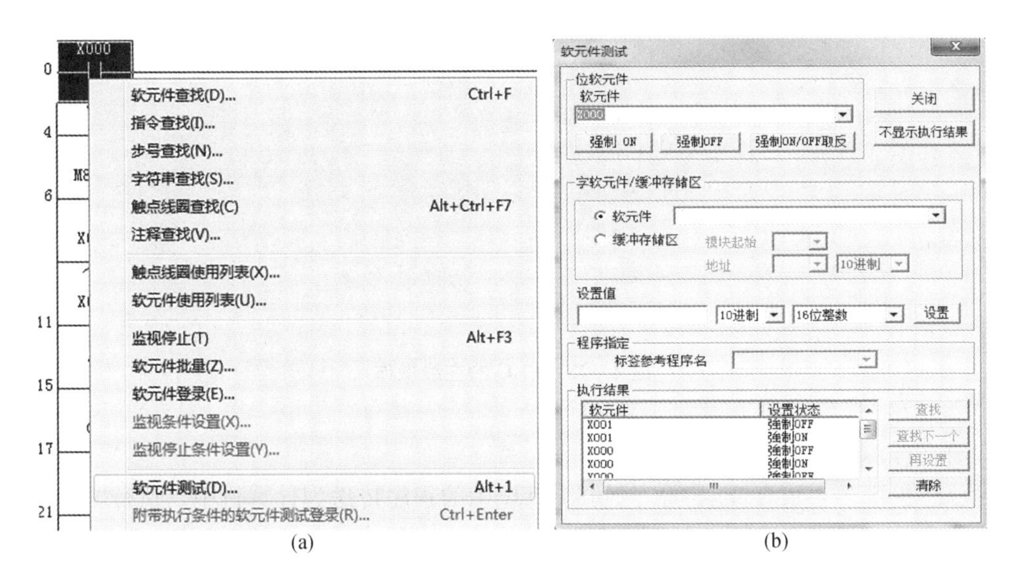

(a)　　　　　　　　　　(b)

图2-46　软元件测试操作及“软元件测试”对话框

将X000强制为“ON”，定时器T0线圈得电（显示为蓝色），开始计时，如图2-48所示，定时器T0上方数字“K10”为设定值，下方变化的数字为当前值，在当前值与设定值相等时，定时时间到，T0常开触点闭合（显示为蓝色），输出继电器Y000得电（显示为蓝色）。将X000强制为“OFF”，定时器T0线圈失电，T0的常开触点断开，输出继电器Y000失电，图2-47中所有软元件恢复原来的黑色。

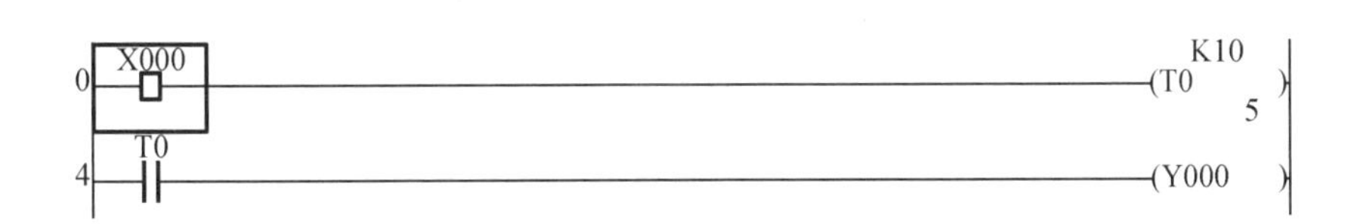

图2-47　PLC梯形图运行过程画面

可以将软元件X001先后强制为“ON”和“OFF”，观察定时器T1、计数器C0、输出继电器Y001的变化情况，体会PLC程序功能调试的过程。

2. 在线操作

PLC程序功能离线调试正常后，下一步就要对PLC进行在线操作。在操作之前，首先将计算机的USB接口（或RS-232接口）与PLC的RS-422接口通过专用电缆连接好，运行专用电缆驱动程序，然后进行传输设置。

（1）传输设置

执行“在线”→“传输设置”命令，选择串口COM地址，测试通信是否正常，如图2-48所示。

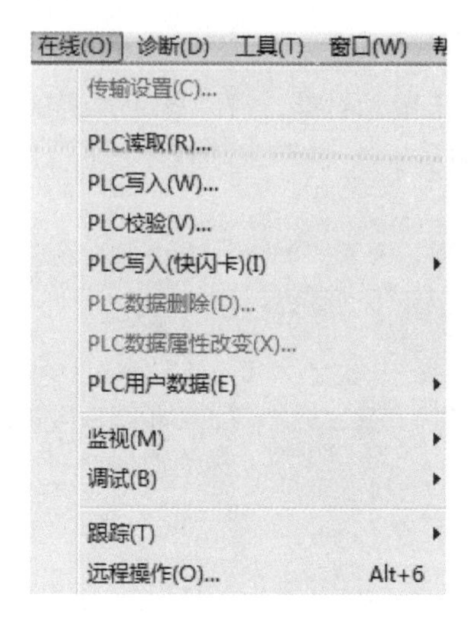

图 2－48　PLC 的在线操作

(2)文件传送

执行"在线"→"PLC 读取"命令,可将 PLC 中的程序传送到计算机中。执行"在线 "→"PLC 写入"命令,可将计算机中的程序下载到 PLC 中。

(3)PLC 远程操作

执行"在线"→"远程操作"命令,可在弹出的对话框中选择"运行"或"停止",点击"确认"按钮后可以改变 PLC 的运行模式。

3. 在线监控

在线监控主要就是通过 GX Developer 对当前各个编程元件的运行状态和当前性质进行监控。执行"在线"→"监视"命令后,PLC 梯形图程序中,蓝色表示触点或线圈接通,且定时器、计数器和数据寄存器的当前值将显示在元件号的上面。元件监控画面如图 2－49(a)所示,在该画面上双击左侧的深蓝色矩形光标,出现如图 2－49(b)所示的"设置元件"对话框,输入所监控元件的起始编号和要监控元件的数量,单击"输入"按钮后,在屏幕上将用蓝色方块表示需要监控元件的状态。

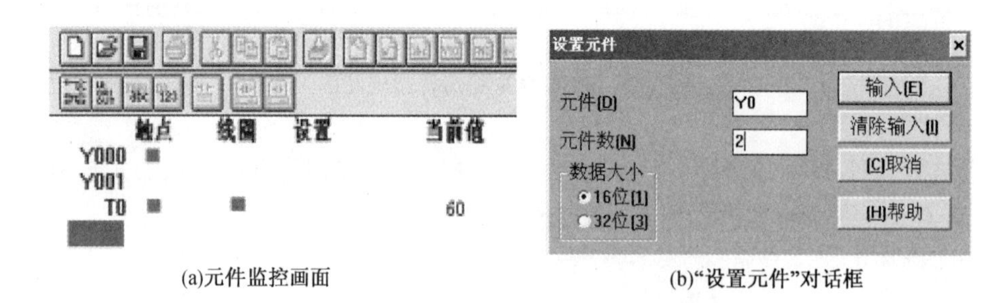

(a)元件监控画面　　(b)"设置元件"对话框

图 2－49　元件监控画面及"设置元件"对话框

用户可以为软元件强制指定值或对变量赋值,所有强制改变的值都存到主机固定的 EEPROM 中。执行"在线"→"调试"→"软元件测试"→"强制 ON/OFF "命令,可以对位元件 X 、Y 、M 及特殊类型的元件 M 、S 、T 、C 等进行置位操作,也可以对 X 、Y 、M 及 S、

T、C、D、V、Z 等元件进行复位操作。

【实训考核】

水果自动装箱生产线如图 2－50 所示。

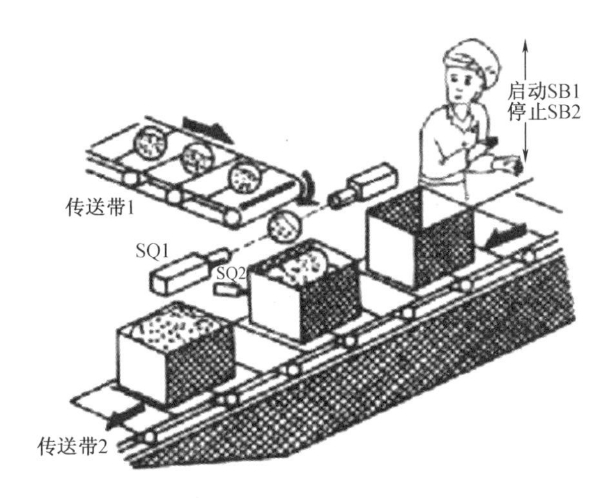

图 2－50　水果自动装箱生产线

水果自动装箱生产线控制系统控制要求如下。

(1)按下启动按钮 SB1，传送带 2 启动运行，当水果箱进入指定位置时，行程开关 SQ2 动作，传送带 2 停止。

(2)SQ2 动作后，延时 1 s 后，传送带 1 启动，水果逐一落入水果箱内，由 SQ1 检测水果的数量，在水果通过时发出脉冲信号。

(3)当落入水果箱内水果达到 10 个时，传送带 1 停止，传送带 2 启动，如此重复操作。

(4)按下停止按钮 SB2，传送带 1 和 2 均停止。

使用 GX Developer 编制程序，并完成相应功能。按表 2－5 进行考核评分。

表 2－5　定时器与计数器的应用实训考核表

项目	配分	技能考核标准	扣分	得分
I/O 分配表	10	I/O 分配表中缺少或错误一项扣 2 分，扣完为止		
硬件接线	30	(1)硬件接线电路图正确(10 分) 错误一处扣 2 分。 (2)接线正确(10 分) 错误一处扣 2 分。 (3)接线牢固(5 分) 不牢固一处扣 2 分。 (4)接线工艺正确(5 分) 接线不入线槽扣 2 分，压线皮一处扣 1 分，露铜过长一处扣 1 分		

表 2-5(续)

项目	配分	技能考核标准	扣分	得分
梯形图编写	20	程序编写简明、结构合理、功能正确(15 分) 不合理,视情况扣 1~15 分		
程序变换与程序检查	5	(1)程序变换(2 分) 程序没有变换成功的扣 2 分。 (2)程序检查(3 分) 程序检查出现语法错误一处扣 1 分		
传输设置与程序下载	5	(1)传输设置(3 分) PC-PLC 传输设置不正确的,扣 5 分。 (2)程序下载(2 分) 程序下载不成功的,扣 5 分		
程序运行	10	不能实现任务功能或部分完成任务功能的,酌情扣 1~10 分		
实训报告	20	没按照报告要求完成实训报告或内容不正确的,酌情扣 2~15 分		
合计				

任务 4　SFC 的设计与应用

【实训目标】

1. 熟悉编程软件 GX Developer 的功能。
2. 掌握 SFC 的编程方法。
3. 掌握 PLC 在线监控和模拟调试的方法。

【实训设备】

1. FX1N 或 FX3GA 型 PLC 一台。
2. PC 一台。
3. SC-09 编程电缆一根。
4. 电源、按钮、行程开关、接触器及三相异步电动机等。
5. 连接导线若干。
6. 编程软件 GX Developer。
7. 电工工具一套。

【实训内容】

SCF 状态三要素及编程原则

2.4.1 顺序功能图 SFC

顺序功能图(Sequential Function Chart,SFC)是一种按工艺流程图进行编程的图形化编程语言,它是国际电工委员会(The International Electrotechnical Commission,IEC)标准首选推荐使用的 PLC 通用编程语言,它在 PLC 应用领域中应用很广。

SFC 主要按照被控对象的工作流程来设计程序。它的具体编程方法是将复杂的控制过程分成多个工作步骤(简称步),每个步对应着工艺动作,把这些步按照一定的顺序要求进行排列组合,就构成整体的控制程序。

采用 SFC 进行 PLC 应用编程的优点如下。

(1)在程序中可以直观地看到设备的动作顺序。SFC 程序是按照设备(或工艺)的动作顺序而编写的,所以程序的规律性较强,容易读懂,具有一定的可视性。

(2)在设备发生故障时能很容易地找出故障所在位置。

(3)不需要复杂的互锁电路,更容易设计和维护系统。

根据 IEC 标准,SFC 的基本结构是:步 +(该步工序中的)动作或命令 + 有向线段 + 转换和转换条件,如图 2-51 所示。

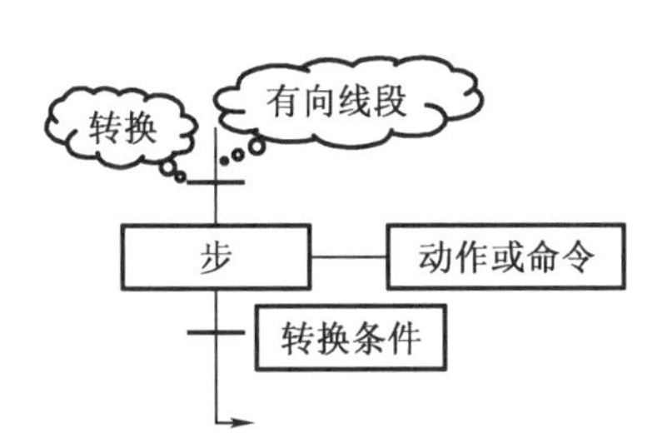

图 2-51 SFC 的基本结构

SFC 程序的运行规则是:从初始步开始执行,当转换条件成立,就由当前步转为执行下一步,在遇到 END 时结束所有步的运行。

2.4.2 顺序功能图 SFC 的编程方法

GX Developer 中,提供了 SFC 编程方法。这里,依据三菱公司的编程手册,讲解如何利用 GX Developer 来进行 SFC 编程。

单流程结构是顺序控制中最常见的一种流程结构,其结构特点是程序顺着工步,步步为序地向后执行,中间没有任何的分支。掌握了单流程 SFC 编程方法,也就是迈进了 SFC 设计法大门。这里,以双灯自动闪烁信号生成为例,讲解 SFC 编程的入门方法。

例题 1:双灯自动闪烁信号生成。

控制要求:在 PLC 上电运行后,其输出 Y000 和 Y001 各以 1 s 的时间间隔,周期交替闪烁。

本例梯形图和指令表如图2-52所示。SFC程序主要由初始状态、通用状态、返回状态等几种状态来构成,但在编程中,这几个状态的编写方式不同,因此需要引起注意。SFC程序从初始状态开始,因而编程的第一步就是给初始状态设置合适的启动条件。在SFC程序中,初始步的启动采用梯形图方式。

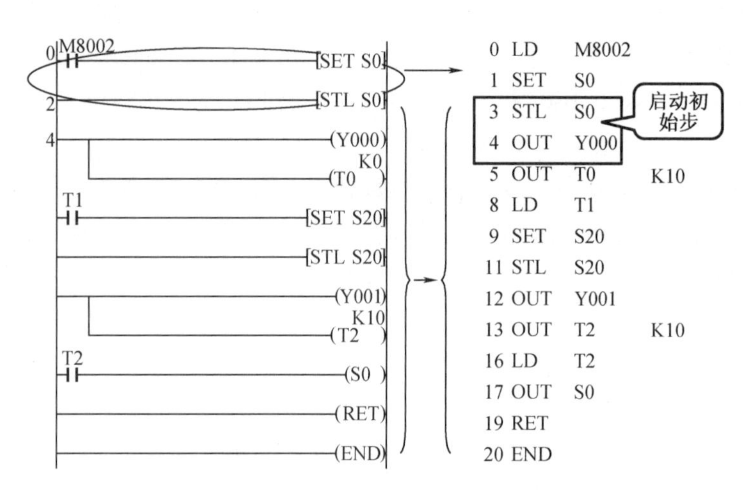

图2-52　双灯自动闪烁信号生成梯形图和指令表

在GX Developer中,一个完整的SFC程序是由初始状态、转移条件、有向线段和转移方向等内容组成的,如图2-53所示。

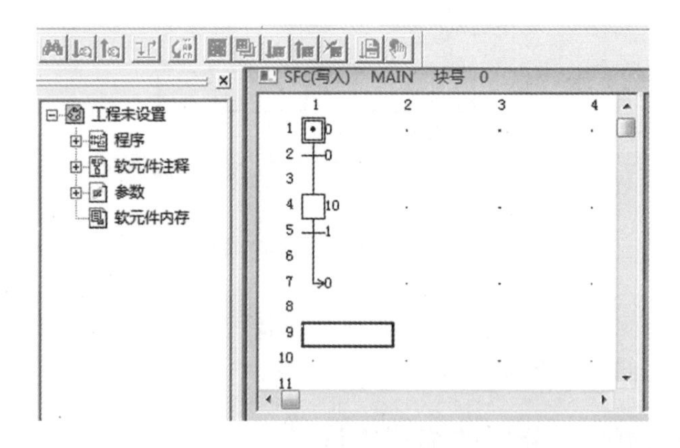

图2-53　SFC程序的组成

下面介绍在GX Developer中,编制SFC程序的方法和步骤。

(1)启动GX Developer,执行"工程"→"创建新工程"命令,或按"Ctrl+N"键,弹出"创建新工程"对话框,如图2-54所示。要对PLC的系列和类型进行选择,以符合对应系列的编程代码,否则有可能出错。这里以FX2N系列的PLC为例,所以需要进行以下操作:

①在"PLC系列"下拉列表框中选择"FXCPU";

②在"PLC类型"下拉列表框中选择"FX2N(C)";

③在"程序类型"项中选择"SFC";

④在“工程名设定”项中设置好工程名和路径。

完成上述操作点击“确定”按钮。

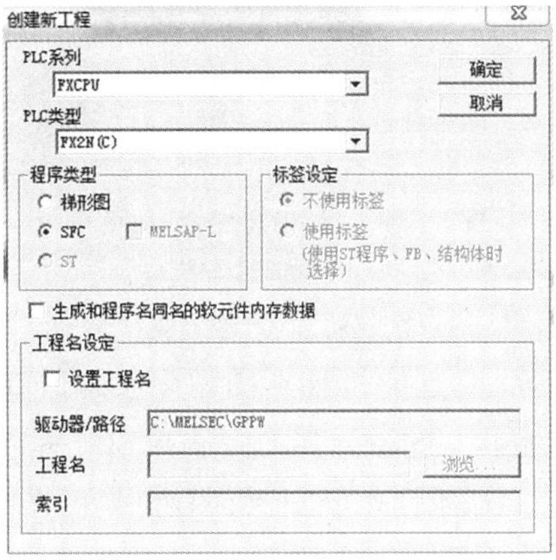

图 2-54 “创建新工程”对话框

(2)完成上述工作后会弹出如图 2-55 所示的块列表窗口。

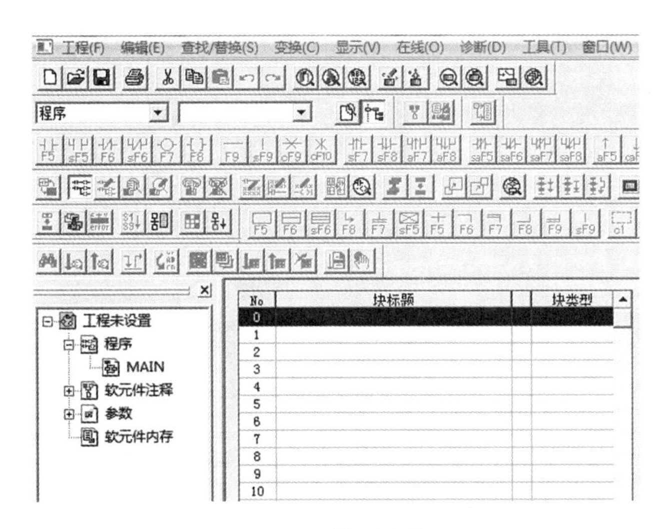

图 2-55 块列表窗口

双击图 2-55 中第 0 块。

(3)双击第 0 块或其他块后,会弹出“块信息设置”对话框,如图 2-56 所示。

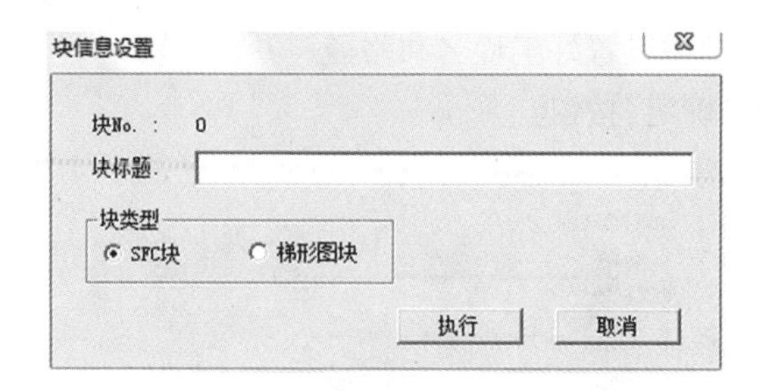

图 2-56 “块信息设置”对话框

这里需要对块类型进行选择:SFC 块或梯形图块。

在编程理论中我们学到,SFC 程序由初始状态开始,故初始状态必须激活,而激活的通用方法是利用一段梯形图程序,且这一段梯形图程序必须放在 SFC 程序的开头部分。同理,在以后的 SFC 编程中,初始状态的激活都需由放在 SFC 程序第一部分(即第一块)的一段梯形图程序来执行。因此,在这里应选择“梯形图块”。可在“块标题”文本框中填写该块的标题,也可以不填。

(4)单击“执行”按钮,弹出梯形图编辑窗口,如图 2-57 所示,在梯形图编辑窗口中输入启动初始状态的梯形图。

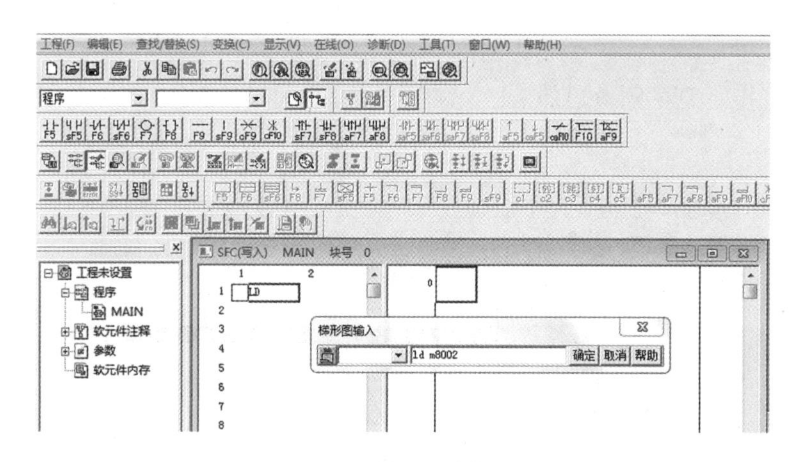

图 2-57 梯形图编辑窗口

初始状态的激活一般由辅助继电器 M8002 来完成,也可以采用其他触点方式来完成,这只需要在它们之间建立一个并联电路就可以实现。本例中我们利用 PLC 的辅助继电器 M8002 的上电脉冲使初始状态生效。双击梯形图,在“梯形图输入”对话框的光标处输入指令语句,也可以直接输入梯形图指令。

(5)在梯形图编辑窗口中单击第 0 行,输入初始化梯形图,输入完成后执行“变换”→“变换”命令或按“F4”键,完成梯形图的变换。梯形图输入完毕窗口如图 2-58 所示。

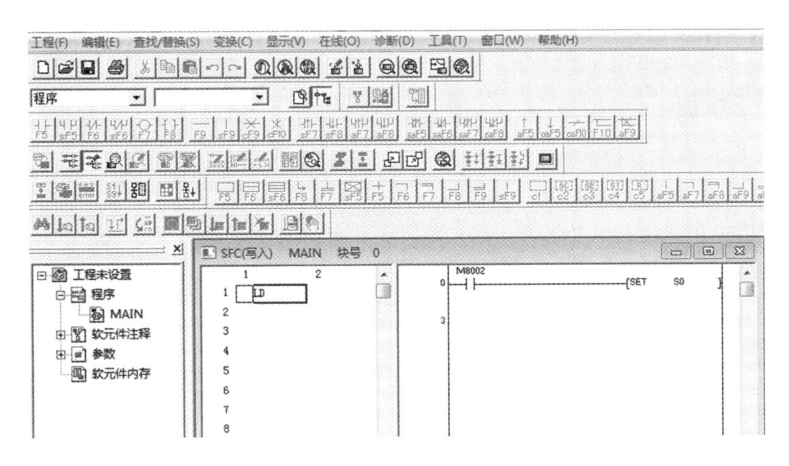

图 2-58 梯形图输入完毕窗口

需注意,在 SFC 程序的编制过程中每一个状态的梯形图编制完成后必须进行变换,才能进行下一步工作,否则会弹出出错信息,如图 2-59 所示。

图 2-59 出错信息

(6)在完成了程序的第 1 块(梯形图块)编辑以后,双击工程数据列表中的“程序”→“MAIN”,返回块列表窗口。双击第 1 块,弹出“块信息设置”对话框,在“块类型”栏中选择“SFC 块”,如图 2-60 所示,可以在“块标题”文本框中填入相应的标题,也可以不填。

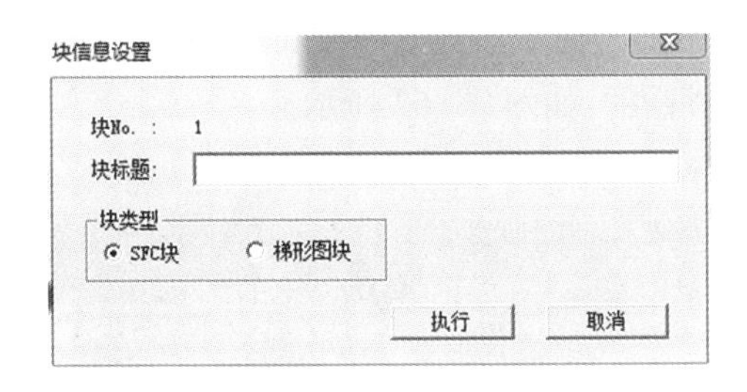

图 2-60 “块信息设置”对话框

单击“执行”按钮,弹出 SFC 程序编辑窗口,如图 2-61 所示。在 SFC 程序编辑窗口中光标变成空心矩形。

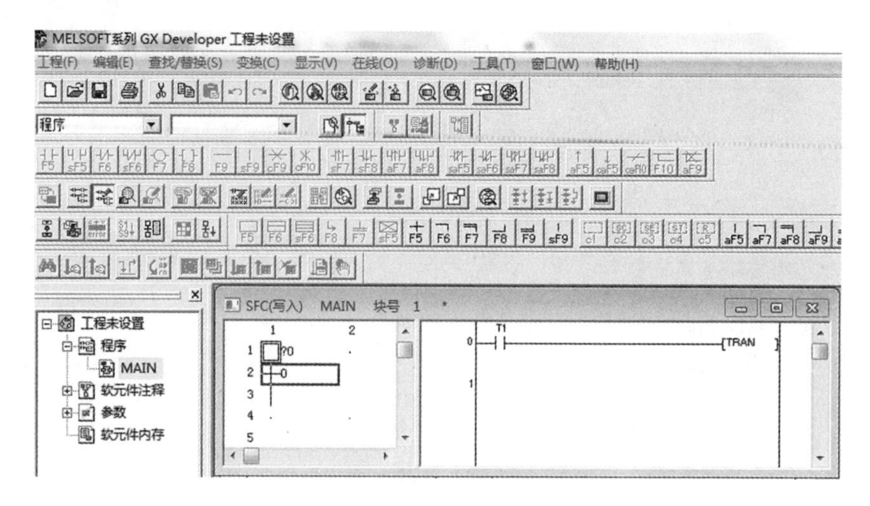

图 2-61　SFC 程序编辑窗口

(7)转换条件的编辑。

SFC 程序中的每一个状态或转移条件都是以 SFC 符号的形式出现在程序中的,每一种 SFC 符号都有对应的图标和图标号。

在 SFC 程序编辑窗口中将光标移到第一个转移条件符号处并单击,在右侧将出现梯形图编辑窗口,在其中输入使状态发生转移的梯形图。从图 2-61 中可以看出,T0 触点驱动的不是线圈,而是 TRAN 符号,意思是转移(Transfer)。在 SFC 程序中,所有的转移都用 TRAN 表示,不可以采用“SET S20”语句表示,否则将告知出错。

需要注意的是,每编辑完一个条件后应按“F4”键变换,变换后的梯形图则由原来的灰色变成亮白色,完成变换后,SFC 程序编辑窗口中“1”前面的问号(?)会消失。

(8)通用状态的编辑。

在 SFC 程序编辑窗口中把光标下移到方向线底端,按工具栏中的工具按钮或单击“F5”键,弹出“ SFC 符号输入”对话框,如图 2-62 所示。

图 2-62　“SFC 符号输入”对话框

输入步序标号后单击“确定”按钮,这时光标将自动向下移动,此时可看到步序图标号前面有一个问号,这表明此步现在还没进行梯形图编辑,同时右边的梯形图编辑窗口呈现为灰色,表明为不可编辑状态,如图 2-63 所示。

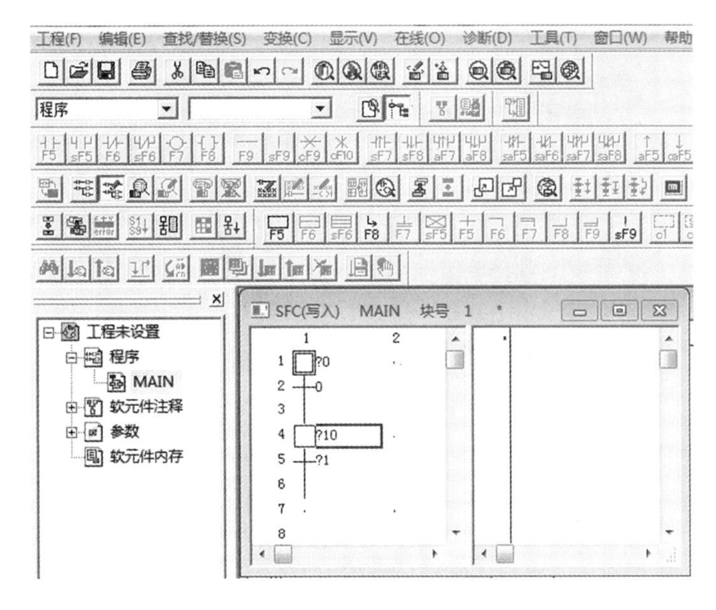

图 2-63 未编辑的状态步

下面对通用工序步进行梯形图编程。将光标移到步序号符号处，在步符号上单击后，右边的窗口将变成可编辑状态，现在，可在此梯形图编辑窗口中输入梯形图。需注意，此处的梯形图是指程序运行到此工序步时要驱动哪些输出线圈。在本例中，现在所要获得的通用工序步 20 是驱动输出线圈 Y000 以及 T0 线圈，参见图 2-52。

用相同的方法把控制系统一个周期内所有的通用状态编辑完毕。需说明的是，在这个编辑过程中，每编辑完一个通用步后，不需要再执行“程序”→“MAIN”命令返回到块列表窗口，再次进行块列表编辑，而是在一个初始状态下，直接进行 SFC 图形编辑。

(9)系统循环或周期性的工作编辑。

SFC 程序在执行过程中，无一例外地会出现返回或跳转的编辑问题，这是执行周期性的循环所必需的。要在 SFC 程序中出现跳转符号，需用 JUMP 指令加目标号进行设计。现在进行返回初始状态编辑，如图 2-64 所示。输入方法是：把光标移到方向线的最下端，按“F8”键或者点击按钮，在弹出的对话框中填入要跳转到的目的地步序号，然后单击“确定”按钮。

图 2-64 跳转符号输入

如果在程序中有选择分支也要用 JUMP +“标号”来表示。

当输入完跳转符号后，在 SFC 程序编辑窗口中将会看到，在有跳转返回指向的步序符号方框图中多出一个小黑点，这说明此工序步是跳转返回的目标步，这为我们阅读 SFC 程序也提供了方便。完整的 SFC 程序如图 2-65 所示。

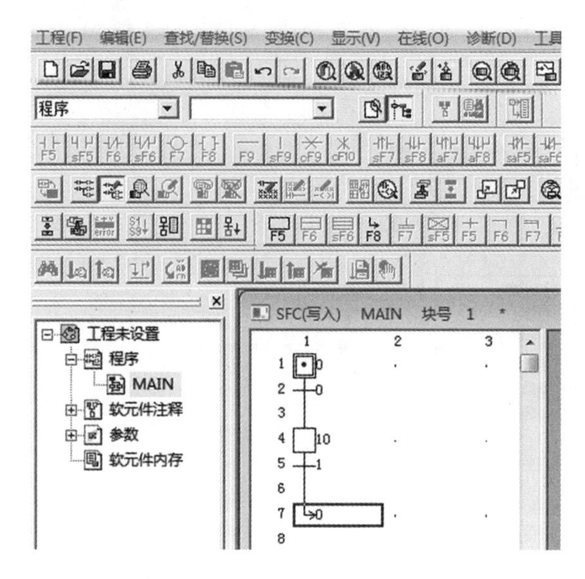

图 2－65　完整的 SFC 程序

（10）程序变换。

当所有 SFC 程序编辑完后，可以单击“变换”按钮进行 SFC 程序的变换（编译），如果在变换时弹出了“块信息设置”对话框，可不用理会，直接单击“执行”按钮即可。经过变换后的程序如果成功，就可以进行仿真实验或写入 PLC 进行调试了。

如果想查看 SFC 程序所对应的顺序控制梯形图，我们可以这样操作：执行“工程”→“编辑数据”→“改变程序类型”命令，进行数据改变，如图 2－66 所示。

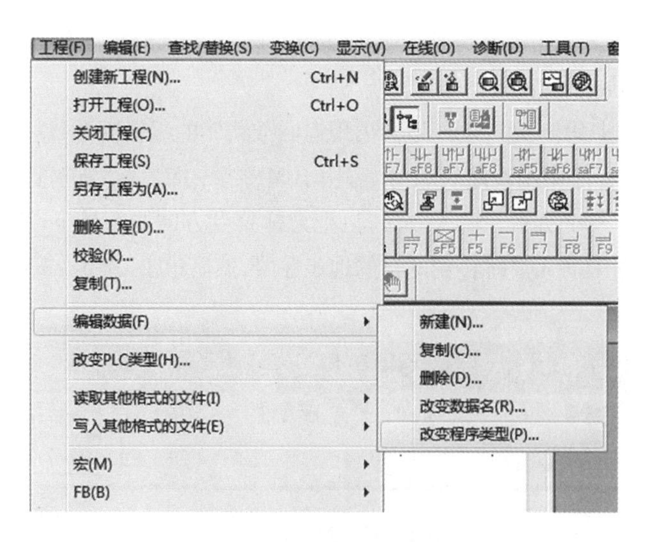

图 2－66　数据变换

执行改变数据类型后，可以看到由 SFC 程序变换成的梯形图程序，如图 2－67 所示。

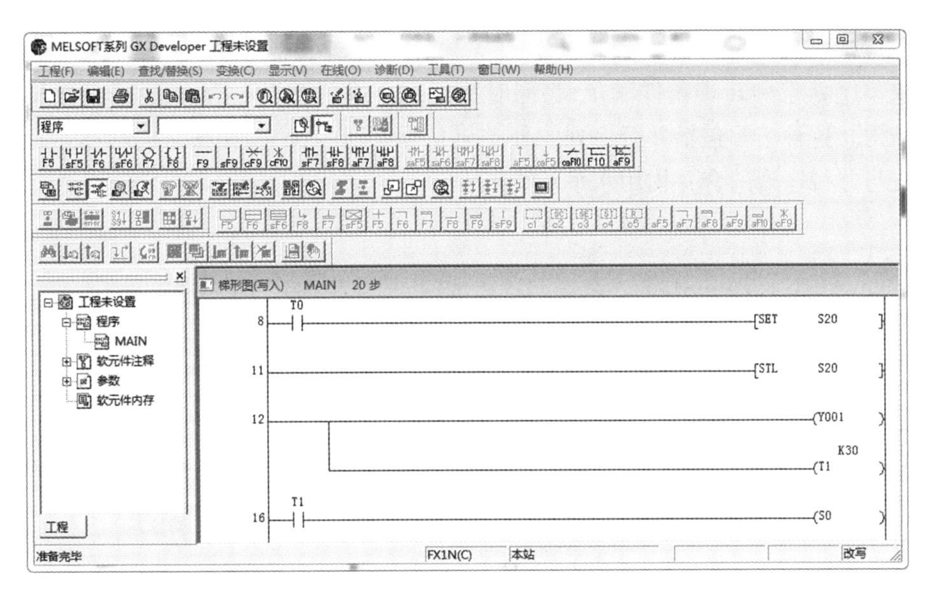

图 2－67 转化后的梯形图

小结：以上介绍了单流程 SFC 程序的编制方法，通过学习，我们已经基本了解了 SFC 程序中状态符号的输入方法。需要强调的是：

①在 SFC 程序中仍然需要进行梯形图的设计；

②SFC 程序中所有的状态转移需用 TRAN 表示。

2.4.3 SFC 的多流程结构的编程方法

多流程结构是指状态与状态间有多个工作流程的 SFC 程序。

1. 选择序列结构

顺序过程执行到某步，若随着转移条件不同出现多个状态转移方向，当该步结束后，只有一个转换条件被满足，只能选择一个分支执行，这种顺序控制过程的结构就是选择序列结构。这种结构包括选择序列的分支与选择序列的合并，如图 2－68 所示。

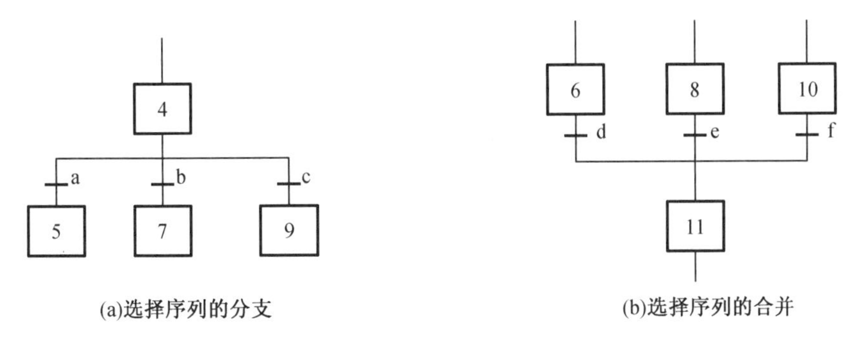

(a)选择序列的分支 (b)选择序列的合并

图 2－68 选择序列结构

2. 并行序列结构

如果某个状态的转移条件满足，将同时执行两个或两个以上分支，这样的结构称为并行序列结构。这种结构包括并行序列的分支与并行序列的合并，如图 2－69 所示。并行序列的分支与并行序列的合并均用水平双线来表示。

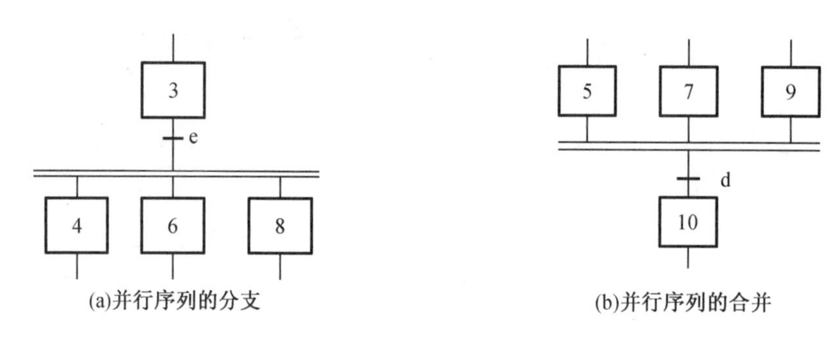

图 2－69　并行序列结构

下面以具体实例来介绍多流程结构 SFC 程序的编制方法。

如图 2－70 所示，某专用钻床用来加工圆盘状零件均匀分布的 6 个孔，操作人员放好工件后，按下启动按钮 X0，Y0 变为 ON，工件被夹紧，夹紧后压力继电器 X1 为 ON，Y1 和 Y3 使两个钻头同时开始工作，钻到由限位开关 X2 和 X4 设定的深度时，Y2 和 Y4 使两个钻头同时上行，升到由限位开关 X3 和 X5 设定的起始位置时停止上行。两个钻头都到位后，Y5 使工件旋转 60°，旋转到位时，X6 为 ON，同时设定值为 3 的计数器 C0 的当前值加 1，旋转结束后，又开始钻第二对孔。3 对孔都钻完后，计数器的当前值等于设定值 3，Y6 使工件松开，松开到位时，限位开关 X7 为 ON，系统返回初始状态。

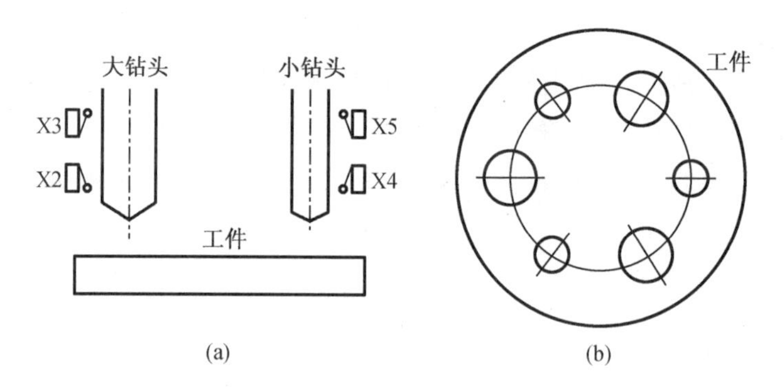

图 2－70　圆盘状零件

根据要求写出 I/O 分配表，见表 2－6。

表 2－6 I/O 分配表

输入		输出	
启动按钮	X0	工件加紧	Y0
压力继电器	X1	钻头 1 下行	Y1
钻孔限位 1	X2	钻头 2 下行	Y3
钻孔限位 2	X4	钻头 1 上升	Y2
钻头原始位 1	X3	钻头 2 上升	Y4
钻头原始位 2	X5	工作旋转	Y5
旋转限位	X6	工作松开	Y6
工作松开限位	X7		

由要求我们可以编制如图 2－71 所示的某专用钻床加工顺序控制功能图。

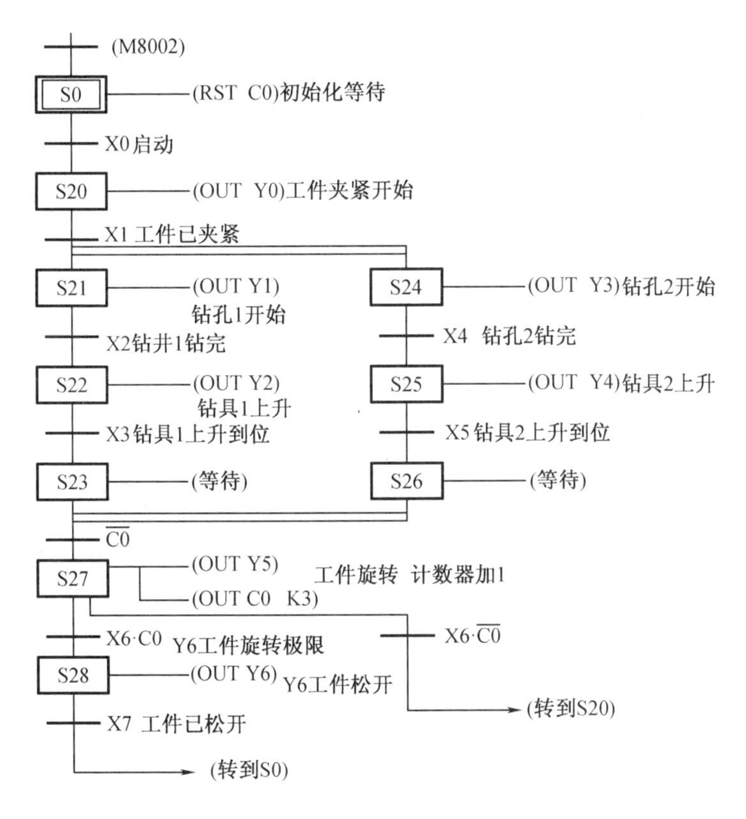

图 2－71 某专用钻床加工顺序控制功能图

打开 GX Developer，设置方法同第一部分单序列结构。本例中还是利用 M8002 作为启动脉冲，在程序的第 1 块输入梯形图，参照单序列 SFC 程序输入方法。

本例中要用到计数器，因此初始状态要对计数器 C0 复位。把光标移到初始状态符号处，在右边窗口中输入梯形图，如图 2－72 所示；接下来的状态转移程序输入与第一部分相同。程序运行到 X1 为 ON 时，即压力继电器常开触点闭合，要求两个钻头同时开始工作，程序开始分支，如图 2－73 所示。

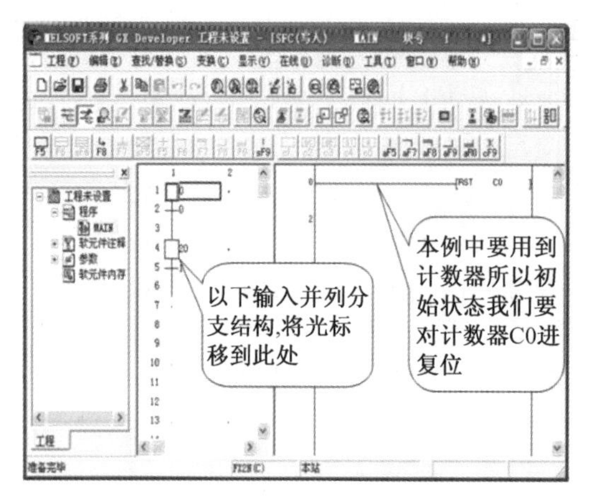

图 2－72　顺序控制功能图

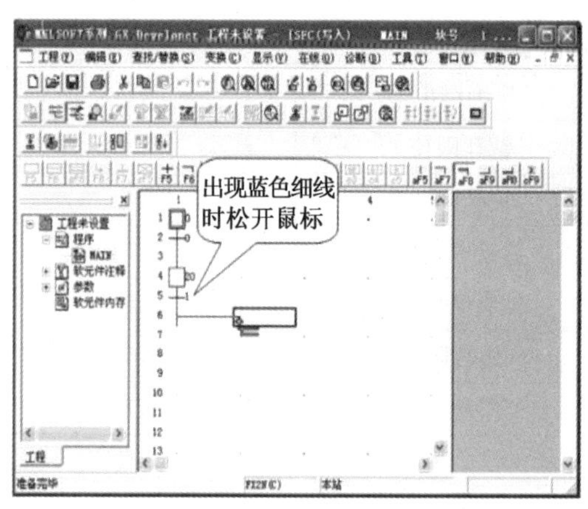

图 2－73　并列分支线的输入方法一

接下来输入并行分支，控制要求 X1 触点闭合状态发生转移，将光标移到条件 1 方向线的下方，单击工具栏中的并行分支写入按钮，或者按“ALT＋F8”键，使并行分支写入按钮处于按下状态，在光标处按住鼠标左键横向拖动，直到出现一条细蓝线，放开鼠标，这样一条并行分支线就被输入，如图 2－73 所示。值得注意的是，在用鼠标操作进行划线写入时，只有出现蓝色细线时才可以放开鼠标，否则输入失败。

并行分支线的输入也可以采用另一种方法输入：双击转移条件 1，弹出“SFC 符号输入”对话框，如图 2－74 所示。

在“图标号”下拉列表框中选择“＝＝D”项，单击“确定”按钮，一条并列分支线就会被输入。并行分支线输入后的画面如图 2－75 所示。

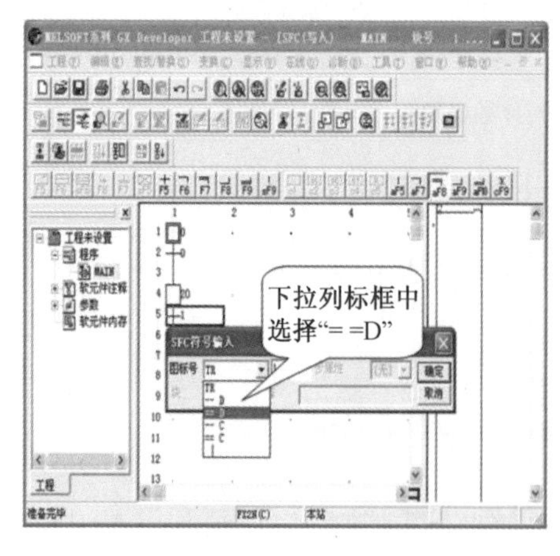

图 2－74　并列分支线的输入方法二

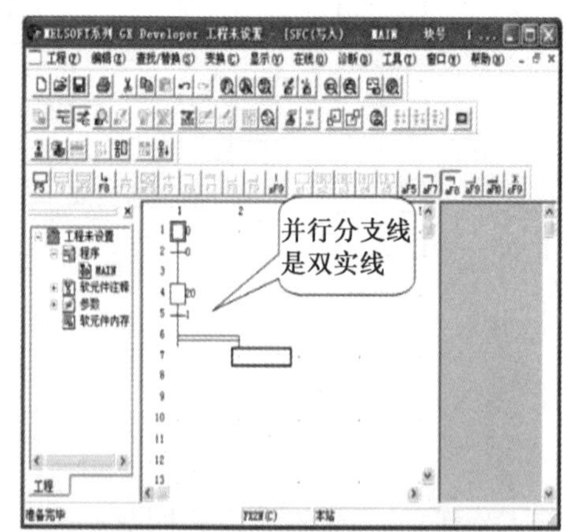

图 2－75　并列分支线输入后的画面

利用前面所学知识，分别在两个分支下面输入各自的状态符号和转移条件符号，如图 2－76 所示，图中每条分支表示一个钻头的工作状态。

两个分支输入完成后要有分支汇合。将光标移到步符号 23 的下面,双击鼠标弹出“SFC 符号输入”对话框,选择“ = =C”项,单击“确定”按钮,如图 2 -77 所示。

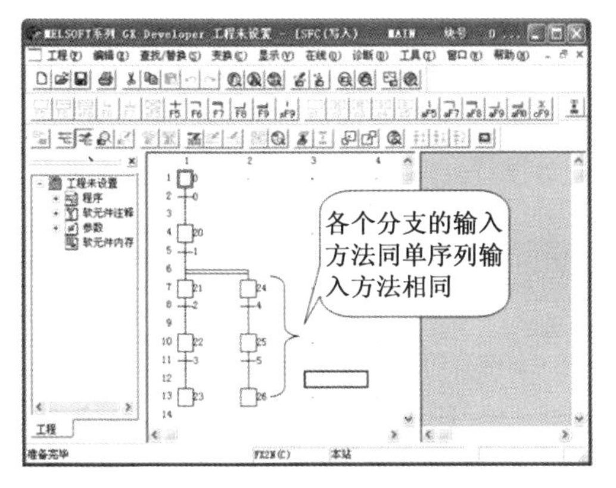

图 2 -76 分支符号的输入

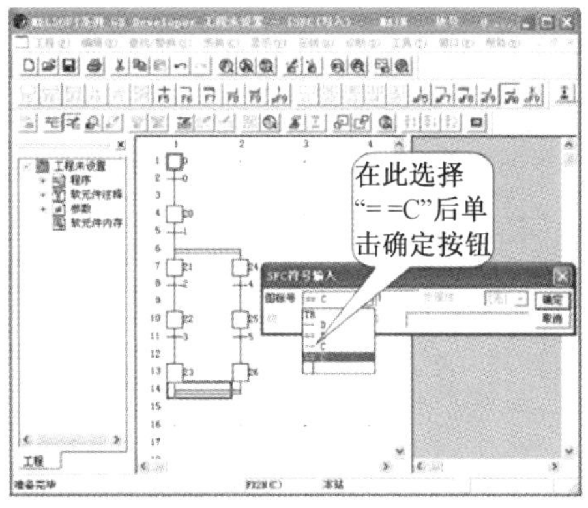

图 2 -77 并联分支汇合符号的输入

继续输入程序,当两条并列分支汇合完毕后,此时钻头都已回到初始位置,接下来是工件旋转 60°,程序如图 2 -78 所示,输入完成后程序又出现了选择分支。

将光标移到步符号 27 的下端双击鼠标,弹出“SFC 符号输入”对话框,在“图标号”下拉列表框中选择“ - -D”项,单击“确定”按钮返回 SFC 程序编辑窗口,这样一个选择分支就被输入了,如图 2 -78 所示。如果利用鼠标操作输入选择分支符号,单击工具栏中的工具按钮或按“ALT + F7”键,此时选择分支划线写入按钮呈按下状态,把光标移到需要写入选择分支的地方按住鼠标左键并拖动鼠标,直到出现蓝色细线时放开鼠标,一条选择分支线便写入完成。

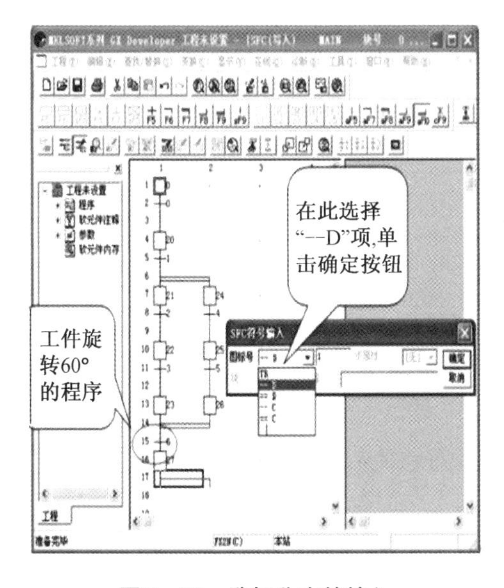

图 2 -78 选择分支的输入

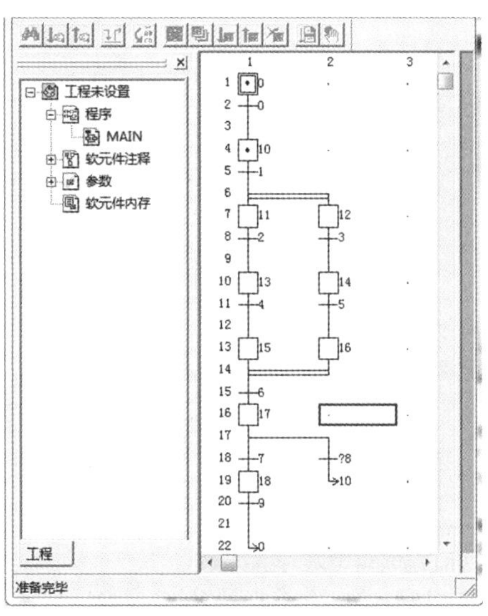

图 2 -79 完整的程序

继续输入程序,在程序结尾处,我们看到本程序用到了两个 JUMP 符号,如图 2－79 所示。在 SFC 程序中状态的返回或跳转都用 JUMP 符号表示,因此在 SFC 程序中符号可以多次使用,只需在 JUMP 符号后面加目的标号即可达到返回或跳转的目的。以上我们完成了整个程序的输入。如果我们双击 JUMP 符号,在弹出的“SFC 符号输入”对话框中,我们会看到“步属性”下拉框处于激活状态,而且两个选项分别是“[无]”和“[R]”,如图 2－80 所示。当我们选择“[R]”时,跳转符号由“[无]”变为“[R]”,“[R]”表示复位操作,意思是复位目的标号处的状态继电器。利用“[R]”的复位作用,可以在系统中增加暂停或急停等操作。

图 2－80　双击 JUMP 符号弹出的“SFC 符号输入”对话框

以上对多流程结构的编程方法做了介绍,结合第一部分学习的方法,输入梯形图也非常简单。本部分主要是对选择分支、选择合并、并行分支、并行汇合符号的输入方法做了详细介绍。几种输入方法都要掌握,在编程操作时,可以利用输入最快的方法来提高效率,为了快速高效地编制 SFC 程序,可尽量使用键盘操作。

【实训考核】

大、小球分拣装置示意图如图 2－81 所示,要求设计 SFC 控制程序,并下载到 PLC 中运行调试。

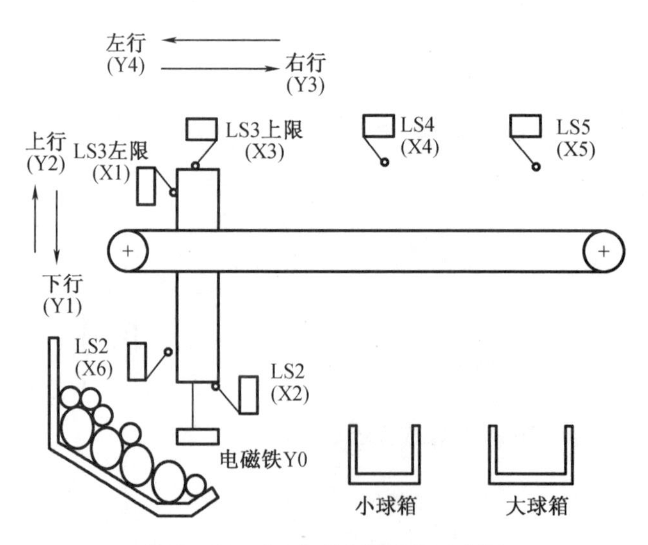

图 2－81　大、小球分拣装置示意图

分拣过程如下。

(1)当输送机处于起始位置(SQ1、SQ3 压下),并且分拣箱中确有需分拣的球(接近开关 SP 接通)时,按下启动按钮,则机械手下行。

(2)如果机械手下行 2 s 后压合下限开关 SQ2(即分拣位置处的球为小球),则电磁铁线圈得电，机械手抓紧；1 s 后，机械手上行；压合上限开关 SQ3 时，机械手再右行；压合小球箱位置开关 SQ4，机械手下行，然后电磁铁线圈失电，机械手放松，球落入小球箱内；1 s 后，机械手上行、左行返回原位。

(3)如果机械手下行 2 s 后未压合下限位开关 SQ2(即分拣位置处的球为大球)，则电磁铁线圈得电，机械手抓住大球；1 s 后，机械手上行；压合上限开关 SQ3 时，机械手再右行；压合大球箱位置开关 SQ5，机械手下行，然后电磁铁线圈失电，机械手放松，球落入大球箱内；1 s后，机械手上行、左行返回原位。

(4)机械手在原位时，要由指示灯显示。输送机由电动机 M 拖动，电动机 M 正转，机械手向右运行，电动机 M 反转，机械手向左运行。机械手的下行和上行由双线圈两位电磁阀驱动气缸实现，放松/抓紧操作由 1 个单线圈两位电磁阀驱动气缸来实现。

按表 2－7 进行考核评分。

表 2－7　SFC 的设计与应用实训考核表

项目	配分	技能考核标准	扣分	得分
I/O 分配表	10	I/O 分配表中缺少或错误一项扣 2 分，扣完为止		
硬件接线	30	(1)硬件接线电路图正确(10 分) 错误一处扣 2 分。 (2)接线正确(10 分) 错误一处扣 2 分。 (3)接线牢固(5 分) 不牢固一处扣 2 分。 (4)接线工艺正确(5 分) 接线不入线槽扣 2 分，压线皮一处扣 1 分，露铜过长一处扣 1 分		
SFC 的编写	20	程序编写简明、结构合理、功能正确(15 分) 不合理，视情况扣 1～15 分		
程序变换与程序检查	5	(1)程序变换(2 分) 程序没有变换成功的扣 2 分。 (2)程序检查(3 分) 程序检查出现语法错误一处扣 1 分		
传输设置与程序下载	5	(1)传输设置(3 分) PC－PLC 传输设置不正确的，扣 5 分。 (2)程序下载(2 分) 程序下载不成功的，扣 5 分		
程序运行	10	不能实现任务功能或部分完成任务功能的，酌情扣 1～10 分		
实训报告	20	没按照报告要求完成实训报告或内容不正确的，酌情扣 2～15 分		
合计				

项目3　变频器应用实训

【项目描述】

变频器(variable-frequency drive,VFD)是将固定频率的交流电变换为频率可调的交流电的装置,主要用于交流电动机的调速。变频器的问世,使电气传动领域发生了一次技术革命,即交流调速取代直流调速。交流电动机变频调速技术具有节能、改善工艺流程、提高产品质量和便于自动控制等诸多优势,被国内外公认为最有发展前途的调速方式。随着工业自动化程度的不断提高,变频器也得到了非常广泛的应用。

在使用变频器前,一般要阅读变频器的使用说明书,看变频器与电机型号是否匹配(变频器功率要等于或略大于电机功率),了解变频器的外部接线,了解变频器的参数设置,以及面板的操作方法。通过本项目实训,学生可以掌握变频器的正确使用方法。

任务1　变频器的认识与安装

【实训目标】

1. 掌握变频器的基本结构和工作原理;
2. 了解变频器的型号、功能及技术参数;
3. 能够正确配置和安装变频器系统;
4. 能够正确选择变频器。

【实训设备】

1. FR－D740 型变频器一台;
2. 电源、空气开关、按钮、接触器;
3. 连接导线若干;
4. 电工工具一套。

【实训内容】

3.1.1　三相异步电动机的调速方式

当三相异步电动机定子绕组通入三相交流电后,会产生旋转磁场,旋转磁场的转速 n_0(又称同步转速)与交流电源的频率 f 和电动机的磁极对数 p 有如下关系:

$$n_0 = 60f/p$$

电动机转子转速 n，即电动机的转速，略低于旋转磁场的转速 n_0，其中，转差率 s 为

$$s=(n_0-n)/n_0$$

电动机的转速为

$$n=(1-s)60f/p$$

由于转差率很小，一般为 0.01 ~ 0.05，为了计算方便，可认为电动机的转速近似为

$$n=60f/p$$

由上述近似公式可以看出，三相异步电动机的转速 n 与交流电源的频率 f 及电动机的磁极对数 p 有关。通过改变交流电源的频率来调节电动机转速的方法称为变频调速；通过改变电动机的磁极对数来调节电动机转速的方法称为变极调速。

变极调速只适用于结构特殊的多速电动机调速，而且只能由一种速度变为另一种速度，速度变化很大。采用变频调速可以解决这些问题，对异步电动机进行变频调速，需要用到专门的电气设备——变频器。

变频器先将工频（50 Hz 或 60 Hz）交流电源转换成频率可调的交流电源并提供给电动机，只要改变变频器输出交流电源的频率就能改变电动机的转速。由于变频器输出电源的频率可连续变化，故电动机的转速也可以连续变化，从而实现电动机无级变速调节。

变频器的额定频率称为基频，变频调速时，可以从基频向上调（恒功率调速），也可以从基频向下调（恒转矩调速）。变频调速比变极调速简单得多。

3.1.2　变频器的基本结构和工作原理

变频器内部结构复杂，对大多数用户来说，变频器是作为整体设备使用的，可以不必深究其内部电路的原理，但对变频器的基本结构有一定了解还是非常有必要的。

变频器的种类很多，其结构也有所不同，但大多数变频器都有类似的硬件结构，它们的区别主要是控制电路和检测电路以及控制算法不同。通用变频器的基本电路主要由整流器、滤波电路、逆变器和控制电路四部分组成，如图 3－1 所示。

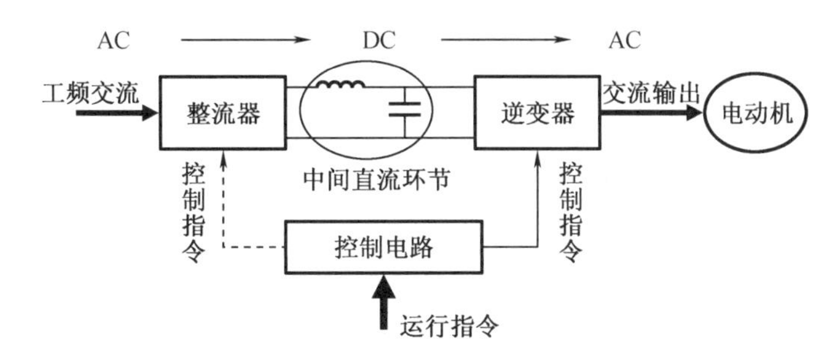

图 3－1　通用变频器的基本结构

1. 整流器

整流器是将交流电变换为直流电的电力电子装置，即将工作频率固定的交流电转换为直流电。三相桥式整流电路如图 3－2 所示。

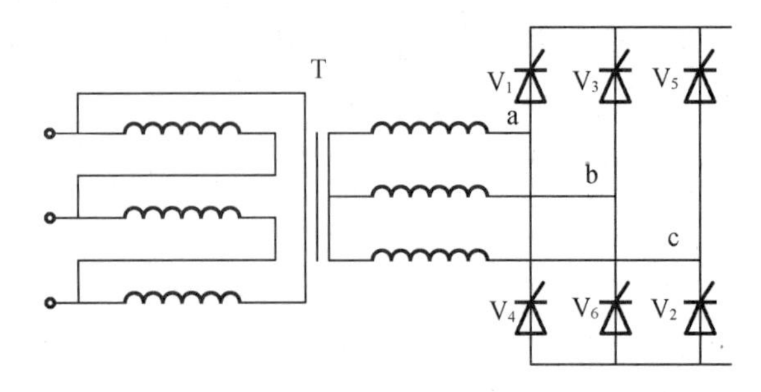

图 3-2　三相桥式整流电路

2. 滤波电路

一般采用高容量的电容和电感吸收脉动电压(电流),对脉动较大的直流电进行滤波将其变成比较平滑的直流电。

3. 逆变器

同整流器相反,逆变器将直流电变换为频率可调的交流电。一般是利用功率开关组件(IGBT)按照控制电路的驱动,输出脉冲宽度调制的 PWM 波,或者正弦脉冲宽度调制的 SPWM 波,当这种波形的电压加到负载上时,由于负载电感作用,电流连续化,变成接近正弦波的电流波形。逆变电路及其输出的电压波形、电流波形如图 3-3 所示。

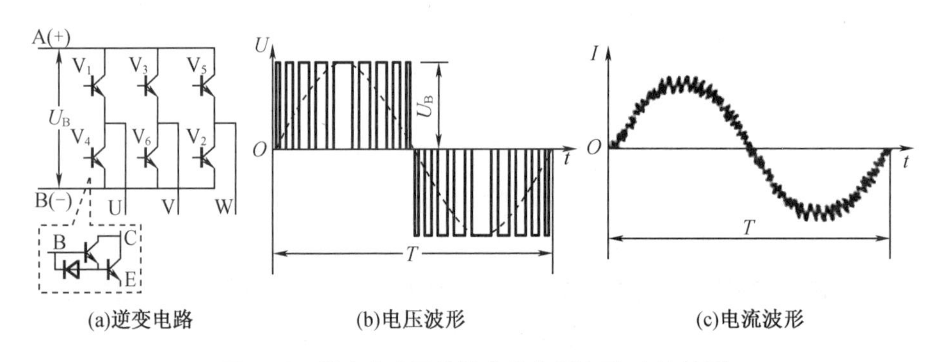

图 3-3　逆变电路及其输出的电压波形、电流波形

4. 控制电路

控制电路是给为三相异步电动机供电(电压、频率可调)的主电路提供控制信号的回路,它主要包括:频率、电压的运算电路;主电路的电压、电流检测电路;电动机的速度检测电路;将运算电路的控制信号进行放大的驱动电路;逆变器和电动机的保护电路。

变频器的内部控制框图如图 3-4 所示。

变频器有多种控制方式,其中最常用的主要有以下两种。

(1)V/F 控制方式

V/F 控制方式简单实用,但性能一般,目前使用最为广泛。

交流调速时,只有保持电机磁通恒定才能保证电机出力,才能获得理想的调速效果,而保证输出电压和输出频率恒定就能近似保持磁通恒定。但在低频时,定子阻抗压降会导致磁通下降,需将输出电压适当提高,才能保证电机转矩适当提升。

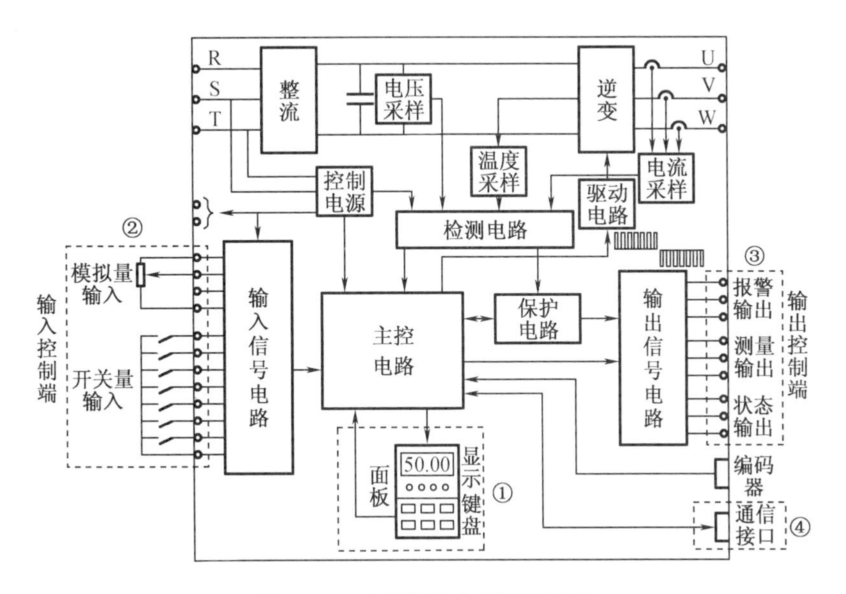

图3－4 变频器的内部控制框图

(2)矢量控制方式

矢量控制方式性能优良,可以与直流调速媲美,技术成熟较晚,它模仿直流电机的控制方法,采用矢量坐标变换来实现对异步电机定子励磁电流分量和转矩电流分量的解耦控制,保持电机磁通的恒定,进而得到良好的转矩控制性能,实现高性能控制。矢量控制方式结构相对复杂。

3.1.3 变频器的认识

变频器是一种电动机驱动控制设备,其功能是将工频电源转换成设定频率的电源来驱动电动机运行。变频器的生产厂家很多,主要有三菱、西门子、富士、施耐德、ABB、安川和台达等,每个厂家都生产有很多型号的变频器。虽然变频器种类繁多,但由于基本功能是一致的,使用方法也大同小异。本项目以三菱生产的FR－D740型变频器为例来介绍变频器的使用。

1.外形

FR－D740型变频器外形如图3－5所示。

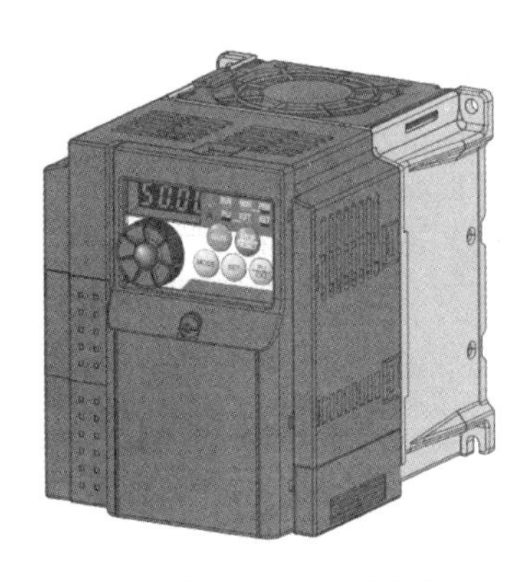

图3－5 FR－D740型变频器外形

2. 型号含义

FR－D740 型变频器的型号含义如图 3－6 所示。

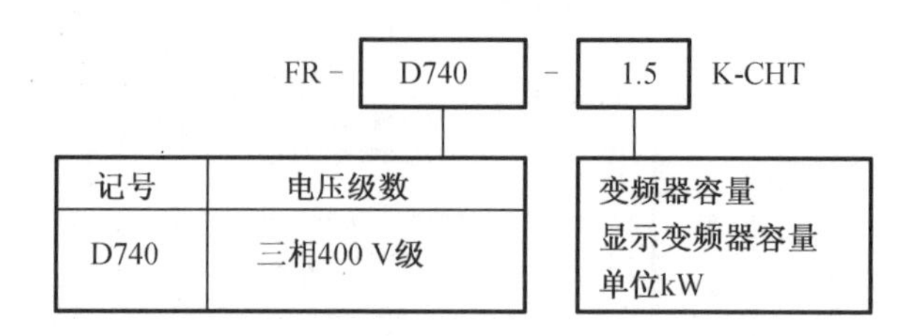

图 3－6 FR－D740 型变频器的型号含义

变频器型号一般包含其两个重要技术参数：一个是电压等级，如“D740”表示三相 400 V 级；另一个是变频器的容量，如“1.5K”表示该变频器的容量为 1.5 kW。

3. 结构

FR－D740 型变频器结构如图 3－7 所示。在新购或安装变频器时，需要检查前盖板的容量铭牌和机身侧面的额定铭牌，确认变频器型号，检查产品是否与订货单相符，机器是否有损坏。

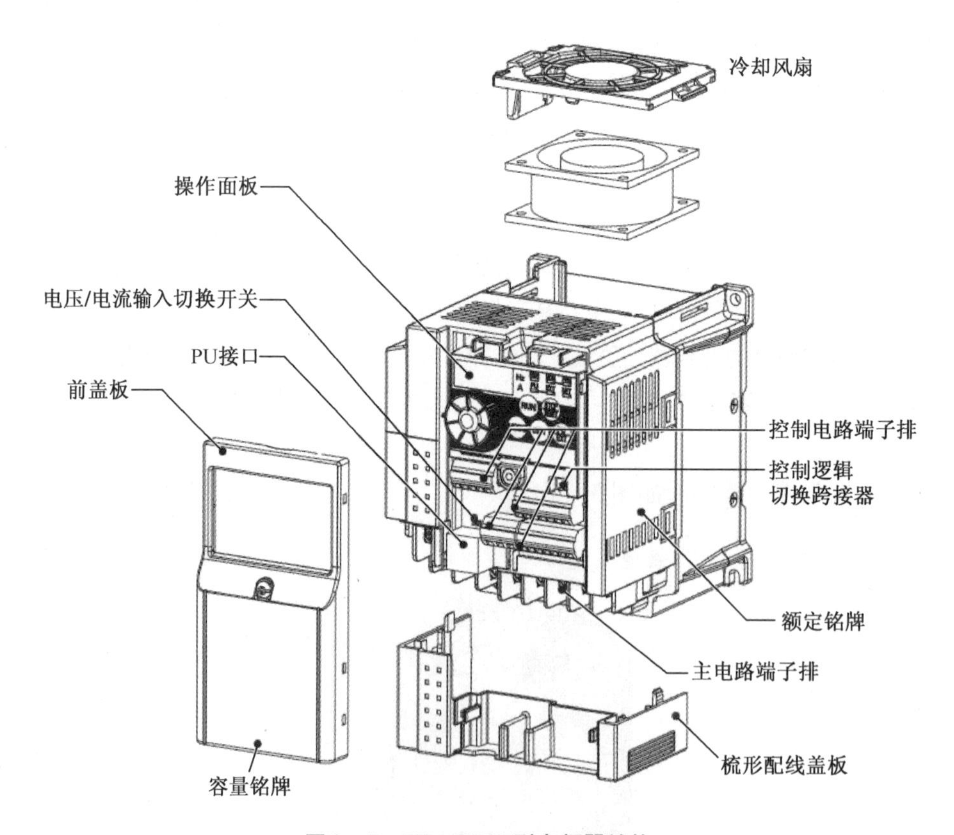

图 3－7 FR－D740 型变频器结构

3.1.4　变频器的安装和控制柜的设计

设计、制作变频器的控制柜时，须充分考虑到控制柜内各装置的发热及使用场所的环境等因素，然后再决定控制柜的结构、尺寸和装置的配置。变频器中较多采用了半导体元件，为了提高其可靠性并确保长期稳定的使用，须在充分满足装置规格的环境中使用变频器。

1. 变频器的安装环境

变频器安装环境的标准规格见表3－1，在不符合要求的场所使用时不仅会导致变频器性能降低、寿命缩短，甚至会引起故障。可参照以下所述要点，采取完善的对策。

表3－1　变频器安装环境的标准规格

项目	内容
周围环境温度	－10～＋50 ℃（不结冰）
周围湿度	90% RH 或以下（不凝露）
环境	无腐蚀性气体、可燃性气体、尘埃等
海拔高度	1 000 m 或以下
振动	5.9 m/s^2 或以下

（1）温度

变频器的容许周围温度范围是－10～＋50 ℃，超过此范围使用时，半导体、电容器等的寿命会显著缩短。需要采取以下对策，将变频器的周围环境温度控制在容许周围温度范围以内。

①高温对策

a. 采用强制换气等冷却方式。

b. 将变频器控制柜安装在有空调的电气室内。

c. 避免直射阳光。

d. 设置遮盖板等避免直接的热源辐射热及暖风等。

e. 保证控制柜周围良好的通风。

②低温对策

a. 在控制柜内安装加热器。

b. 不切断变频器的电源（切断变频器的启动信号）。

③剧烈的温度变化

a. 选择没有剧烈温度变化的场所安装。

b. 避免安装在空调设备的出风口附近。

c. 受到门开关的影响时远离门进行安装。

（2）湿度

变频器的适用周围湿度范围通常为45%～90%，湿度过高，会发生绝缘能力降低及金属部位腐蚀；湿度过低，会产生空间绝缘破坏。

①高湿度对策

a. 将控制柜设计为密封结构，放入吸湿剂。

b. 从外部将干燥空气吸入控制柜内。

c. 在控制柜内安装加热器。

②低湿度对策

低湿度状态下应采取将适当湿度的空气从外部吹入控制柜内等对策。另外,在低湿度状态下进行组件单元的安装或检查时,应将人体的带电(静电)放电后再操作,且不可触摸元器件及导线等。

③凝露对策

频繁的启动停止引起控制柜内温度急剧变化,或外部环境温度发生急剧变化等时,会产生凝露。凝露会导致绝缘能力降低或生锈等不良现象产生,需采取高湿度对策或不切断变频器的电源。

(3)尘埃、油雾

尘埃会引起接触部位的接触不良,积尘吸湿后会引起绝缘能力降低、冷却效果下降,过滤网孔堵塞会导致控制柜内温度上升等不良现象产生。另外,在有导电性粉末漂浮的环境中,会在短时间内产生误动作、绝缘劣化或短路等故障。有油雾的情况下也会发生同样的状况,有必要采取适当的对策。

①安装在密封结构的控制柜内。控制柜内的温度上升时采取相应措施。

②实施空气清洗。从外部将洁净空气压入控制柜内,以保持控制柜内的压力比外部气压大。

(4)腐蚀性气体、盐害

变频器安装在有腐蚀性气体的场所或是海岸附近易受盐害影响的场所中使用时,会导致印刷线路板的线路图案及零部件腐蚀、继电器开关部位的接触不良等。在此类场所使用变频器时,请采取与对尘埃、油雾采取的对策相同的对策。

(5)易燃易爆性气体

变频器并非防爆结构设计,必须安装在防爆结构的控制柜内使用。在可能会由爆炸性气体、粉尘引起爆炸的场所中使用时,必须使用结构上符合相关法令规定的标准指标要求并检验合格的控制柜。这样,控制柜的价格(包括检验费用)会非常高。所以,最好避免安装在以上场所中,应安装在安全的场所中使用。

(6)高地

请在海拔1 000 m以下的地区使用变频器。这是因为随着高度的升高空气会变得稀薄,从而引起冷却效果降低以及气压下降,导致绝缘强度容易发生劣化。

(7)振动、冲击

变频器的耐振强度应在振频10~55 Hz、振幅1 mm、加速度5.9 m/s^2 以下。即使振动及冲击在规定值以下,如果承受时间过长,也会引起机构部件松动、连接器接触不良等问题。特别是反复施加冲击时比较容易产生零件安装脚的折断等故障。对振动、冲击可采取以下对策。

①在控制柜内安装防振橡胶。

②强化控制柜的结构避免产生共振。

③安装时远离振动源。

2. 变频器控制柜冷却方式

安装变频器的控制柜应保证能良好地发散变频器及其他装置(变压器、灯、电阻等)发出的热量和阳光直射等外部进来的热量,从而将控制柜内温度维持在包含变频器在内的柜内所有装置的容许最高温度以下。

对冷却方式分类如下:

(1)柜面自然散热(全封闭型);

(2)通过散热片冷却(铝片等);

(3)换气冷却(强制通风、管通风);

(4)通过热交换器或冷却器进行冷却(热管、冷却器等)。

为了散热及维护方便,变频器与其他装置及控制柜壁面应分开一定距离。变频器下部作为接线空间,变频器上部作为散热空间。变频器控制柜的冷却方式及说明见表3-2。

表3-2　变频器控制柜的冷却方式及说明

冷却方式		控制柜结构	说明
自然冷却	自然换气(封闭、开放式)	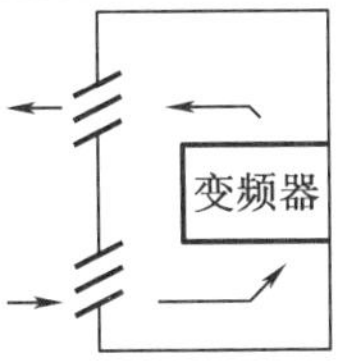 变频器	成本低,应用广泛。适用于小容量变频器。变频器容量变大时控制柜的尺寸也要变大
	自然换气(全封闭式)	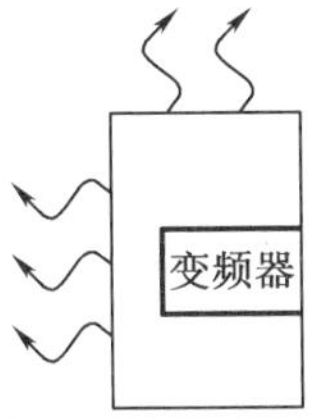 变频器	由于是全封闭式,最适合在有尘埃、油雾等的恶劣环境中使用。根据变频器的容量,控制柜的尺寸可能需要加大
强制冷却	散热片冷却	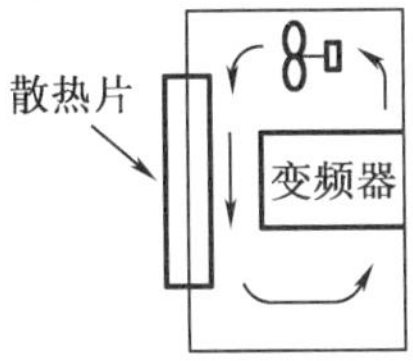 散热片 变频器	散热片的安装部位和面积均受限制,适用于小容量变频器
	强制换气	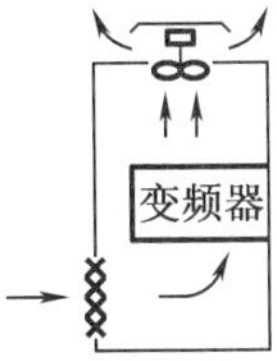 变频器	一般在室内安装时使用。可以实现控制柜的小型化和低成本化。因此被广泛采用
	热管	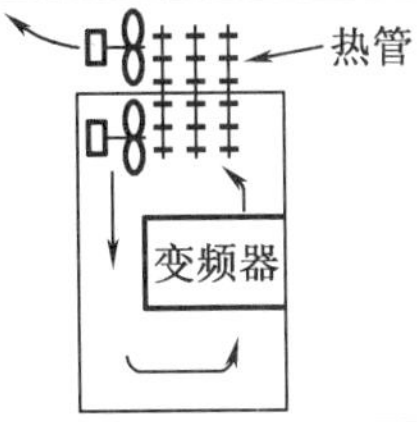 热管 变频器	全封闭式,可以实现控制柜的小型化

3. 变频器的配置

(1)变频器的安装

柜内安装多个变频器时,要并列放置,安装后采取冷却措施。FR－D740 型变频器的安装如图 3－8 所示。

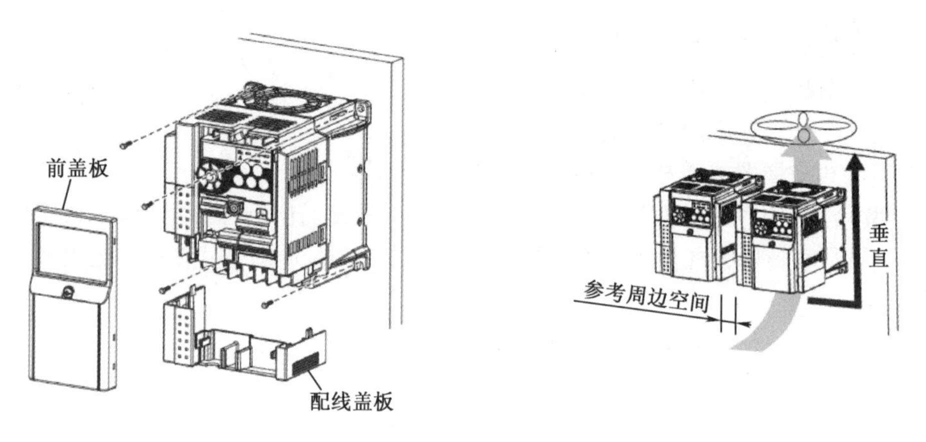

图 3－8　FR－D740 型变频器的安装

(2)变频器周围的间隙

变频器周围的间隙要求如图 3－9 所示。

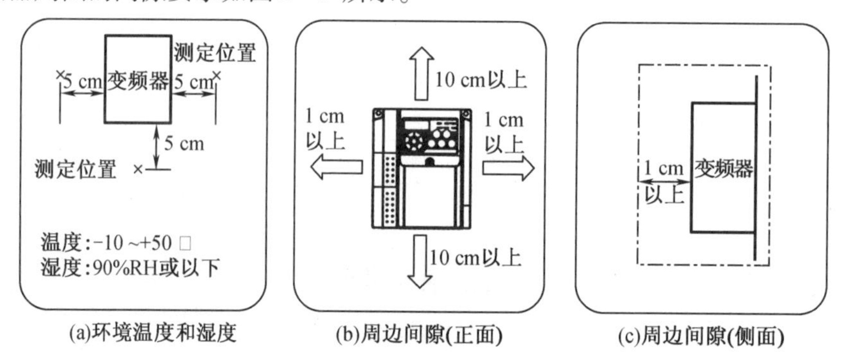

(a)环境温度和湿度　(b)周边间隙(正面)　(c)周边间隙(侧面)

图 3－9　变频器周围的间隙要求

①环境温度和湿度

要确保足够的安装空间,并采取冷却对策。

②周边间隙(正面)

在环境温度 40 ℃以下时可以密集安装。环境温度超过 40 ℃时,变频器横向周边间隙应在 1 cm 以上,功率 5.5 kW 以上应为 5 cm 以上。

③周边间隙(侧面)

功率 5.5 kW 以上间隙应为 5 cm 以上。

(3)变频器的安装方向

变频器应正确规范地安装在壁面。请勿以水平或其他方式安装。

(4)多台变频器安装

在同一个控制柜内安装多台变频器时,通常按图3－10(a)所示进行横向摆放。因控制柜内空间较小而不得不纵向摆放(图3－10(b))时,由于下部变频器的热量会引起上部变频器的温度上升,进而导致变频器故障,因此应采取安装防护板等对策。另外,在同一个控制柜内安装多台变频器时,应注意换气、通风,或是将控制柜的尺寸做得大一点,以保证变频器周围的温度不会超过容许范围。

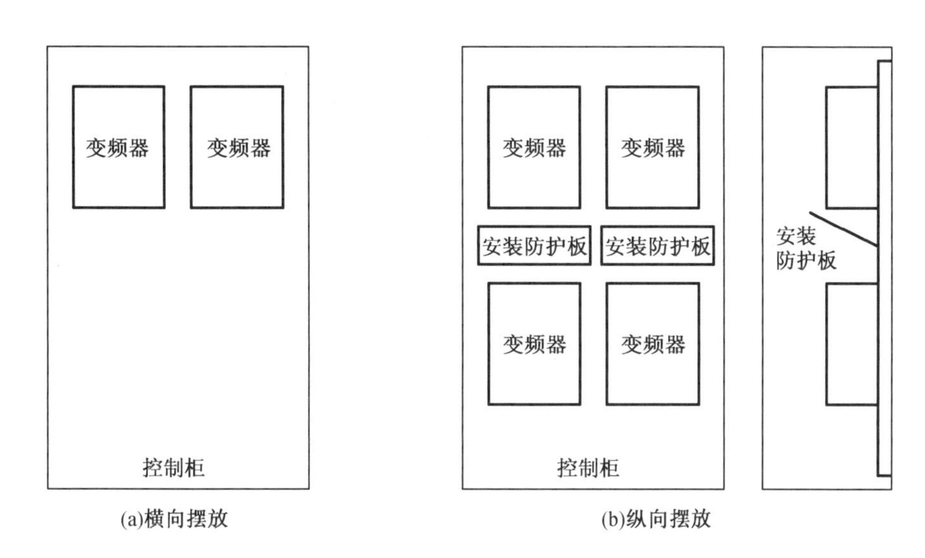

图3－10　多台变频器安装

(5)换气风扇和变频器的配置

变频器内部产生的热量,通过冷却风扇的冷却成为暖风从单元的下部向上部流动。安装风扇进行通风时,应考虑风的流向,决定换气风扇的安装位置。换气风扇和变频器的配置如图3－11所示。风会从阻力较小的地方通过,应制作风道或整流板等确保冷风吹向变频器。

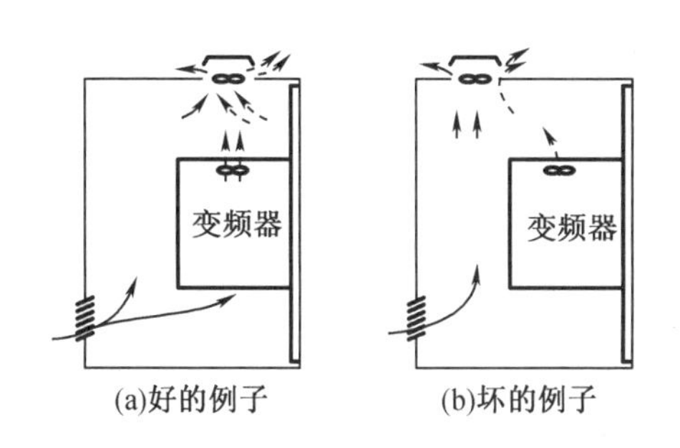

图3－11　换气风扇和变频器的配置

3.1.5　面板的拆卸与安装

面板的拆卸与安装包括前盖板的拆卸与安装和配线盖板的拆卸与安装。下面以FR－D740－1.5K－CHT为例对此进行讲解。

1. 前盖板的拆卸与安装

(1)拆卸

前盖板的拆卸如图3－12所示,具体过程如下。

①旋松前盖板用的安装螺丝(螺丝不能卸下)。

②将前盖板沿箭头所示方向向前面拉,将其卸下。

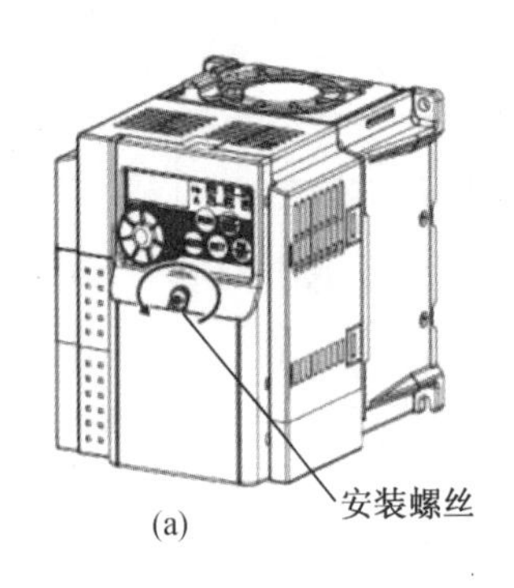

(a)

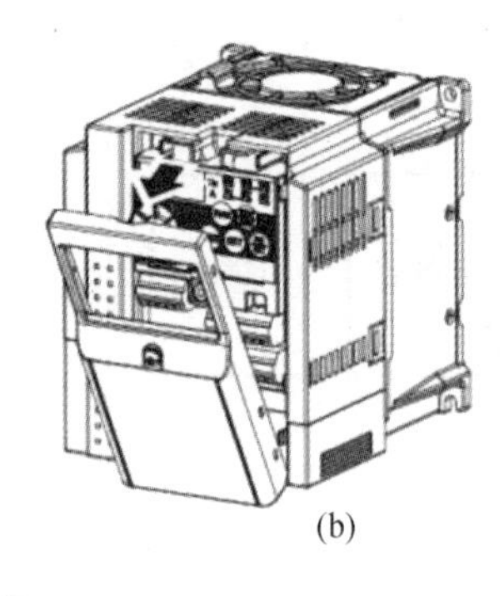

(b)

图3－12　前盖板的拆卸

(2)安装

前盖板的安装如图3－13所示,具体过程如下。

①将盖板对准本体正面笔直装入。

②拧紧前盖板用的安装螺丝。

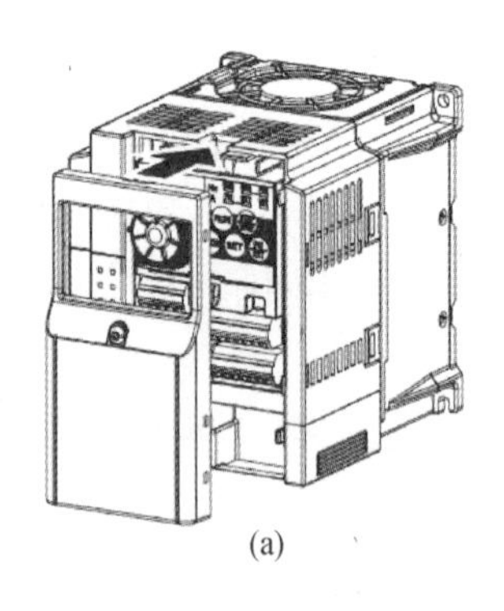

(a)

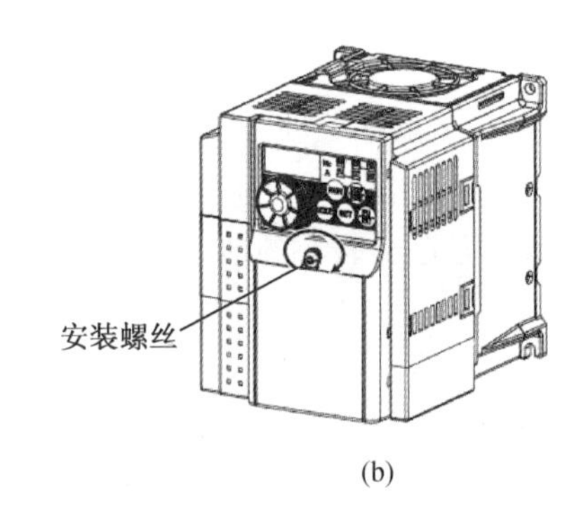

(b)

图3－13　前盖板的安装

认真检查前盖板是否安装牢固。前盖板上贴有容量铭牌,主机上贴有额定铭牌,两张铭牌上应印有相同的序列号,拆下的盖板必须安装在原来的变频器上。

2. 配线盖板的拆卸与安装

向下拉即可将其简单卸下,安装时要对准导槽安装在主机上,如图3－14所示。

【实训考核】

根据给定的控制柜,自己测量尺寸,设计2～3台变频器的安装图,并进行实际安装,以及变频器面板的拆卸与安装。按表3－3进行考核评分。

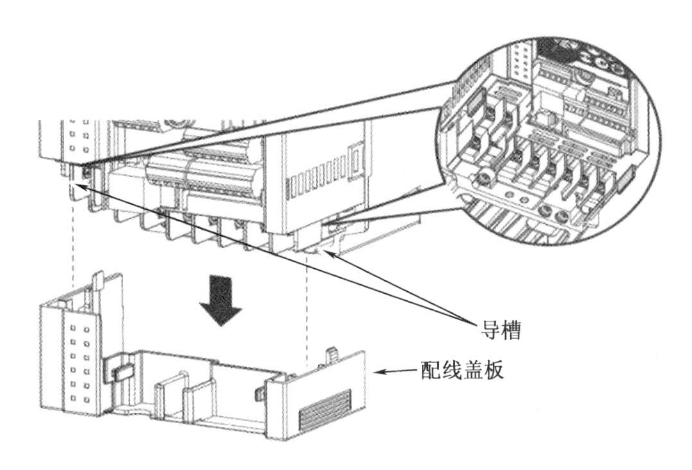

图 3－14　配线盖板的拆卸与安装

表 3－3　控制柜的设计与变频器的安装实训考核表

项目	配分	技能考核标准	扣分	得分
控制柜的设计	20	(1)控制柜尺寸,缺一项扣 5 分,数值不准确一项扣 1 分。 (2)变频器位置设计的合理性,酌情扣 0～10 分。 (3)不符合布置图设计规范,酌情扣 0～5 分		
变频器的安装	30	(1)不符合安装程序,酌情扣 0～5 分。 (2)安装的牢固性不合格,酌情扣 0～5 分。 (3)安装与布置图不一致,酌情扣 0～5 分		
面板的拆卸与安装	20	(1)不符合拆卸、安装程序,酌情扣 0～5 分。 (2)不能正确安装与拆卸的,每一项扣 5 分		
安全文明生产	10	违反安全文明生产规程、小组协作精神不强,酌情扣 1～10 分		
实训报告	20	没按照报告要求完成实训报告或内容不正确的,酌情扣 2～15 分		

任务 2　变频器的外部接线与使用

【实训目标】

1. 理解变频器的基本结构和工作原理;
2. 掌握变频器的选择、配置原则;
3. 掌握变频器主电路端子及控制电路端子的功能用法;
4. 掌握变频器外部接线方法。

【实训设备】

1. FR－D740 型变频器一台；
2. 电源、空气开关、按钮、接触器；
3. 连接导线若干；
4. 电工工具一套。

【实训内容】

3.2.1　变频器主电路端子接线

变频器与外部连接的端子分为主电路端子和控制电路端子。在使用变频器时,应根据实际需要将有关端子与外部器件连接好。FR－D700 型变频器总接线图及端子说明如图 3－15 所示。

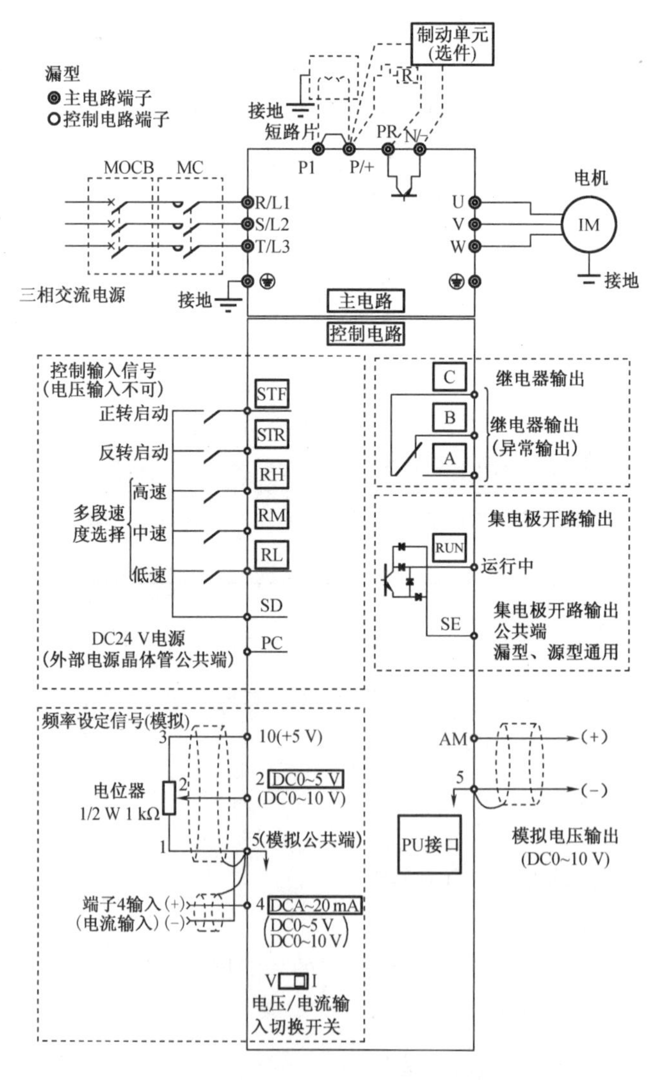

图 3－15　FR－D700 型变频器总接线图及端子说明

FR－D740 型变频器的输入电源为三相 400 V,其主电路端子说明见表 3－4。

表 3－4　主电路端子说明

端子记号	端子名称	端子功能说明
R/L1、S/L2、T/L3	三相交流电源输入端	连接工频电源
U、V、W	变频器输出	连接三相鼠笼电机
P/＋、PR	制动电阻器连接	在端子 P/＋与 PR 间可连接制动电阻器(FR－ABR)
P/＋、N/－	制动单元连接	连接制动单元(FR－BU2)、共直流母线变流器(FR－CV)以及高功率因数变流器(FRHC)
P/＋、P1	直流电抗器	拆下端子 P/＋、P1 间的短路片,连接直流电抗器。将电容滤波改为 LC 滤波,提高滤波效果和功率因数
⏚	接地端	变频器外壳、机架必须可靠接大地

FR－D740 型变频器主电路端子的端子排列与电源、电机的接线如图 3－16 所示。

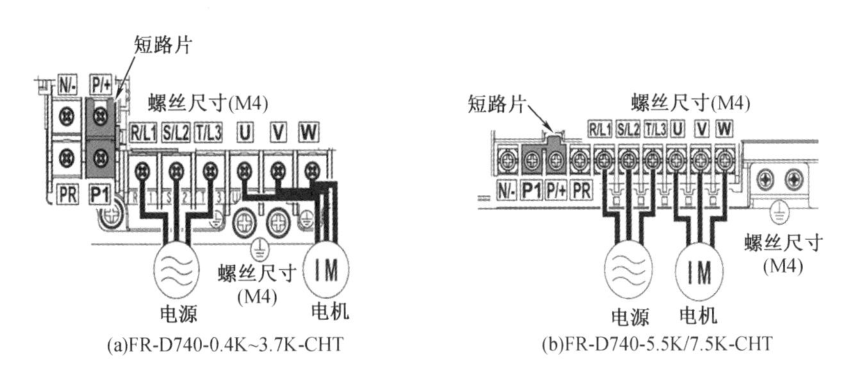

图 3－16　FR－D740 型变频器主电路端子的端子排列与电源、电机的接线

应特别注意的是,电源线必须连接至 R/L1、S/L2、T/L3,绝对不能接 U、V、W,否则会损坏变频器。电机连接到 U、V、W,接线时不需要考虑相序。当接通正转开关信号或反转开关信号时,电机开始转动。

为使电压降在 2% 以内,连接 1 台或多台电机时,应选定表 3－5 推荐的连接线路总长度。

表 3－5　变频器连接线路总长度

Pr. 72 PWM 频率选择设定值	0.4 kW	0.75 kW	1.5 kW	2.2 kW	3.7 kW 或以上
1(1 kHz)以下	200 m	200 m	300 m	500 m	500 m
2～15(2～14.5 kHz)	30 m	100 m	200 m	300 m	500 m

变频器和电机间的接线距离较长时,特别是低频率输出时,会由于主电路电缆的电压

降而导致电机的转矩下降。电线间电压降的值可用以下公式算出：

$$\text{电线间电压降(V)} = \frac{\sqrt{3} \times \text{电线电阻}(\text{m}\Omega/\text{m}) \times \text{布线距离}(\text{m}) \times \text{电流}(\text{A})}{1\,000}$$

接线距离长或想减小低速侧的电压降（转矩减小）时应使用粗电线。变频器与一台或多台电机连接如图3－17所示。

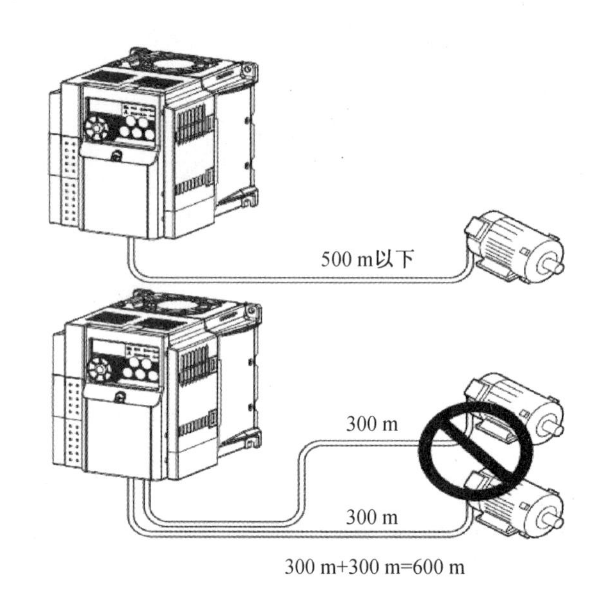

图3－17　变频器与一台或多台电机连接

端子螺丝尺寸是R/L1、S/L2、T/L3、U、V、W、PR、P/＋、N/－、P1、接地端用螺丝的尺寸。端子螺丝应按照规定转矩拧紧，如果没拧紧会导致短路或误动作，拧得过紧会损坏螺丝或单元，进而导致短路或误动作。电源及电机接线的压接端子推荐使用带绝缘套管的端子。

电机及变频器必须接地。电气设备一般都带有接地端子，使用时必须将其接大地。电气电路通常以绝缘物绝缘并收纳到外壳内。但是，要制作能完全切断漏电流的绝缘物是不可能的，实际上会有极少的电流漏到外壳上。为防止人接触电气设备的外壳时因漏电流造成触电要将外壳接地。

如前所述，接地的目的大致分为防止触电和防止噪声引起误动作两类。变频器常用的接地方式如图3－18所示。

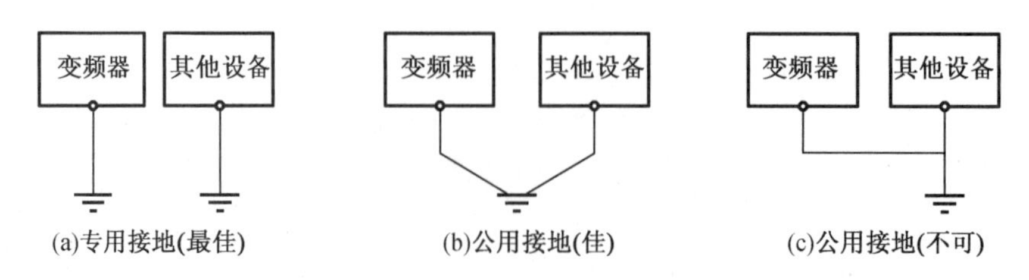

图3－18　变频器常用的接地方式

3.2.2　变频器控制电路接线

1．标准控制电路端子

三菱 DF700 变频器的部分端子可以通过参数 Pr. 178 ~ Pr. 182、Pr. 190、Pr. 192 的设置选择端子功能。

(1)输入端子

输入端子符号、端子名称及端子功能说明见表 3－6。

表 3－6　输入端子符号、端子名称及端子功能说明

<table>
<tr><th>种类</th><th>端子符号</th><th>端子名称</th><th colspan="2">端子功能说明</th><th>额定规格</th></tr>
<tr><td rowspan="9">接点输入</td><td>STF</td><td>正转启动命令端</td><td>STF 信号 ON 时为正转，OFF 时为停止指令</td><td rowspan="2">STF、STR 信号同时 ON 时变成停止指令</td><td rowspan="3">输入信号端与 SD 端子闭合有效；
输入电阻 4.7 kΩ；
开路时 DC21 ~ 26 V，
短路时 DC4 ~ 6 mA</td></tr>
<tr><td>STR</td><td>反转启动命令端</td><td>STR 信号 ON 时为反转，OFF 时为停止指令</td></tr>
<tr><td>RH
RM
RL</td><td>高、中、低速及多段速度选择控制端</td><td colspan="2">RH，高速；RM，中速；RL，低速。
用其信号组合可以选择多段速度</td></tr>
<tr><td rowspan="3">SD</td><td>接点输入公共端（漏型）（初始设定）</td><td colspan="2">接点输入端子（漏型逻辑）的公共端子</td><td rowspan="3"></td></tr>
<tr><td>外部晶体管公共端（源型）</td><td colspan="2">源型逻辑时（即集电极开路输出），如 PLC，将外部电源公共端接到该端子，可以防止因漏电引起的误动作</td></tr>
<tr><td>DC24 V 电源（＋）</td><td colspan="2">电源正极，与 PC 端子构成 DC24 V、0.1 A电源，与端子 5 及端子 SE 绝缘</td></tr>
<tr><td rowspan="3">PC</td><td>外部晶体管公共端（漏型）（初始设定）</td><td colspan="2">漏型逻辑时（即集电极开路输出），如 PLC，将外部电源公共端接到该端子时，可以防止因漏电引起的误动作</td><td rowspan="3">电源电压范围 DC22 ~ 26.5 V
容许负载电流 100 mA</td></tr>
<tr><td>接点输入公共端(源型)</td><td colspan="2">接点输入端子（源型逻辑）的公共端子</td></tr>
<tr><td>DC24 V 电源（－）</td><td colspan="2">电源负极，可作为 DC24 V、0.1 A 的电源使用</td></tr>
</table>

表 3－6(续)

种类	端子记号	端子名称	端子功能说明	额定规格
频率设定	10	频率设定用电源	作为外接频率设定(速度设定)用电位器时的电源使用(参照 Pr.73 模拟量输入选择)	DC5.0 V±0.2 V 容许负载电流 10 mA
	2	模拟电压输入端	可输入 DC0～5 V 或 DC0～10 V,在 5 V 或 10 V 时为最大输出频率,输入输出成正比。通过 Pr.73 进行设定,初始设定值为 DC0～5 V	输入电阻 10 kΩ±1 kΩ 最大容许电压 DC20 V
	4	模拟电流输入端	可输入 DC4～20 mA (或0～5 V,0～10 V),在 20 mA 时为最大输出频率,输入输出成正比。 通过 Pr.267 进行4～20 mA(初始设定)和 DC0～5V、DC0～10V 输入的切换操作。 电压输入(0～5 V/0～10 V)时,应将电压/电流输入切换开关切换至“V”	电流输入: 输入电阻 233 Ω±5 Ω 最大容许电流 30 mA 电压输入: 输入电阻 10 kΩ±1 kΩ 最大容许电压 DC20 V
	5	模拟输入公共端	频率设定信号 2 或 4 及端子 AM 的公共端子。 勿接大地	
PTC 热敏电阻	10 2	PTC 热敏电阻输入	连接 PTC 热敏电阻输出。将 PTC 热敏电阻设定为有效(Pr.561 ≠9999)后,端子 2 的频率设定无效	适用 PTC 热敏电阻电阻值 100 Ω～30 kΩ

应正确设定 Pr.267 和电压/电流输入切换开关(图 3－19),输入与设定相符的模拟信号。若将电压/电流输入切换开关设为“I”(电流输入规格)进行电压输入,或设为“V”(电压输入规格)进行电流输入,可能导致变频器或外部设备的模拟电路发生故障。

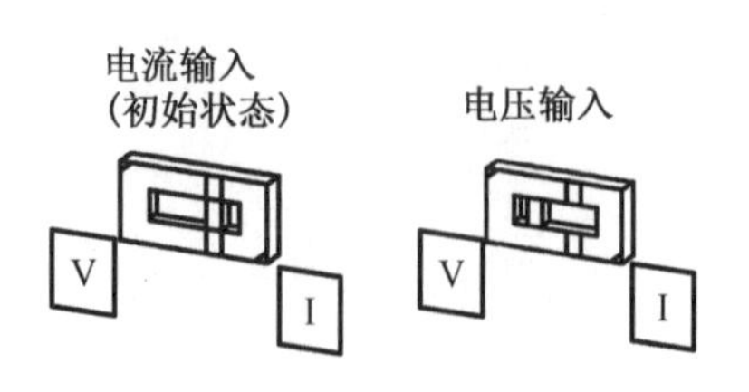

图 3－19　电压/电流输入切换开关

(2)输出端子

输出端子符号、端子名称及端子功能说明见表 3－7。

表 3－7　输出端子符号、端子名称及端子功能说明

<table>
<tr><th>种类</th><th>端子符号</th><th>端子名称</th><th colspan="2">端子功能说明</th><th>额定规格</th></tr>
<tr><td>继电器</td><td>A、B、C</td><td>继电器输出
（异常输出）</td><td colspan="2">指示变频器因保护功能动作时输出停止的接点输出。
异常时：B、C 间不导通（A、C 间导通）
正常时：B、C 间导通（A、C 间不导通）</td><td>接点容量 AC230 V，0.3 A，功率因数＝0.4；
DC30 V，0.3 A</td></tr>
<tr><td rowspan="2">集电极开路</td><td>RUN</td><td>变频器正在运行</td><td colspan="2">变频器 $f_{OUT} \geqslant f_{START}$（初始值 0.5Hz）时为低电平，已停止或正在直流制动时为高电平。低电平表示集电极开路输出用的晶体管处于 ON（导通状态）。高电平表示处于 OFF（不导通状态）</td><td>容许负载 DC24 V，0.1 A</td></tr>
<tr><td>SE</td><td>集电极开路输出公共端</td><td colspan="2">端子 RUN 的公共端子</td><td></td></tr>
<tr><td>模拟</td><td>AM</td><td>模拟电压输出</td><td>可以从多种监示项目中选一种作为输出。变频器复位中不被输出。输出信号与监示项目的大小成比例</td><td>输出项目：输出频率（初始设定）</td><td>输出信号：
DC0～10 V
负载电流 1 mA
负载阻抗 10 kΩ
分辨率 8 位</td></tr>
</table>

（3）通信端子

通过 PU 接口，可进行 RS－485 通信。

标准规格：EIA－485（RS－485）

传输方式：多站点通信

通信速率：4 800～38 400 bit/s

总长距离：500 m

（4）生产厂家设定用端子

生产厂家设定用端子有 S1、S2、S0、SC，不可连接任何设备，否则可能导致变频器故障。也不可拆下连接在端子 S1、SC，S2、SC 间的短路线。任何一条短路线被拆下后，变频器都将无法运行。

2. 控制逻辑的切换

输入信号出厂设定为漏型逻辑（SINK）。为了切换控制逻辑，需要切换控制端子上方的跨接器。使用镊子或尖嘴钳将漏型逻辑（SINK）上的跨接器转换至源型逻辑（SOURCE）上。跨接器的转换应在未通电的情况下进行。输入信号的设定如图 3－20 所示。

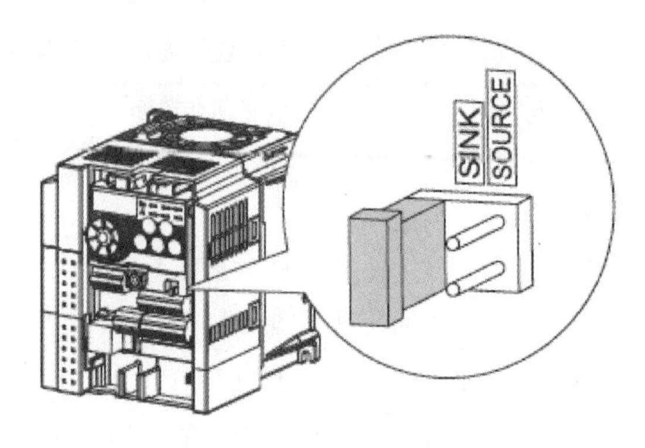

图3－20　输入信号的设定

前盖板上贴有容量铭牌，主机上贴有额定铭牌。两张铭牌上印有相同的序列号，拆下的盖板必须安装在原来的变频器上。漏型、源型逻辑的切换跨接器必须只安装在一侧。若两侧同时安装，可能会导致变频器损坏。操作结束应认真检查前盖板是否牢固安装好。

3. 控制电路的接线

（1）控制电路端子的接线方法

控制电路接线时应剥开电线外皮，使用棒状端子接线。单线时可剥开外皮直接使用。将棒状端子或单线插入接线口进行接线。

①电线外皮的剥开尺寸如图3－21所示。外皮剥开过长会有与邻线发生短路的危险，剥开过短电线可能会脱落。

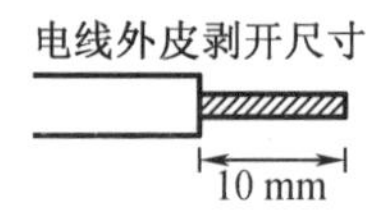

对电线进行良好的接线处理，避免散乱。请勿采用焊接处理。

图3－21　电线外皮的剥开尺寸

②压接棒状端子（图3－22）时，使导线的芯线部分从套管露出0～0.5 mm后插入。

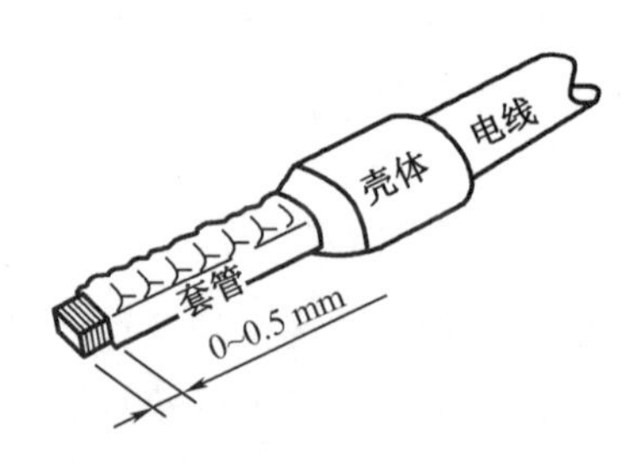

图3－22　压接棒状端子

压接后，确认棒状端子的外观。未正确压接或侧面有损伤的棒状端子不要使用，如图3－23所示。棒状端子推荐电线规格为0.3～0.75 mm^2。

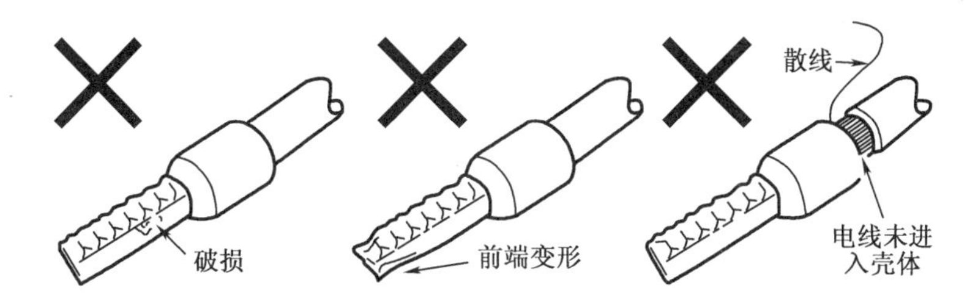

图 3－23　未正确压接或侧面有损伤的棒状端子

③将导线插入端子。如果使用棒状端子，可直接插入端子。如果是绞线状态且未使用棒状端子，应用一字螺丝刀将开关按钮按入深处，然后再插入电线，如图 3－24 所示。螺丝刀应使用小型一字螺丝刀（刀尖厚度 0.4 mm，刀尖宽度 2.5 mm），如果使用刀尖宽度过窄的螺丝刀，可能会造成端子排破损。应将一字螺丝刀对准开关按钮笔直压下，刀头的滑动可能会造成变频器损坏和受伤事故。若直接连接绞线，为避免绞线与邻近端子或接线发生短路或断路，应在接线前对导线进行充分绞合。

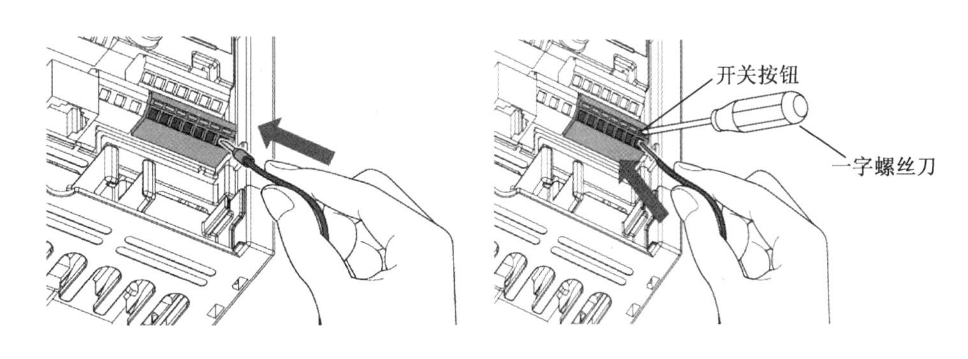

图 3－24　电线插入端子

导线拆卸与导线连接方法相似，即用一字螺丝刀将开关按钮按入深处，然后再拔出电线，如图 3－25 所示。

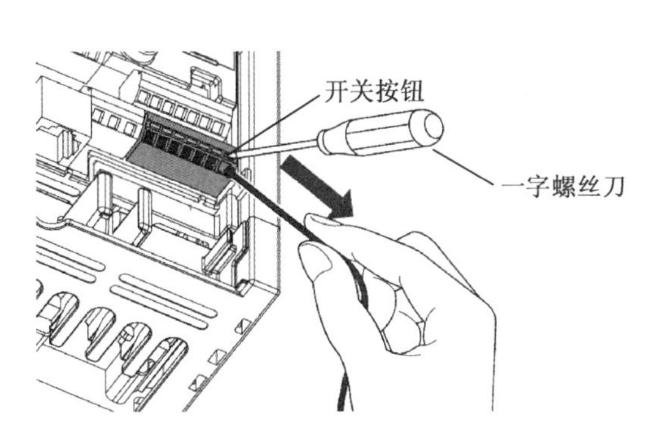

图 3－25　导线拆卸

(2) 接线时的注意事项

①控制电路端子的接线应使用屏蔽线或双绞线,而且必须与主电路、强电电路分开接线。

②由于控制电路的输入信号是微电流,所以插入接点时为了防止接触不良,微信号用接点(图3-26)应使用两个以上并联的接点或双接点。

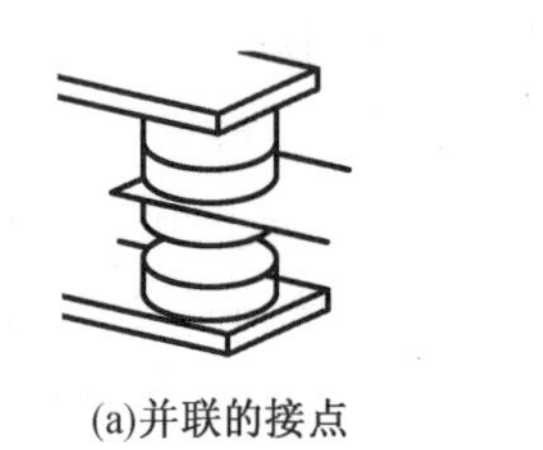
(a)并联的接点

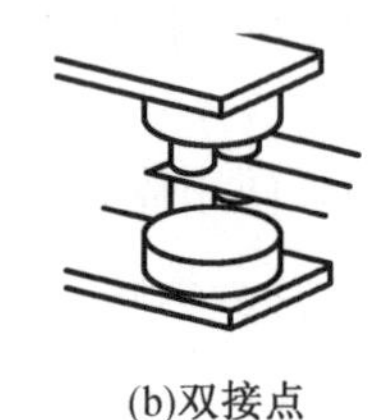
(b)双接点

图3-26 微信号用接点

③一定不要向控制电路的接点输入端子(例如STF)输入电压。

④异常输出端子(A、B、C)上务必接上继电器线圈或指示灯。

⑤连接控制电路端子的导线建议使用尺寸为0.3~0.75 mm^2 的电线。若使用尺寸为1.25 mm^2 或以上的电线,在接线数量多时或者接线方法不当时,会发生前盖板松动或脱落。

⑥接线应使用30 m或以下长度的电线。

⑦一定不要使端子PC与端子SD短路,否则可能导致变频器故障。

3.2.3 独立选件单元的连接

1. 专用外置型制动电阻器(FR-ABR)的连接

使用变频器驱动的电机通过负载旋转或者需要急速减速等时,需要在外部安装专用外置型制动电阻器(FR-ABR)。专用外置型制动电阻器(FR-ABR)连接到端子P/+、PR。不要连接专用外置型制动电阻器以外的其他制动电阻器。除连接直流电抗器时,不要拆下端子P/+、P1间的短路片。专用外置型制动电阻器(FR-ABR)的连接如图3-27所示。

连接专用外置型制动电阻器(FR-ABR)时,再生制动功能选择设定值Pr.30设定为1,特殊再生制动使用率设定值Pr.70设定为10%。

制动电阻器不能与制动单元、高功率因数变流器、电源再生变流器等同时使用。使用时不要延长制动电阻器的引线。在直流端子P/+、N/-上不要直接连接电阻器,否则可能引起火灾。

2. 制动单元(FR-BU2)的连接

为了提高减速时的制动能力,请连接制动单元(FR-BU2)。

如果制动单元内部的晶体管故障,电阻器会异常发热。为防止电阻器的异常过热或发生火灾,应在变频器的输入侧安装电磁接触器,并设计可在故障时切断电流的电路。

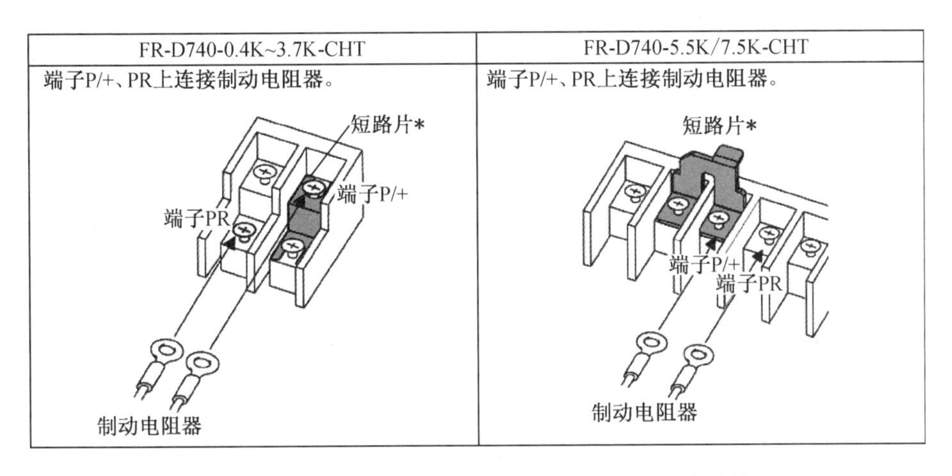

图 3－27 专用外置型制动电阻器(FR－ABR)的连接

(1)制动单元与 GRZG 型放电电阻器连接如图 3－28 所示。

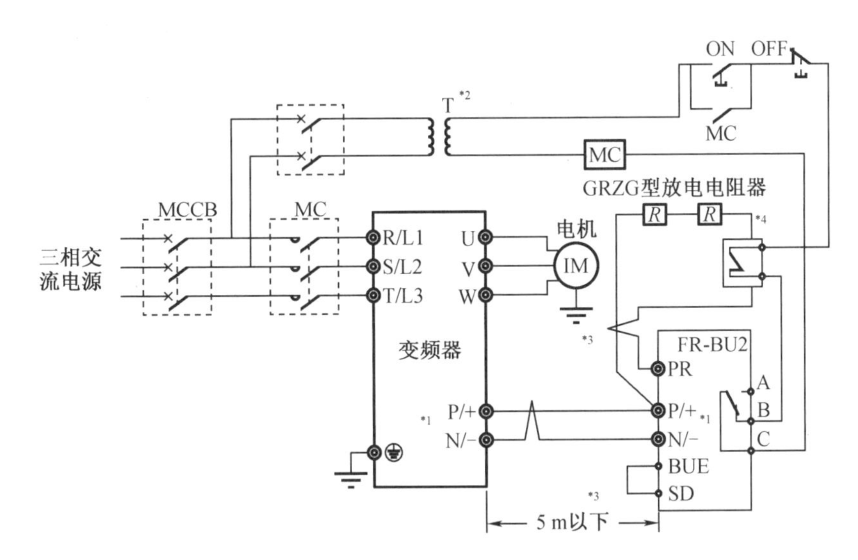

图 3－28 制动单元与 GRZG 型放电电阻器连接

*1 连接时应使变频器端子(P/＋、N/－)和制动单元(FR－BU2)的端子名相同。如果连接错误会导致变频器及制动单元损坏。

*2 对于 400 V 级电源,需安装一个降压变压器。

*3 变频器制动单元(FR－BU2)与放电电阻器之间的接线距离应设为 5 m 或以下,即使使用双绞线也应限定为 10 m 或以下。

*4 为防止放电电阻器过热,推荐设置外部热敏继电器。

制动单元	放电电阻器	推荐外部热敏继电器
FR－BU2－H7.5K	GRZG 200－10Ω	TH－N20CXHZ 3.6A
FR－BU2－H15K	GRZG 300－5Ω	TH－N20CXHZ 6.6A

使用 GRZG 型放电电阻器时,应将 FR－BU2 的制动模式选择设定值 Pr.0 设定为 1;除连接直流电抗器时以外,勿拆下端子 P/＋、P1 间的短路片。

(2)制动单元与 FR－BR(－H)电阻器单元连接如图 3－29 所示。

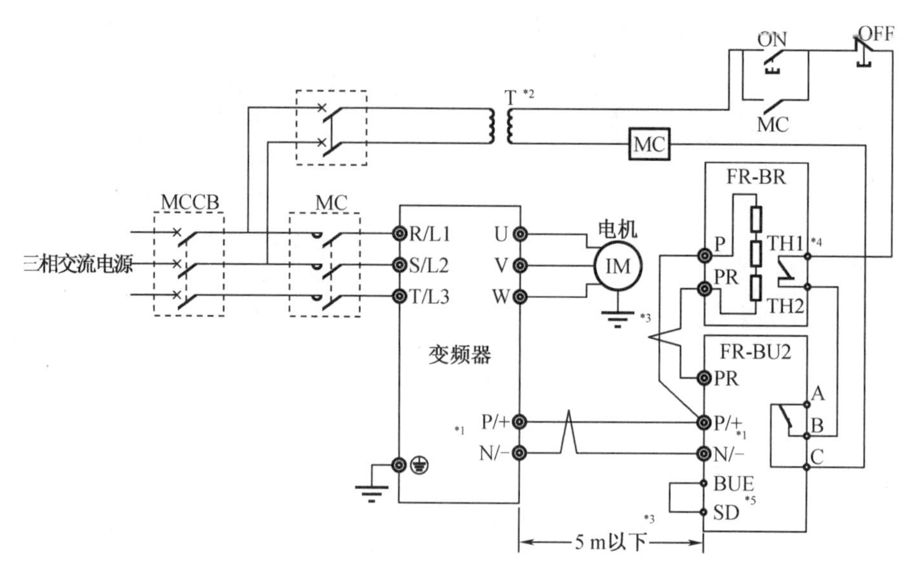

图 3－29 制动单元与 FR－BR(－H)电阻器单元连接

*1 连接时应使变频器端子(P/＋、N/－)和制动单元(FR－BU2)的端子名相同。如果连接错误会导致变频器及制动单元损坏。

*2 对于 400 V 级电源,需安装一个降压变压器。

*3 变频器制动单元(FR－BU2)与电阻器单元(FR－BR)之间的接线距离应设为 5 m 或以下,即使使用双绞线也应限定为 10 m 或以下。

*4 正常时 TH1、TH2 关闭;异常时 TH1、TH2 断开。

*5 BUE 和 SD 在初始状态下连接着短路片。

使用电阻器单元(FR－BR)时,除连接直流电抗器时以外,勿拆下端子 P/＋、P1 间的短路片。

3. 直流电抗器(FR－HEL)的连接

使用直流电抗器时(FR－HEL)时,在端子 P/＋和 P1 间连接电抗器。必须拆下端子 P/＋、P1 之间的短路片,如图 3－30 所示。如不拆下则不能发挥电抗器的性能。接线距离应控制在 5 m 或以下。使用电线的尺寸应与电源线(R/L1、S/L2、T/L3)相同或在其以上。

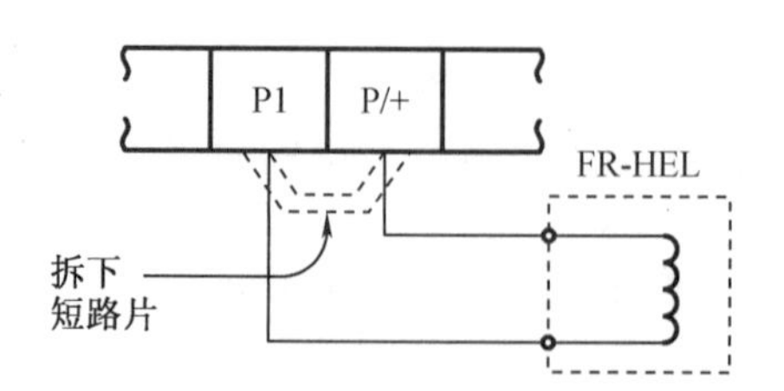

图 3－30 拆下端子 P/＋和 P1 之间的短路片

【实训考核】

根据给定的设备、元件及导线，按照图3－31所示变频器接线图进行接线。要求正确选用元件和导线，完成变频器主电路端子、控制电路端子与独立选件单元的接线，并满足接线工艺要求。按表3－8进行考核评分。

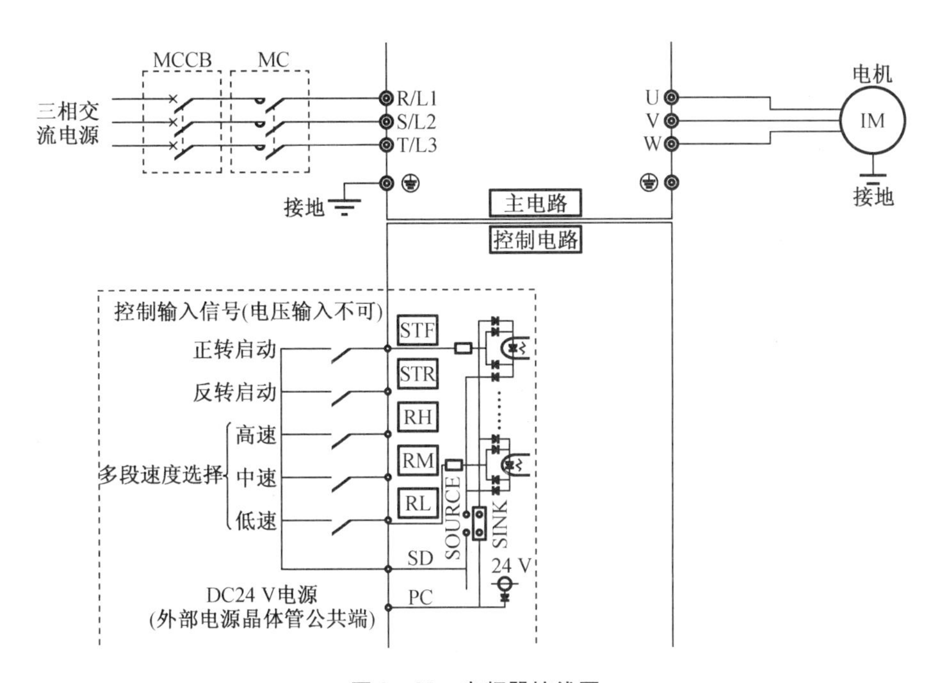

图3－31　变频器接线图

表3－8　变频器的外部接线实训考核表

项目	配分	技能考核标准	扣分	得分
元件和导线选用	10	(1)元件选择错误一个扣2分。 (2)导线选择错误一处扣2分		
接线	30	(1)三相电源输入端子与变频器输出端子接反扣20分。 (2)控制线路接线错误一处扣2分。 (3)独立选件单元连接错误一处扣5分		
接线牢固性和工艺	30	(1)接线牢固性:不牢固一处扣2分。 (2)接线工艺:接线不入线槽扣2分,压线皮一处扣2分,露铜过长一处扣2分		
文明生产	10	违反安全文明生产规程、小组协作精神不强,酌情扣1~10分		
实训报告	20	没按照报告要求完成实训报告或内容不正确的,酌情扣2~15分		

任务3　变频器的操作面板及参数设置

【实训目标】

1. 理解变频器的基本结构和工作原理；
2. 掌握变频器的选择、配置原则；
3. 掌握变频器主电路端子及控制电路端子的功能用法；
4. 掌握变频器操作面板的使用方法；
5. 掌握变频器参数功能及其设置方法。

【实训设备】

1. FR－D740 型变频器一台；
2. 电源、空气开关、按钮、接触器；
3. 连接导线若干；
4. 电工工具一套。

【实训内容】

3.3.1　操作面板的使用

变频器的主回路和控制回路接好后,就可以对变频器进行操作。变频器的操作方式有多种,最常用的方式就是在操作面板上进行各种操作。

1. 操作面板介绍

变频器安装有操作面板,其上有按键、监视器和指示灯。通过观察监视器和指示灯来操作按键,可以对变频器进行各种控制和功能设置。FR－D740 型变频器的操作面板如图 3－32 所示。不允许将操作面板从变频器上拆下来。

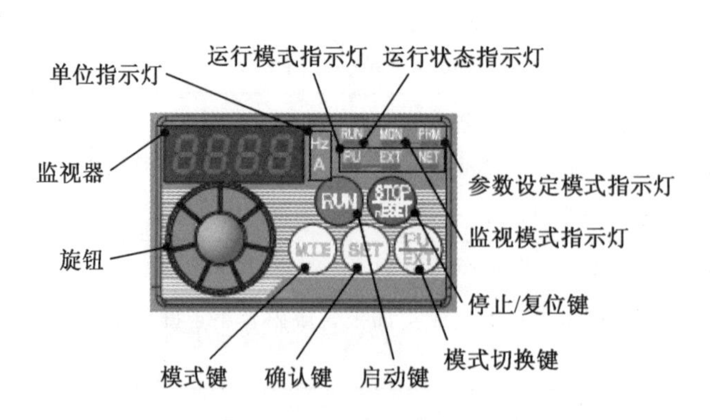

图 3－32　FR－D740 型变频器的操作面板

操作面板按键和指示灯的功能说明见表3－9。

表3－9　操作面板按键和指示灯的功能说明

按键	RUN	启动键:通过对参数Pr.40的设定,可以选择电机旋转方向
	STOP RESET	停止/复位键:①电机运行的停止;②报警的复位
	MODE	模式键:切换各设定模式
	SET	确认键:对各设定值进行确认,相当于电脑键盘的回车键
	PU EXT	模式切换键:执行面板操作模式与外部操作模式的切换
		旋钮:通过旋转变更频率及参数的设定值
指示灯	Hz	显示频率时点亮
	A	显示电流时点亮
	RUN	运行时点亮
	MON	监视显示模式时点亮
	PRM	参数设定模式时点亮
	面板	面板操作模式时点亮
	EXT	外部操作模式时点亮
	NET	网络操作模式时点亮

变频器有三种操作(运行)模式,即面板操作模式(PU)、外部操作模式(EXT)及网络操作模式(NET)。运行时,由对应的指示灯显示变频器的操作模式。在操作面板上有一个监视器,由4位LED组成。在变频器处于参数设定模式下时,监视器可以用来显示参数编号、参数数值等。在变频器处于运行模式下时,可以通过SET键进行显示数据的切换,依次显示变频器输出频率、输出电流及输出电压数值,同时点亮对应的单位指示灯,当显示输出电压时单位指示灯熄灭。

2. 基本操作(出厂时设定值)

(1)操作模式的切换

要对变频器进行某项操作,须先在操作面板上切换到相应的操作模式。如果参数为出厂设定值,那么变频器接通电源后,会自动进入外部操作模式。操作模式切换步骤及内容见表3－10。

表 3－10　操作模式切换步骤及内容

操作说明	显示
接通电源，外部操作模式	0.00 Hz MON EXT
按一下(PU/EXT)键，进入面板操作模式	0.00 Hz MON PU
按一下(PU/EXT)键，进入点动操作模式	JOG Hz MON PU
按一下(PU/EXT)键，进入外部操作模式	0.00 Hz MON EXT

(2)操作模式、参数设定模式与帮助模式的切换

通过按下模式键(MODE)，可以实现变频器操作模式、参数设定模式与帮助模式的切换，步骤及内容参照表 3－11。

表 3－11　操作模式、参数设定模式与帮助模式切换步骤及内容

操作说明	显示
面板操作模式的初始显示画面	0.00 Hz MON PU
按一下(MODE)键，进入参数设定模式	P. 0 PU PRM
按一下(MODE)键，进入帮助模式	E - - -
按一下(MODE)键，返回面板操作模式	0.00 Hz MON PU

(3)频率的设定

频率设定模式用来设置变频器的工作频率，也就是设置变频器逆变电路输出电源的频率。频率设定的操作步骤和内容见表 3.12。

表 3－12　频率设定的操作步骤和内容

操作说明	显示
面板操作模式，监视器输出频率	0.00 Hz MON PU
旋转旋钮，数值变更	50.00
按一下(SET)键，“F”和频率闪烁，频率设定完成	F ⇄ 50.00

(4)参数的设定

参数设定模式用来设置变频器各种工作参数。三菱 DF－700 型变频器有近千种参数，每种参数可以设置不同的值，如参数 P.79，其设置值 0～8。参数设定的操作步骤和内容见表 3－13。

表 3－13 参数设定的操作步骤和内容

操作说明	显示
面板操作模式的初始显示画面	0.00 Hz PU MON
按一下MODE键，进入参数设定模式	P. 0 PU PRM
旋转旋钮，变更参数地址	P. 79
按一下SET键，显示当前设定值	0
旋转旋钮，设定值变更	2
按一下SET键，参数地址和设定值闪烁，参数设定完成	2 P. 79

3.3.2 常用控制功能与参数设置

变频器的功能是将工频电源转换成需要频率的电源来驱动电动机。由于电动机负载种类繁多，为了使变频器在驱动不同电动机负载时具有良好的性能，应根据需要使用变频器相关的控制功能，并对有关的参数进行设置。三菱 DF－700 型变频器的功能与参数见附录。下面主要介绍一些常用的控制功能与参数。

1. 操作模式选择功能与参数

设定操作(运行)模式，是指对变频器的启动指令和频率指令的方式进行指定。一般来说，使用控制电路端子、在外部设置电位器和开关来进行操作的是“外部操作模式”，使用操作面板以及参数单元(如 FR－PU04－CH/FR－PU07)输入启动指令、频率指令的是“面板操作模式”，通过 PU 接口进行 RS－485 通信的是“网络操作模式”。可以通过操作面板或通信的命令代码来进行运行模式的切换。

参数 P.79 用于选择变频器的操作模式，这是一个非常重要的参数。参数 P.79 不同的值对应的操作模式见表 3－14，参数 P.79 的初始设定值为 0。

表 3－14　参数 Pr.79 不同的值对应的操作模式

设定值	操作说明
0	接通电源时为外部操作模式，通过(PU/EXT)键可以切换面板操作模式与外部操作模式
1	面板操作模式
2	外部操作模式，可以在外部、网络操作模式间切换
3	外部/面板组合操作模式：面板控制频率，外部信号控制电机启停
4	外部/面板组合操作模式：外部输入运行频率，面板控制电机启停
6	切换模式：可在保持进行状态的同时，进行面板操作模式、外部操作模式、网络操作模式的切换
7	外部操作模式（PU 运行互锁）：X12 信号 ON，可切换到面板操作模式（外部运行中输出停止）；X12 信号 OFF，禁止切换到面板操作模式

2. 与频率相关的功能与参数

变频器常用频率有给定频率、输出频率、基准频率、最大频率、上限频率、下限频率和回避频率等。

（1）给定频率

给定频率是指给变频器设定的运行频率，用 f_G 表示。给定频率可以由操作面板给定，也可以由外部方式给定，外部方式给定频率又分为电压给定频率和电流给定频率。

①操作面板给定频率

操作面板给定频率是指操作变频器面板上的按键和旋钮来设置给定频率。

②外部方式给定频率

a. 电压给定频率

电压给定频率是指给变频器有关端子（如 10、2、5 端子）输入电压来设置给定频率，输入电压越高，设置的给定频率越高。电压给定频率可分为电位器电压给定频率和直接电压给定频率。电位器电压给定频率如图 3－33 所示。给变频器 10、2、5 端子按图 3－33 所示方法接一个 0.5 W、1 kΩ 的电位器，通电后变频器 10 端子会输出 5 V 电压，调节电位器会使 2 端子电压在 0～5 V 范围内变化，给定频率就在 0～50 Hz 范围内变化。

外部方式给定频率要正确设定参数 Pr.267 和电压/电流输入切换开关（图 3－19），输入与设定相符的模拟信号。如果电压/电流输入切换开关设置错误，可能导致变频器或外部设备的模拟电路发生故障。

b. 电流给定频率

电流给定频率是指给变频器有关端子输入电流来设置给定频率，输入电流越大，设置的给定频率越高。电流给定频率如图 3－31 所示，给 4 端子输入 4～20 mA 的电流，给定频率就在 0～50 Hz 范围内变化。

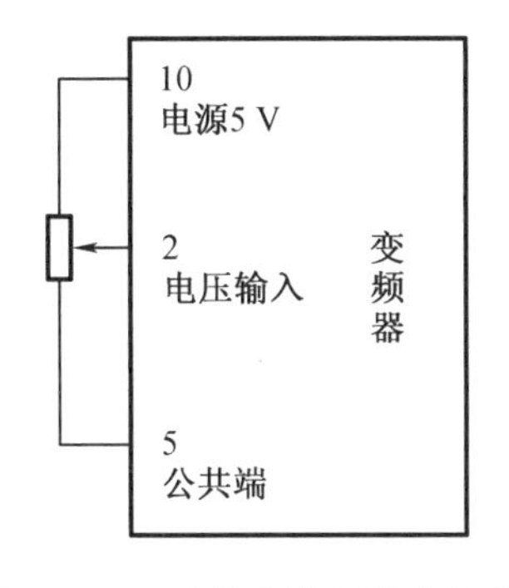

图 3－33　电位器电压给定频率

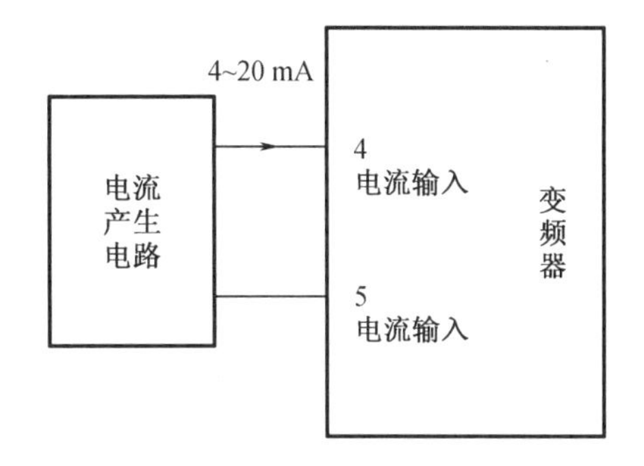

图 3－34　电流给定频率

(2)输出频率

变频器实际输出的频率称为输出频率,用 f_X 表示。在给变频器设置频率后,为了改善电动机的运行性能,变频器会根据一些参数自动对给定频率进行调整而得到输出频率,因此,输出频率 f_X 不一定等于给定频率 f_G。

(3)基准频率和最大频率

变频器最大输出电压对应的频率称为基准频率,用 f_B 表示。基准频率一般与电机的额定频率相等。变频器的输出(电压、频率)须符合电机的额定值,例如电机额定铭牌上记载的频率为 60 Hz 时,必须设定为 60 Hz。运行标准电机时,一般将电机的额定频率设定为 Pr. 3 基准频率。当需要电机在工频电源和变频器间切换运行时,应将 Pr. 3 基准频率设定为与电源频率相同。

最大频率是指变频器能设定的最大输出频率,用 f_{MAX} 表示。

(4)上限频率和下限频率

上限频率指不允许超过的最高输出频率;下限频率指不允许超过的最低输出频率。

参数 Pr. 1 用来设置输出频率的上限频率,如果运行频率高于该值,输出频率会嵌在上限频率上。参数 Pr. 2 用来设置输出频率的下限频率,如果运行频率低于该值,输出频率会嵌在下限频率上。这两个参数值设定后,输出频率只能在这两个频率之间变化。上限频率和下限频率参数功能如图 3－35 所示。在设置上限频率时,一般不要超过变频器的最大频率,若超过最大频率,会自动以最大频率作为上限频率。

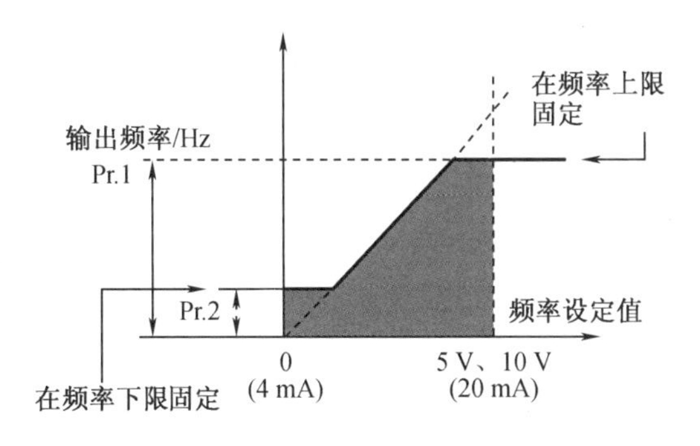

图 3－35　上限频率和下限频率参数功能

(5)回避频率

回避频率又称跳变频率,是指变频器禁止输出的频率。

任何机械都有自己的固有频率(由机械结构、质量等因素决定),当机械运行的振动频率与固有频率相同时,将会引起机械共振,使机械振动幅度增大,导致机械磨损或损坏。为了防止共振给机械带来的危害,可给变频器设置禁止输出的频率,避免这些频率在驱动电动机时引起机械共振。

回避频率设置参数说明见表3-14。回避频率设置参数有Pr.31~Pr.36,这些参数可设置三个可跳变的区域,每两个参数设定一个跳变区域,即1A~1B,2A~2B,3A~3B,变频器工作时不会输出跳变区域内的频率。跳变频率可以设定为区间上限或下限中的任意一方,频率跳变1A、2A、3A的设定值为跳变点,跳变区间以该频率运行。上述回避频率参数设置为9999时,该功能无效。

表3-15　回避频率设置参数说明

参数编号	名称	初始值	设定范围
31	频率跳变1A	9999	0~400 Hz,9999
32	频率跳变1B	9999	0~400 Hz,9999
33	频率跳变2A	9999	0~400 Hz,9999
34	频率跳变2B	9999	0~400 Hz,9999
35	频率跳变3A	9999	0~400 Hz,9999
36	频率跳变3B	9999	0~400 Hz,9999

回避频率参数功能如图3-36所示。例如,当Pr.33=30 Hz,Pr.34=35 Hz时,变频器不会输出30~35 Hz范围内的频率,若给定频率在这个范围内,则输出频率为30 Hz;如果希望输出频率为35 Hz,应设置Pr.33=35 Hz,Pr.34=30 Hz。

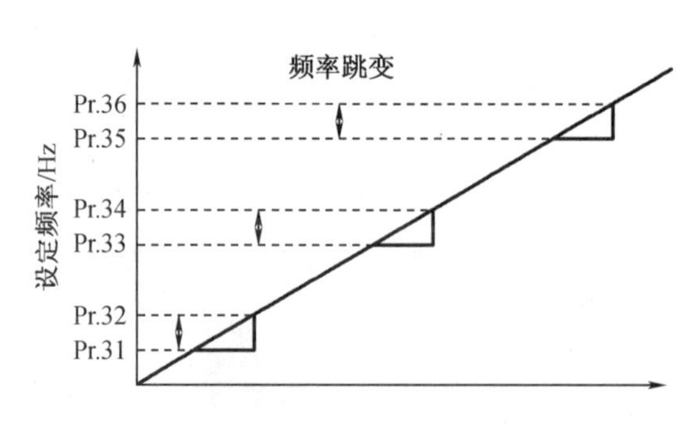

图3-36　回避频率参数功能

上述参数在Pr.160扩展功能显示选择0时可以设定。

希望运行时避开机械系统固有的振动带来的共振时,可以设置共振发生频率为跳变频率。

3. 启动、加减速控制功能与参数

与启动、加减速控制有关的参数主要有启动频率、加减速时间、加减速方式。

(1)启动频率

启动频率是指电动机启动时的频率,用f_s表示。启动频率可以从0 Hz开始,但对于惯性较大或摩擦转矩较大的负载,为容易启动,可设置合适的启动频率以增大启动转矩。

参数Pr. 13用来设置电动机启动时的频率。如果启动频率较给定频率高,电动机将无法启动。

(2)加减速时间

加速时间是指输出频率从0 Hz上升到基准频率所需的时间。加速时间越长,启动电流越小,启动越平缓,对于频繁启动的设备,加速时间要短一些,对于惯性较大的设备,加速时间要长一些。参数Pr. 7用于设置电动机加速时间,Pr. 7的值越大,加速时间越长。

减速时间是指输出频率由基准频率下降到0 Hz所需的时间。参数Pr. 8用于设置电动机减速时间,Pr. 8的值越大,减速时间越长。

参数Pr. 20用于设置加减速基准频率,Pr. 7用于设置从0 Hz上升到Pr. 20设定的频率所需的时间,Pr. 8用于设置由Pr. 20设定的频率下降到0 Hz所需的时间。加减速时间参数功能如图3－34所示。

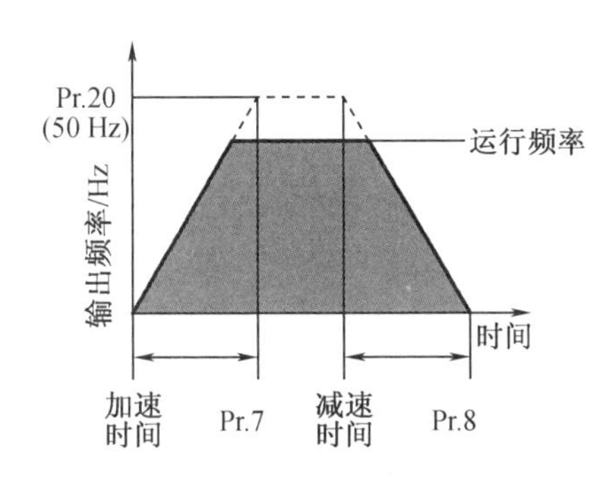

图3－37　加减速时间参数功能

(3)加减速方式

为了适应不同机械的启动停止要求,可给变频器设置不同的加、减速方式。加减速方式主要有三种,由参数Pr. 29设定。

①直线加减速方式

Pr. 29＝0,这种方式的加减速时间与输出频率变化成正比关系,如图3－38(a)所示,大多数负载采用这种方式。

②S形加减速A方式

Pr. 29＝1,这种方式在开始和结束阶段,升速和降速比较缓慢,如图3－38(b)所示,电梯、传送带等设备常采用这种方式。

③S形加减速B方式

Pr. 29＝2,这种方式是在两个频率之间提供一个S形加减速A方式,如图3－38(c)所示，该方式具有缓和振动的效果。

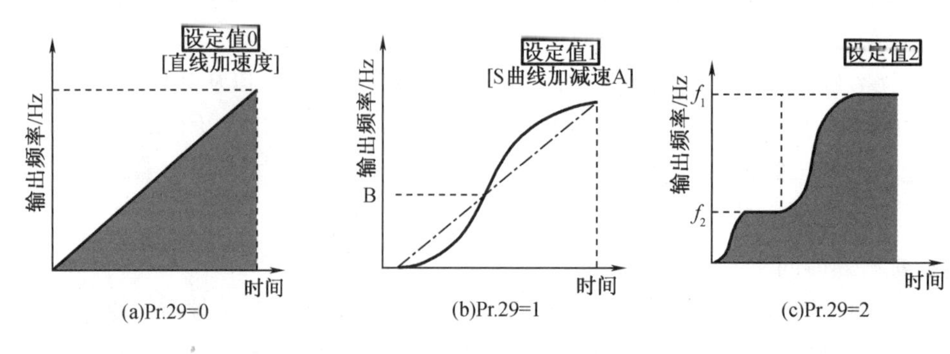

图 3－38　加减速方式参数功能

4. 点动控制功能与参数

点动控制可以通过外部操作模式或面板操作模式进行，一般用于运输机械的位置调整和试运行等。点动控制功能由参数 Pr. 15 和参数 Pr. 16 来设定。参数 Pr. 15 用于设定点动状态下的运行频率，初始值 5 Hz，设定值范围为 0 ~ 400 Hz。参数 Pr. 16 用来设置点动状态下的加减速时间，初始值 0. 5 s，设定值范围为 0 ~ 3 600 s，加减速时间是指加、减速到 Pr. 20 设定的频率（初始值为 50 Hz）的时间。点动运行的加减速时间不能分别设定。当变频器在面板操作模式下时，可用操作面板上的启动键(RUN)进行点动操作。

5. 转矩提升功能与参数

参数 Pr. 0 用于设置电动机启动时的转矩大小。通过设置该参数，可以补偿电动机绕组上的电压降，从而改善电动机低速运行时的转矩性能。

假定基本频率对应电压为 100% ，Pr. 0 用百分数设置 0 Hz 时的电压，如图 3 －39 所示，设置过大会导致电动机过热，设置过小会使启动力矩不足，通常最大设置为 10% 。

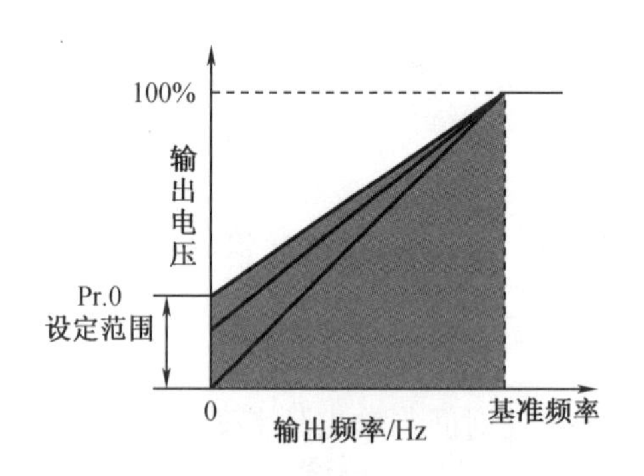

图 3－39　转矩提升参数功能

6. 电子过电流保护功能与参数

参数 Pr. 9 用来设置电子过流保护的电流值，可以防止电动机过热，使电动机保持最优性能。在设置电子过电流参数时要注意以下几点。

(1) 当该参数值设定为 0 时，电子过电流保护（即电动机保护功能）无效，但变频器输出晶体管保护功能有效。

(2)当变频器连接两台或三台电动机时,电子过电流保护功能不起作用,须为每台电动机安装外部热继电器。

(3)当变频器与电动机容量相差过大和该参数设定过小时,电子过电流保护特性将恶化,在此情况下,须安装外部热继电器。

(4)特殊电动机不能用电子过电流保护功能,须为每台电动机安装外部热继电器。

(5)当变频器连接一台电动机时,该参数一般设定为1~1.2倍的电动机额定电流。

7. 负载类型选择功能与参数

当变频器配接不同负载时,要选择与负载相匹配的输出特性(U/f 特性)。使用参数Pr.14来设置适合负载的输出类型。

当Pr.14=0时,变频器输出类型适用于恒转矩负载,如图3-40(a)所示。

当Pr.14=1时,变频器输出类型适用于变转矩负载(二次方律负载),如图3-40(b)所示。

当Pr.14=2时,变频器输出类型适用于提升类负载(势能负载),正转时按Pr.0提升转矩设定值,反转时不提升转矩,如图3-40(c)所示。

当Pr.14=3时,变频器输出类型适用于提升类负载(势能负载),反转时按Pr.0提升转矩设定值,正转时不提升转矩,如图3-40(d)所示。

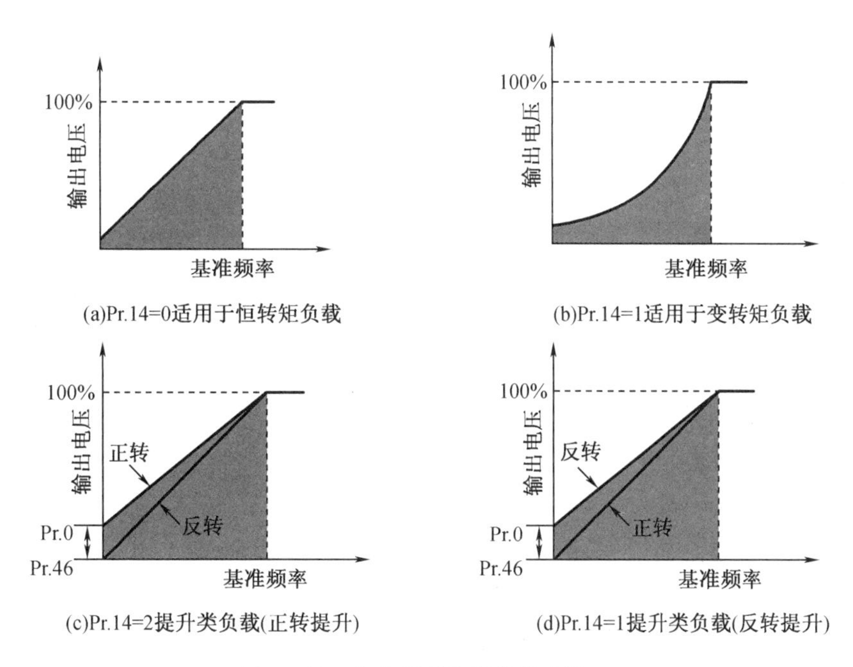

图3-40　负载类型选择参数功能

【实训考核】

(1)按照图3-37所示接线示意图完成变频器与电源、三相异步电动机的接线。接线检测无误后，给变频器送电。

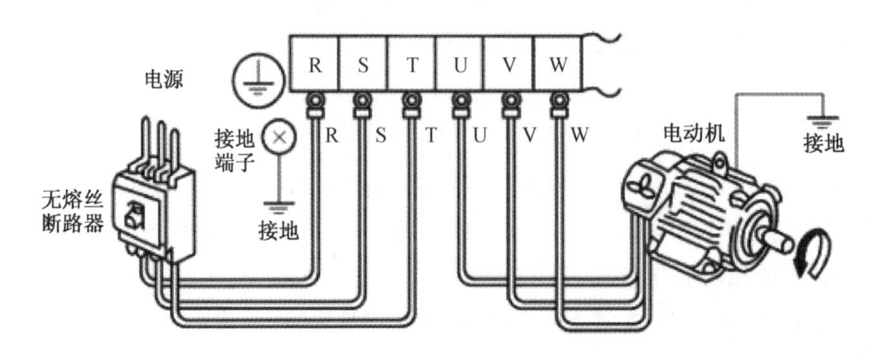

图3－41　面板操作及参数设置实训接线示意图

(2)通过面板操作，将变频器所有参数恢复为出厂参数状态。

(3)执行点动控制，要求运行频率设为20 Hz，加减速时间设为3 s。

(4)将变频器设为面板操作模式，并设置参数如下：转矩提升4%，上限频率40 Hz，下限频率10 Hz，加速时间3 s，减速时间6 s。

(5)启动电机，先由当前速度调至最高速，然后由最高速调至最低速，最后停止电机运行，注意观察电机加减速时间上的差别。

按表3－16进行考核评分。

表3－16　变频器面板操作及参数设置实训考核表

项目	配分	技能考核标准	扣分	得分
变频器接线	20	(1)正确性合格10分，电源与负载接反扣50分。 (2)牢固性合格5分，不熟练酌情扣0～5分。 (3)接线工艺合格（无漏铜过长、压线皮等）5分，不符合规程酌情扣0～5分		
恢复为出厂参数状态	10	操作步骤熟练，操作结果正确10分，不熟练酌情扣0～5分		
点动控制	20	(1)参数设置正确10分，每项设置错误扣2分。 (2)点动控制操作正确10分，不熟练酌情扣0～5分		
PU运行	20	(1)参数设置功能正常，每项2分，共计12分。 (2)电动机启停操作正确4分，不熟练酌情扣0～2分。 (3)频率调节操作正确4分，不熟练酌情扣0～2分		
安全文明生产	10	违反安全文明生产规程、小组协作精神不强，酌情扣1～10分		
实训报告	20	没按照报告要求完成实训报告或内容不正确的，酌情扣2～15分		

任务4　变频器的典型应用

【实训目标】

1. 掌握变频器的选择、配置原则；
2. 掌握变频器主电路端子及控制电路端子的功能用法；
3. 掌握变频器面板操作方法及参数设置方法；
4. 掌握变频器常规应用系统的设计、安装及调试方法。

【实训设备】

1. FR－D740 型变频器一台；
2. 电源、空气开关、按钮、接触器；
3. 连接导线若干；
4. 电工工具一套。

【实训内容】

3.4.1　电动机正反转控制功能及电路

电动机正反转控制是变频器最基本的功能。由变频器控制端子功能可知，将控制端子 STF 与公共端子 SD 接通时电动机正转；将控制端子 STR 与公共端子 SD 接通时电动机反转。电动机正反转控制既可以采用开关控制，也可以采用继电器控制。在控制电动机正反转时，需要给变频器设置一些基本参数，具体见表 3－17。

表 3－17　变频器控制电动机正反转时的参数设置

参数名称	参数号	设置值
加速时间	Pr. 7	5 s
减速时间	Pr. 8	3 s
加减速基准频率	Pr. 20	50 Hz
基准频率	Pr. 3	50 Hz
上限频率	Pr. 1	50 Hz
下限频率	Pr. 2	0 Hz
运行模式	Pr. 79	2

1. 开关控制正反转控制电路

开关控制正反转控制电路如图 3－42 所示，它采用一个三位开关 SA，SA 有“正转”“停止”和“反转”三个挡位。

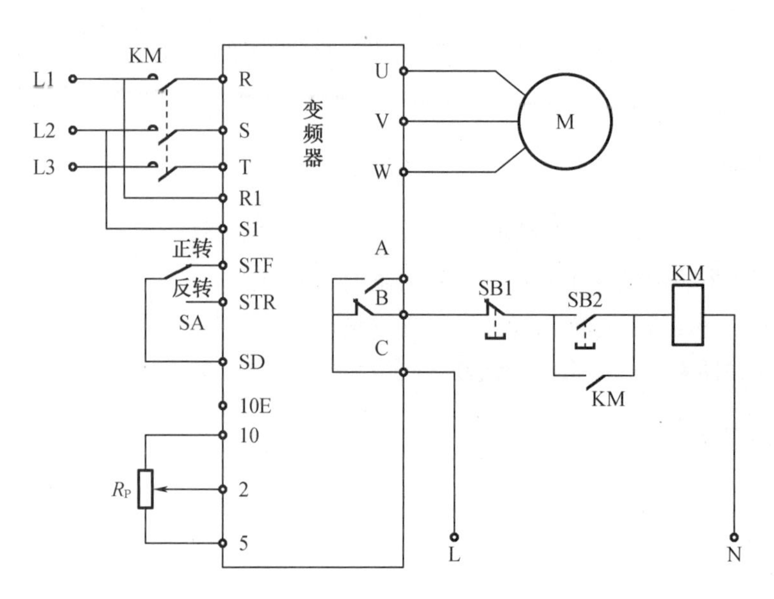

图3－42　开关控制正反转控制电路

该电路工作原理说明如下。

(1)启动准备。按下按钮SB2,接触器KM线圈得电,KM常开辅助触点和主触点均闭合,KM常开辅助触点闭合锁定KM线圈得电(自锁),KM主触点闭合为变频器接通主电源。

(2)正转控制。将开关SA拨至“正转”位置,STF、SD端子接通,相当于STF端子输入正转控制信号,变频器U、V、W输出正转电源电压,驱动电动机正向运转。调节端子10、2、5外接电位器R_P,变频器输出电源频率会发生改变,电动机转速也随之变化。

(3)停转控制。将开关SA拨至“停止”位置(悬空位置),STF、SD端子连接切断,变频器停止输出电源,电动机停转。

(4)反转控制。将开关SA拨至“反转”位置,STR、SD端子接通,相当于STR端子输入反转控制信号,变频器U、V、W输出反转电源电压,驱动电动机反向运转。调节端子10、2、5外接电位器R_P,变频器输出电源频率会发生改变,电动机转速也随之变化。

(5)变频器异常保护。若变频器运行期间出现异常或故障,变频器B、C端子间内部等效的常闭开关断开,接触器KM主触点断开,切断变频器输入电源,对变频器进行保护。

若要切断变频器输入主电源,须先将开关SA拨至“停止”位置,让变频器停止工作,再按下SB1,接触器KM线圈失电,接触器KM主触点断开,变频器输入电源被切断。

该电路结构简单,缺点是在变频器正常工作时操作SB1可以切断输入主电源,这样容易损坏变频器。

2. 继电器控制正、反转控制电路

继电器控制正反转控制电路如图3－43所示,该电路采用了继电器KA1、KA2分别进行转、反转控制。

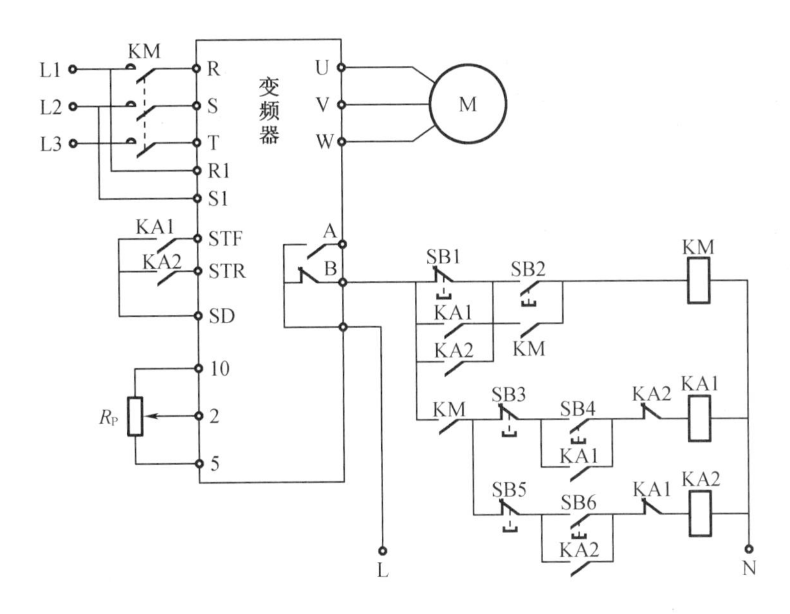

图 3－43 继电器控制正反转控制电路

该电路工作原理说明如下。

(1)启动准备。按下按钮 SB2,接触器 KM 线圈得电,KM 主触点和两个常开辅助触点均闭合,KM 主触点闭合为变频器接通主电源,一个 KM 常开辅助触点闭合锁定 KM 线圈得电(自锁),另一个 KM 常开辅助触点闭合为中间继电器 KA1、KA2 线圈得电做准备。

(2)正转控制。按下按钮 SB4,继电器 KA1 线圈得电,KA1 的 1 个常闭触点断开,3 个常开触点闭合,KA1 的常闭触点断开使 KA2 线圈无法得电,KA1 的 3 个常开触点闭合分别锁定 KA1 线圈得电、短接 SB1 和接通 STF、SD 端子,STF、SD 端子接通,STF 端子输入正转控制信号,变频器 U、V、W 输出正转电源电压,驱动电动机正向运转。调节端子 10、2、5 外接电位器 R_P,变频器输出电源频率会发生改变,电动机转速也随之变化。

(3)停转控制。按下按钮 SB3,继电器 KA1 线圈失电,KA1 的 3 个常开触点均断开,其中 1 个常开触点断开切断 STF、SD 端子连接,变频器 U、V、W 端子停止输出电源电压,电动机停转。

(4)反转控制。按下按钮 SB6,继电器 KA2 线圈得电,KA2 的 1 个常闭触点断开,3 个常开触点闭合,KA2 的常闭触点断开使 KA1 线圈无法得电,KA2 的 3 个常开触点闭合分别锁定 KA2 线圈得电、短接 SB1 和接通 STR、SD 端子,STR、SD 端子接通,STR 端子输入反转控制信号,变频器 U、V、W 输出反转电源电压,驱动电动机反向运转。

(5)变频器异常保护。若变频器运行期间出现异常或故障,变频器 B、C 端子间内部等效的常闭开关断开,接触器 KM 主触点断开,切断变频器输入电源,对变频器进行保护。

若要切断变频器输入主电源,可在变频器停止工作时按下 SB1,接触器 KM 线圈失电,接触器 KM 主触点断开,变频器输入电源被切断。

在变频器正常工作(正转或反转)时,KA1 或 KA2 常开辅助触点闭合将 SB1 短接,断开 SB1 无效,这样做可以避免在变频器工作时切断主电源。

3.4.2　电动机多挡转速控制功能及电路

变频器可以对电动机进行多挡转速驱动。在进行多挡转速控制时，需要对变频器有关参数进行设置，再操作相应端子外接开关。将写入禁止选择参数 Pr. 77 设定为 0(初始值)，在运行中，上述参数在任何运行模式下都可以变更设定值。

1. 多挡转速控制端子

变频器外部端子 RH、RM、RL 是多挡转速控制端子。RH 为高速控制端子，RM 为中速控制端子，RL 为低速控制端子。通过这些端子的组合可以实现三段速及七段速控制。此外，对其他端子进行重新定义，还可以实现十五段速的控制。变频器多挡转速控制如图 3 - 40 所示，其中，图 3 - 40(a)为多段速控制的接线图，图 3 - 40(b)为转速与多速控制端子通断关系。图 3 - 40(b)曲线中的斜线表示变频器输出频率由一种频率转变为另一种频率需经历一段时间，在此期间，电动机转速由一种转速变换为另一种转速；水平线表示输出频率稳定，电动机转速稳定。

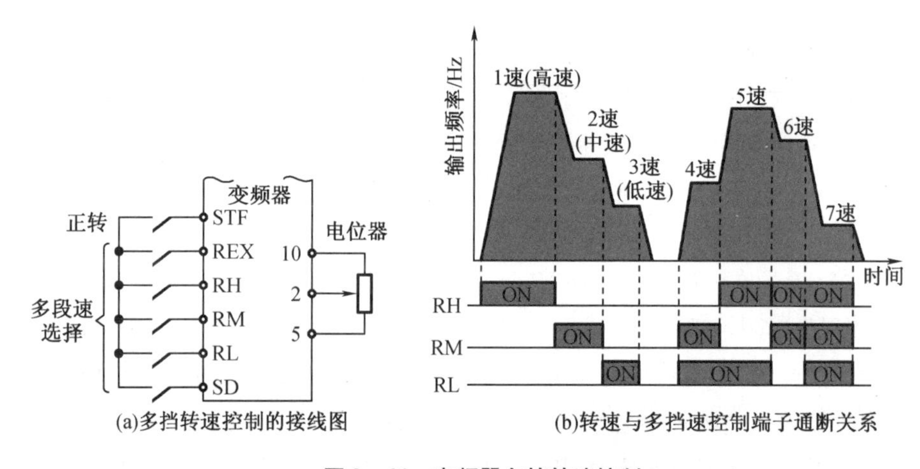

图 3 - 44　变频器多挡转速控制

当 RH 端与 SD 端接通时，相当于给 RH 端输入高速运转指令信号，变频器输出频率较高的电源去驱动电动机，电动机迅速启动并高速运转(1 速)。

当 RM 端与 SD 端接通时，变频器输出频率降低，电动机由高速转为中速运转(2 速)。

当 RL 端与 SD 端接通时，变频器输出频率进一步降低，电动机由中速转为低速运转(3 速)。

当 RH、RM、RL 端均断开时，变频器输出频率变为 0 Hz，电动机由低速转为停转。

在初始设定情况(即三段速控制)下，如果同时选择两段速度以上则按照低速信号侧的设定频率。例如：RH、RM 信号均为 ON 时，RM 信号(Pr. 5)优先。

如果选择七段速控制，那么 RM、RL 端同时接通时，电动机 4 速运转；RH、RL 端同时接通时，电动机 5 速运转；RH、RM 端同时接通时，电动机 6 速运转；RH、RM、RL 端均接通时，电动机 7 速运转。

2. 多挡转速控制参数的设置

在变频器用于多段速控制时，各挡的具体运行频率需要用相应的参数进行设置，参见表 3－18。各挡转速与其参数地址是一一对应的，参数数值可以根据工程实际的需要来设定，设置范围一般为 0～400 Hz，如设置为 9999 则为无效。当变频器为三段速控制时，Pr. 24、Pr. 25 及 Pr. 26 一般设置为 9999。

表 3－18　多挡转速控制功能说明

多挡转速	RH 端	RM 端	RL 端	参数地址	设定范围
1 速(高速)	ON	OFF	OFF	Pr. 4	0～400 Hz
2 速(中速)	OFF	ON	OFF	Pr. 5	0～400 Hz
3 速(低速)	OFF	OFF	ON	Pr. 6	0～400 Hz
4 速	OFF	ON	ON	Pr. 24	0～400 Hz,9999
5 速	ON	OFF	ON	Pr. 25	0～400 Hz,9999
6 速	ON	ON	OFF	Pr. 26	0～400 Hz,9999
7 速	ON	ON	ON	Pr. 27	0～400 Hz,9999

如果找不到表 3－18 中的参数，须将扩展功能显示选择参数 Pr. 160 设定为 0。

3. 十五段速控制

通过控制端子 RH、RM、RL 和 REX 的通断组合就可以实现十五段速控制。后八段速控制如图 3－40 所示。

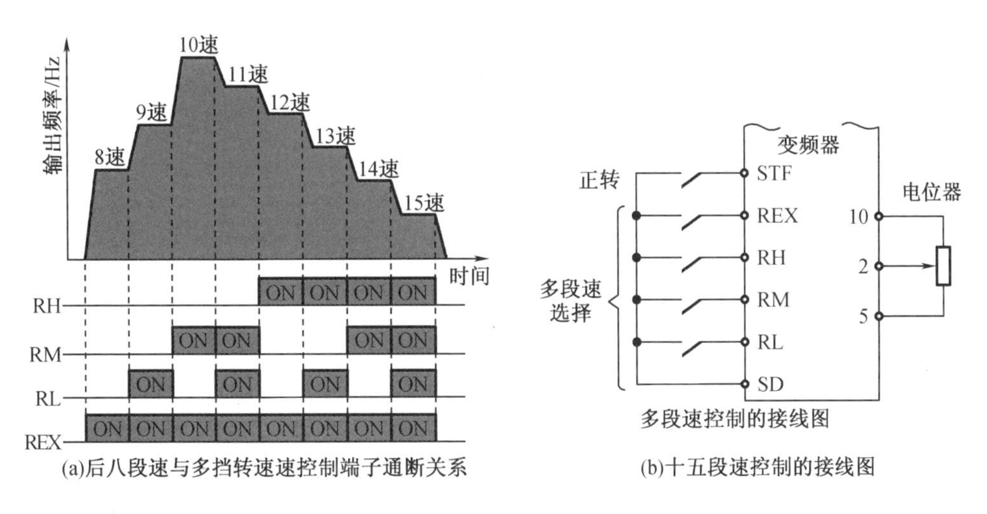

图 3－45　后八段速控制

8～15 挡速度频率由参数 Pr. 232～Pr. 239 相应地进行设置。后八段速控制功能说明见表 3－19。

表 3-19　后八段速控制功能说明

后八段速	RX-SD	RH-SD	RM-SD	RL-SD	参数地址	设定范围
8 速	ON	OFF	OFF	OFF	Pr. 232	0~400 Hz,9999
9 速	ON	OFF	OFF	ON	Pr. 233	0~400 Hz,9999
10 速	ON	OFF	ON	OFF	Pr. 234	0~400 Hz,9999
11 速	ON	OFF	ON	ON	Pr. 235	0~400 Hz,9999
12 速	ON	ON	OFF	OFF	Pr. 236	0~400 Hz,9999
13 速	ON	ON	OFF	ON	Pr. 237	0~400 Hz,9999
14 速	ON	OFF	OFF	OFF	Pr. 232	0~400 Hz,9999
15 速	ON	OFF	OFF	ON	Pr. 233	0~400 Hz,9999

【实训考核】

用变频器实现电动机正反向五段速控制。

(1)设计硬件电路,要求如下。

SA0:用于电动机正反向的切换。

SA1:运行速度 1。

SA2:运行速度 2。

SA3:运行速度 3。

SA2、SA3:运行速度 4。

SA1、SA3:运行速度 5。

(2)按照设计好的电路图接线,检测无误后给变频器送电。

(3)变频器上电后,先将变频器参数恢复为出厂状态,然后将变频器工作模式设定为外部运行模式,并将速度参数设置如下。

1 速:Pr. 4 =20 Hz。

2 速:Pr. 5 =30 Hz。

3 速:Pr. 6 =25 Hz。

4 速:Pr. 24 =40 Hz。

5 速:Pr. 25 =45 Hz。

(4)启动电机,按控制要求操作开关 SA0 ~ SA3,观察电机转向及速度变化,最后停止电机运行。

按表 3-20 进行考核评分。

表 3－20 电动机正反向五段速控制实训考核表

项目	配分	技能考核标准	扣分	得分
电路设计	15	应简明合理,功能正确。不合理酌情扣 2～5 分,功能不正确酌情扣 4～10 分		
变频器接线	20	(1)正确性合格 10 分,电源与负载接反扣 50 分。 (2)牢固性合格 5 分,不熟练酌情扣 0～5 分。 (3)接线工艺合格(无漏铜过长、压线皮等)5 分,不符合规程酌情扣 0～5 分		
恢复为出厂参数状态	5	操作步骤熟练,操作结果正确 5 分,不熟练酌情扣 0～3 分		
参数设置	20	每项参数设置错误扣 2 分		
外部运行操作	10	(1)电动机启停操作合格 2 分,不熟练酌情扣 0～2 分。 (2)转向、频率调节操作合格 8 分,不熟练酌情扣 0～4 分		
安全文明生产	10	违反安全文明生产规程、小组协作精神不强,酌情扣 1～10 分		
实训报告	20	没按照报告要求完成实训报告或内容不正确的,酌情扣 2～15 分		

项目 4　触摸屏应用实训

【项目描述】

触摸屏作为一种新型数字输入设备，主要应用于公共信息的查询、工业控制、政务办公、军事指挥、电子游戏、点歌点菜、多媒体教学等。通过触摸屏实现人机交互，简单、方便、自然。在工业控制领域，触摸屏可以用来弥补 PLC 在人机交互方面的不足，它不但可以对 PLC 进行操控，还可以实时监测 PLC 的工作状态。

任务 1　触摸屏的认识

【实训目标】

1. 掌握触摸屏的基本结构和基本原理；
2. 了解三菱触摸屏的型号和功用；
3. 能够正确安装和使用触摸屏；
4. 能够正确设置触摸屏操作环境参数。

【实训设备】

1. 三菱触摸屏 GT050、PC 及 PLC 各一台；
2. 计算机、触摸屏及 PLC 通信电缆三根；
3. 电源、按钮、开关、接触器等电器元件若干；
4. 连接导线若干；
5. PLC 编程软件 GX developer 及模拟仿真软件 GX Simulator；
6. 三菱触摸屏组态软件 GT Designer3 及模拟仿真软件 GT Simulator 3。

【实训内容】

4.1.1　触摸屏的基本结构和工作原理

触摸屏(touch screen)又称为“触控屏”“触控面板”，是一种可接收触头等输入信号的感应式液晶显示装置，当接触了屏幕上的图形按钮时，屏幕上的触觉反馈系统可驱动各种连接装置，用以取代机械式的按钮面板，并借由液晶显示画面制造出生动的影音效果。

1. 触摸屏的基本结构

触摸屏主要由触摸检测部件和触摸屏控制器组成。触摸检测部件安装在显示器屏幕前面,用于检测用户触摸位置,然后送触摸屏控制器;触摸屏控制器的功能是从触摸检测装置接收触摸信息,并将它转换成触点坐标,再送给数字设备。触摸屏的基本结构如图 4 - 1 所示。

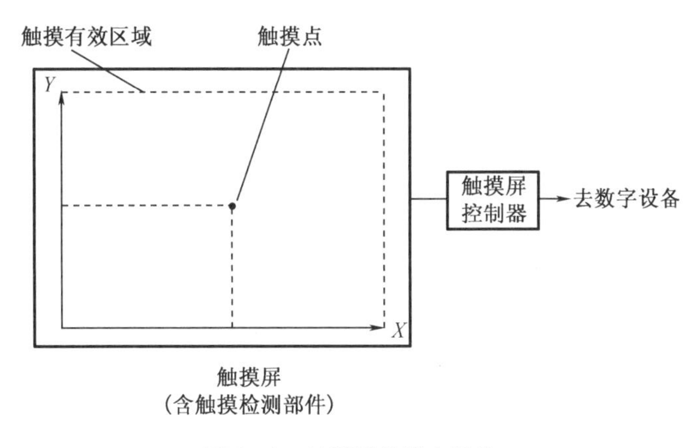

图 4 - 1 触摸屏的基本结构

2. 触摸屏的工作原理

根据工作原理不同,触摸屏主要分为电阻式、电容式、红外线式和表面声波式四种。

ITO(indium tin oxides)是一种 N 型氧化物半导体氧化铟锡,ITO 薄膜即铟锡氧化物半导体透明导电膜。其通常有两个指标:电阻率和透光率。其特性是当厚度降到 1 800 Å(1Å = 10^{-10}m)以下时会突然变得透明,透光率为 80%,再薄下去透光率反而下降,到 300Å 时又上升到 80%。在氧化物导电薄膜中,以掺锡的 In203(ITO)膜的透光率最高,导电性能最好,而且容易在酸液中蚀刻出细微的图形。一般通过真空离子溅射工艺将 ITO 薄膜镀到塑料或者玻璃上。电阻式触摸屏和电容式触摸屏都用到了 ITO 材料。

(1)电阻式触摸屏

电阻式触摸屏的基本结构如图 4 - 2(a)所示,它由一块 2 层透明复合薄膜屏组成,下面是由玻璃或有机玻璃构成的基层,上面是一层外表面经过硬化处理的光滑防刮塑料层,在基板和塑料层的内表面都涂有透明的金属导电层 ITO,在两导电层之间有许多细小的透明绝缘支点把它们隔开,当按压触摸屏某处时,该处的两导电层会接触。

触摸屏的两个金属导电层是触摸屏的两个工作面,在每个工作面的两端各涂有一条银胶,称为该工作面的一对电极,为分析方便,假设上工作面左右两端接 X 电极,下工作面上下两端接 Y 电极,X、Y 电极都与触摸屏控制器连接,如图 4 - 2(b)所示。当 2 个 X 电极上施加一固定电压,而 2 个 Y 电极不加电压时,在 2 个 X 电极之间的导电层各点电压由左至右逐渐降低,这是因为工作面的金属涂层有一定电阻,这时若按下触摸屏某点,上工作面触点处的电压经触摸点和下工作面的金属涂层从 Y 电极输出,即将触摸点在 X 轴的位置转换成不同的电压,触摸点在 X 轴上越往右与左 X 电极电阻越大,在 Y 电极上输出电压越低。同理,如果给 2 个 Y 电极施加一固定电压,当按下触摸屏某点时,会从 X 电极输出电压,触摸点越往上,从 X 电极输出的电压越高。

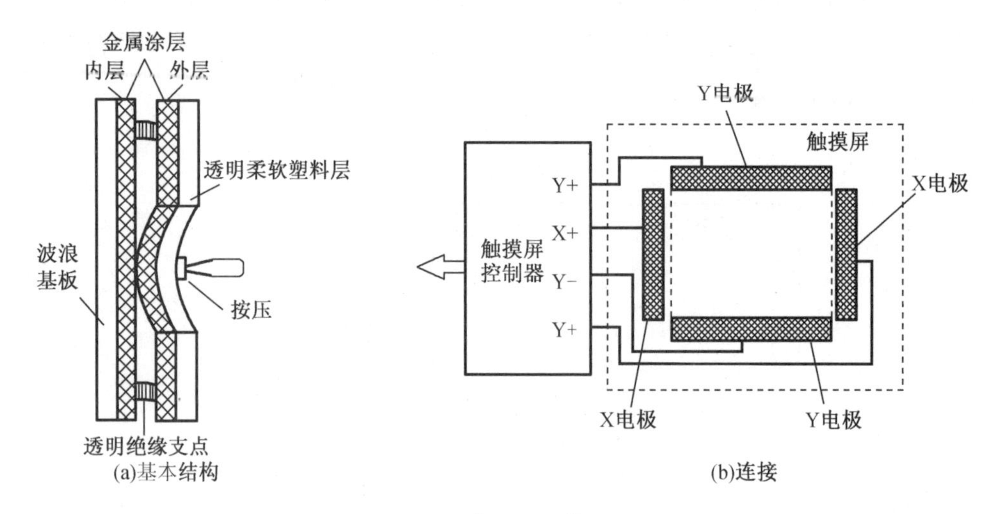

图4-2　电阻式触摸屏

电阻式触摸屏采用分时工作方式,先给2个X电极施加电压而从Y电极取X轴坐标信号,再给2个Y电极施加电压,从X电极取Y轴坐标信号。分时施加电压和接收X、Y轴坐标信号都是由触摸屏控制器来完成的。

除了上述四线电阻式触摸屏外,常用的还有五线电阻式触摸屏,但工作原理基本相同。

电阻式触摸屏适用于对外完全隔离的环境,不怕灰尘和水汽,它可以用任何物体来触摸,可以用来写字画画,具有小尺寸的成本优势,比较适合工业控制领域及个人便携产品。电阻式触摸屏共同的缺点是因为复合薄膜的外层采用塑胶材料,如果太过用力或使用锐器触摸可能划伤触摸屏,另外,电阻式触摸屏透光率低,低温迟钝。

(2)电容式触摸屏

电容式触摸屏是利用人体的电流感应进行工作的。电容式触摸屏工作原理如图4-3所示,主要是在玻璃屏幕上镀一层透明的薄膜导电层(ITO),再在导电层外加一块保护玻璃,双玻璃设计能够较好地保护导电层及感应器。此外,在附加的触摸屏四边均镀上狭长的电极,在导电体内形成一个低压交流电场。用户触摸屏幕时,由于人体电场,手指与导电层间会形成一个耦合电容,四边电极发出的电流会流向触摸点,触摸点不同,从四角流入的电流会有差距,其强弱与手指及电极的距离成正比,利用控制器精确计算四个电流的比例,就能得出触摸点的位置。

电容式触摸屏的双玻璃不但能保护导电层及感应器,更能有效防止外在环境因素给触摸屏造成的影响,如屏幕沾有污秽、尘埃或油渍等。电容式触摸屏在原理上把人体当作一个电容元件的一个电极来使用,当有导体靠近时会耦合出足够大的电容,流走的电流会引起误动作。电容式触摸屏对湿度、温度、接地等环境要求也比较高,当环境温度、湿度改变时,以及环境电场发生改变时,都会引起漂移,造成不准确。另外,电容式触摸屏反光严重,存在色彩失真的问题。

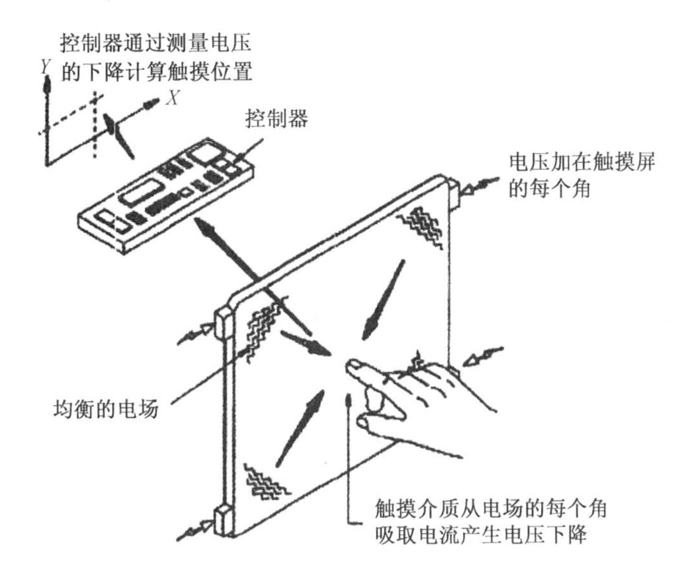

图4-3 电容式触摸屏工作原理

(3)红外线式触摸屏

红外线式触摸屏通常在显示器屏幕的前面安装一个外框,在外框的 X、Y 方向有排布均匀的红外线发射管和红外线接收管,一一对应形成横竖交错的红外线矩阵,如图4-4所示。在工作时,由触摸屏控制器驱动发射管发射红外光,当手指或其他物体触摸屏幕时,就会挡住经过该点的横竖红外线,由控制器判断出触摸点在屏幕上的位置。

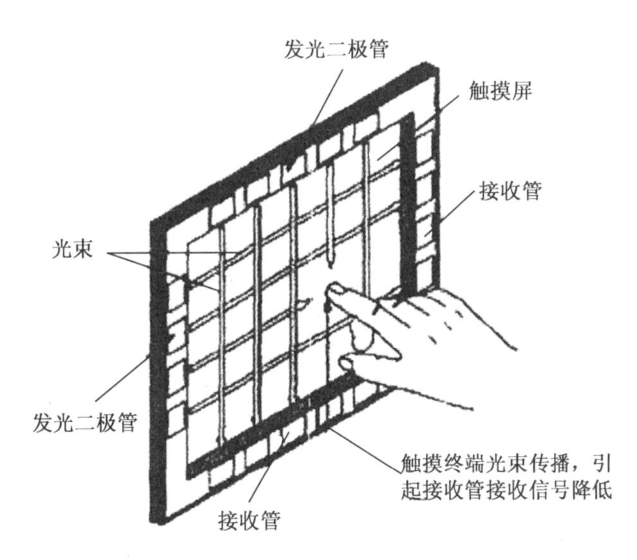

图4-4 红外线触摸屏工作原理

红外线式触摸屏价格便宜,安装容易,能较好地感应轻微触摸和快速触摸,不受电流电压和静电干扰,适合恶劣的环境条件。但是红外线触摸屏由于主要依靠红外线感应动作,抗光性干扰差,而且不防水,怕污垢,任何细小的外来物都可能引起误差。

(4)表面声波式触摸屏

表面声波是超声波的一种,它可以在介质(如玻璃、金属等刚性材料)表面浅层传播。表面声波式触摸屏的触屏部分可以是一块平面、球面或是柱面的玻璃平板,安装在显示器屏幕的前面。玻璃屏的左上角和右下角安装了竖直和水平方向的超声波发射换能器,右上角则固定了两个相应的超声波接收换能器,玻璃屏的四个边则刻有由疏到密间隔非常精密的45°反射条纹,如图4－5所示。

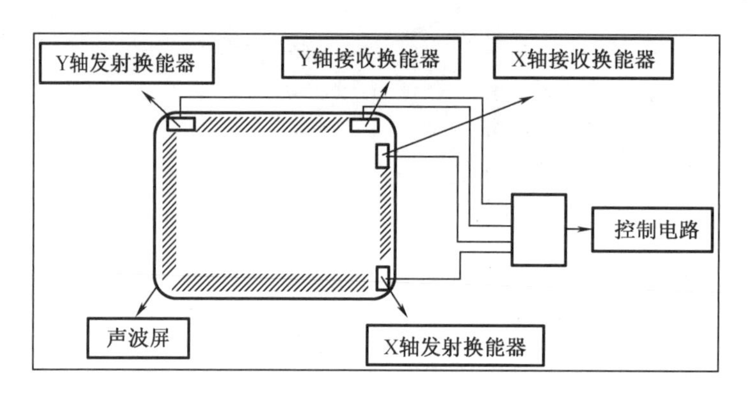

图4－5　表面声波式触摸屏工作原理

以X轴为例,控制电路产生发射信号(电信号),该电信号经玻璃屏上的X轴发射换能器转换成厚度方向振动的超声波,超声波经换能器下的楔形座折射产生沿玻璃表面传播的分量。超声波在前进途中遇到45°倾斜的反射线后产生反射,产生和入射波成90°、和Y轴平行的分量,该分量传至玻璃屏X方向的另一边也遇到45°倾斜的反射线,经反射后沿和发射方向相反的方向传至X轴接收换能器。X轴接收换能器将回收到的声波转换成电信号。控制电路对该电信号进行处理得到表征玻璃屏声波能量分布的波形。有触摸时,手指会吸收部分声波能量,回收到的信号会产生衰减,程序分析衰减情况可以判断出X方向上的触摸点坐标。同理可以判断出Y轴方向上的触摸点坐标,X、Y两个方向的坐标确定,触摸点自然就被唯一地确定下来。表面声波式触摸屏还响应第三轴坐标,也就是能感知用户触摸压力的大小。其原理是由接收信号衰减处的衰减量计算得到。三轴一旦确定,触摸屏控制器就把它们传给主机。

表面声波式触摸屏抗暴,反应速度快,性能稳定,缺点是怕水、怕灰,触摸屏表面灰尘会阻挡表面的声波的传递,适用于短期产品。

4.1.2　三菱触摸屏的认识

三菱触摸屏又称为三菱图示操作终端,它除了具有触摸显示屏外,本身还带有主机部分,将它与PLC等连接,不但可以直观操作这些设备,还能观察这些设备的运行情况。三菱触摸屏现在市场上主要使用的有GOT1000系列等10多个系列的产品。

1.各部位的名称

(1)正面面板

三菱GOT1000系列触摸屏正面面板如图4－6所示。

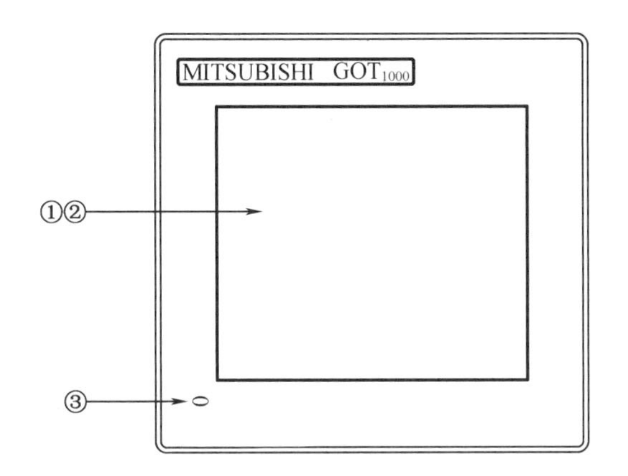

①显示面板:显示应用程序画面及用户制作画面。②触摸键:用于操作实用功能画面及用户制作画面内的触摸开关。③POWER LED:绿灯点亮,电源正常供应;橙灯点亮,屏幕保护(背光灯熄灭);橙色/绿色闪烁,背光灯熄灭;熄灭,未供应电源。

图4-6　三菱GOT1000系列触摸屏正面面板

(2)背面面板

三菱GOT1000系列触摸屏背面面板如图4-7所示。

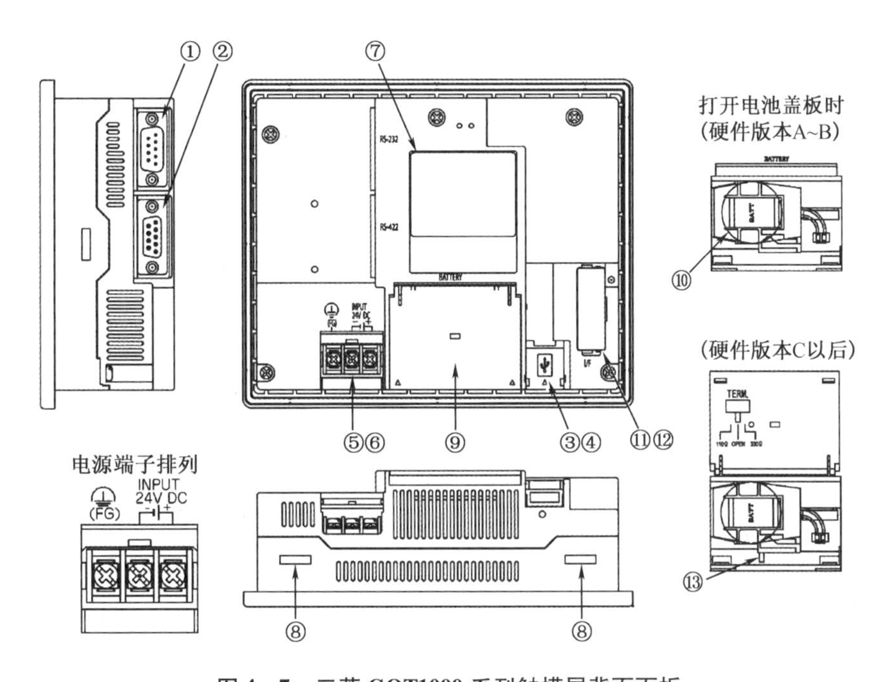

图4-7　三菱GOT1000系列触摸屏背面面板

三菱GOT1000系列触摸屏背面面板各部分说明如下。

①PLC连接用接口(RS-232):用于与PLC、微型计算机、条形码阅读器等连接设备连接,可实现OS安装、工程数据下载、透明功能等。触摸屏与计算机连接后,计算机可将编写好的触摸屏画面程序送入触摸屏,触摸屏的程序和数据也可被读入计算机。

②PLC连接用接口(RS-422):用于与PLC、微型计算机等连接设备连接。触摸屏与PLC连接后,可在触摸屏上对PLC进行操控,也可监视PLC内部的数据。

③USB 接口:与计算机连接,用于 OS 安装、工程数据下载、透明功能等。

④USB 盖:使用 USB 接口时开合。

⑤电源端子、FG 端子:用于向 GOT 供应电源(DC24 V)及连接地线。

⑥电源端子盖板:在连接电源端子时进行开关。

⑦额定铭牌:如 GT1050 - QBBD 等。

⑧固定设备用配件孔:将 GOT 安装到面板上时,用来插入安装配件的孔, 上下共 4 个。

⑨电池盖板:更换电池时开合。

⑩电池:一般使用 GT11 - 50BAT 型电池,用于保存时钟数据、报警记录、配方数据、时间动作设置值。工程数据利用内置的闪存进行保存。

⑪存储板盖板:使用存储板时,将盖板卸下。

⑫存储板接口:用于将存储板安装到 GOT 的接口。

⑬终端电阻切换开关(TERM.):RS422/485 终端电阻切换开关,终端电阻出厂值为 330 Ω。

2. GOT 的总体配置

以 GT10□□为例,如图 4 - 8 所示为 GDT 的总体配置。

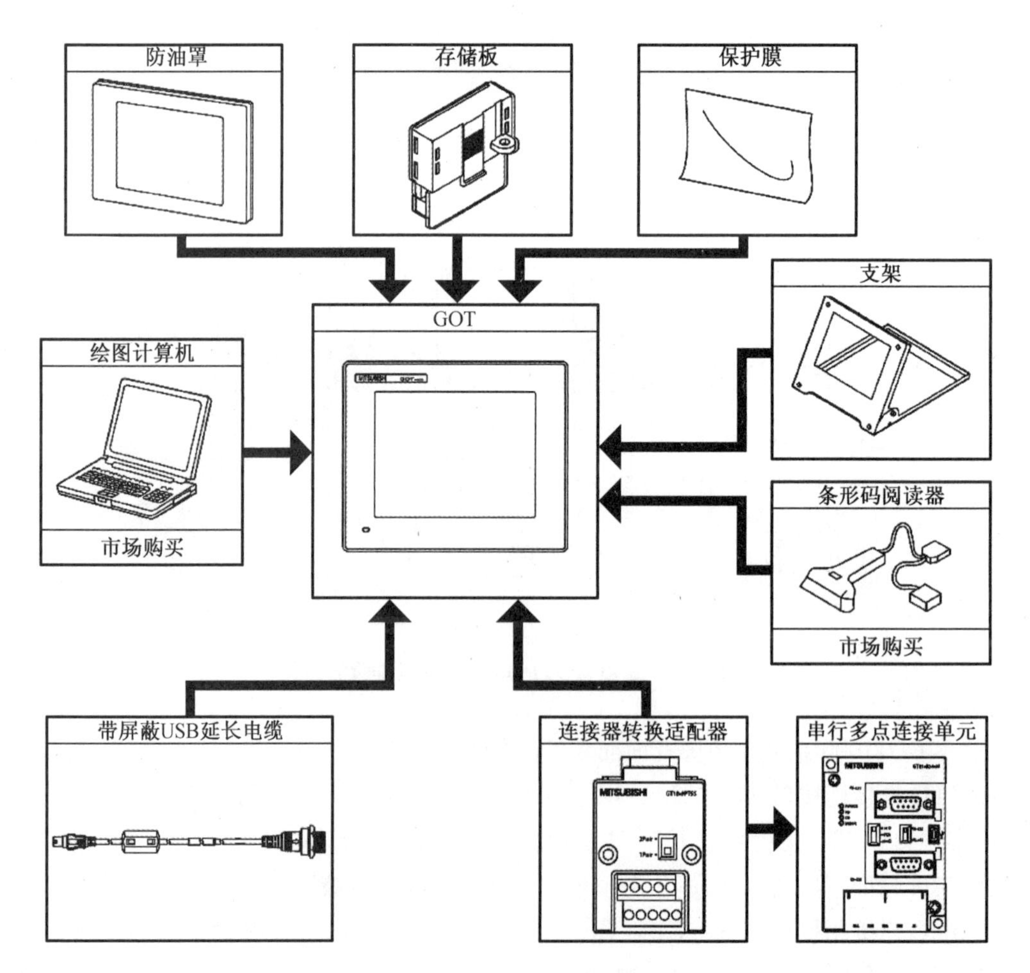

图 4 - 8 GOT 的总体配置

3. 三菱 GT1000 系列触摸屏的型号及其含义

三菱 GT1000 系列触摸屏的型号及其含义如图 4－9 所示。

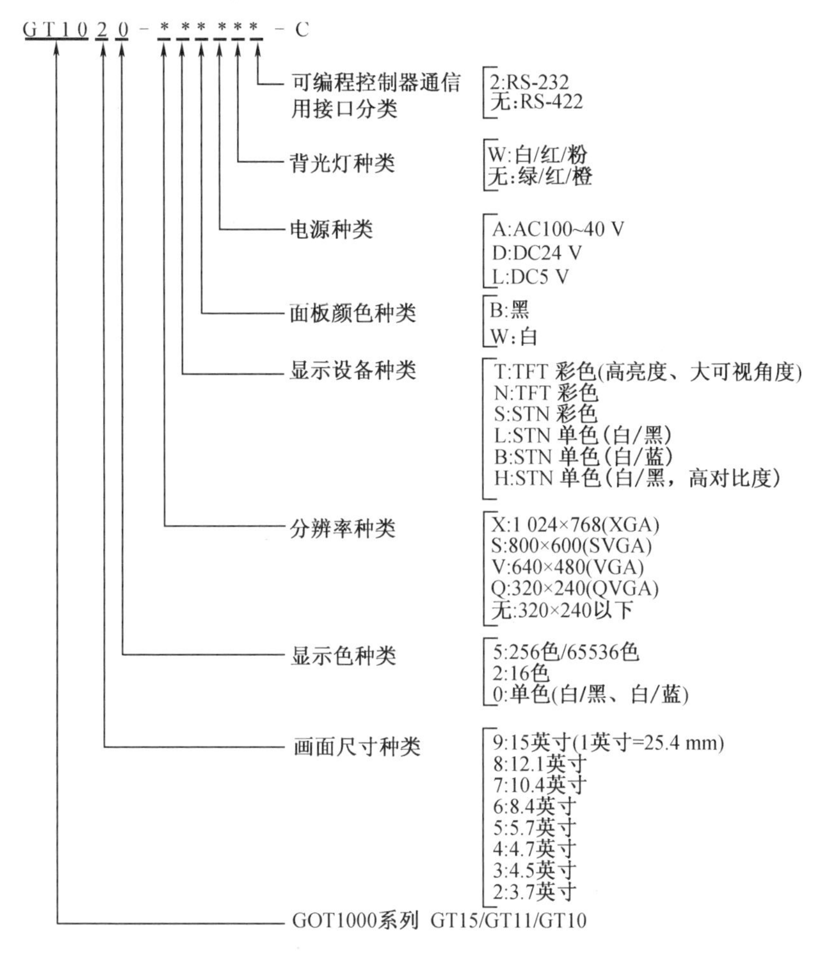

图 4－9　三菱 GT1000 系列触摸屏的型号及其含义

4.1.3　触摸屏 GOT 的实用功能

触摸屏 GOT 的实用功能包括通信接口的设置和确认、画面显示的设置、操作方法的设置、时钟数据的设置,以及 OS 信息的确认等。

触摸屏安装基本 OS 并重新启动后,用手指触摸程序调用键(出厂时,设置为触摸屏幕的上方左右两点),即在屏幕上出现 GOT1000 系列触摸屏的基本设置主菜单,如图 4－10 所示。

菜单各项功能简述如下。

(1)Language:用于切换实用功能的显示语言(中文、英语)。

(2)连接设备设置:用于与外部设备的通信设置。

(3)GOT 设置:用于对显示画面进行设置,可对标题显示时间、屏幕保持时间、屏幕保持背光灯、信息显示、屏幕亮度与对比度进行调节。也用于对操作画面进行设置。可对蜂鸣音、窗口移动时的蜂鸣音,安全等级和应用程序调用键进行设置。

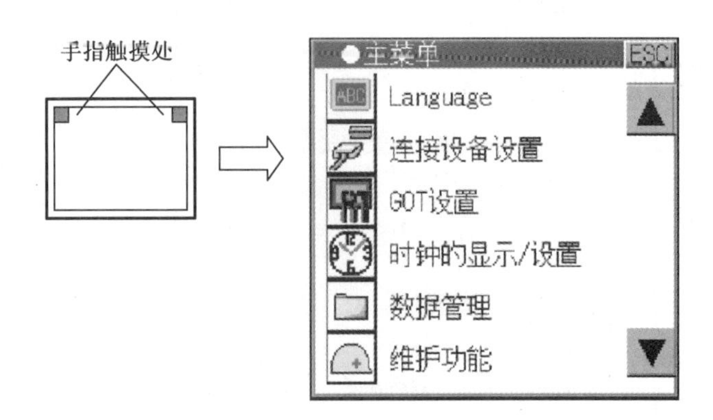

图 4-10 GOT1000 系列触摸屏的基本设置主菜单

(4)时钟的显示/设置:用于时钟的显示与设置。

(5)数据管理:用于写入 GOT 及 CF 卡中的 OS、工程数据、报警数据的显示及 GOT 与 CF 卡之间的数据传输。

(6)维护功能:在维护功能中,可以监视 - 测试 PLC 的软元件,列表编辑 FXCPU 的顺控程序;在自我诊断中,可以进行存储器检查、绘图检查、字体检查、触摸屏面板检查和 I/O 检查。

1. Language(语言的设置)

可以选择使用当前显示的语言,包括中文(简体)、English, 出厂设置值一般为中文。Language 的设置操作如图 4-11 所示。

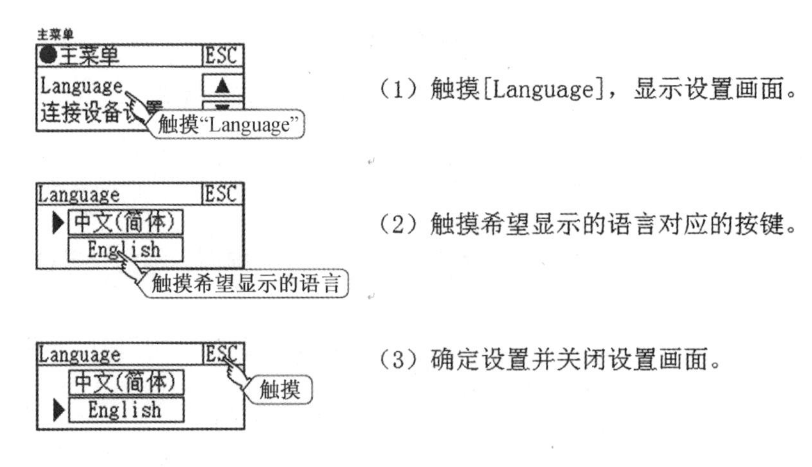

图 4-11 Language 的设置操作

2. 连接设备设置

连接设备设置是指通信接口设置,有标准 I/F 的设置、计算机传送、通信监控、关键字的菜单。在标准 I/F 的设置中,显示了用作图软件对各通信接口分配的通道号、连接设备名称以及详细的设置内容(通信参数的设置)。在计算机传送中显示了计算机和 GOT 之间传送工程数据专用的画面。在通信监控中显示了各通信口的通信情况。在关键字中可以登录、删除、解除保护、保护 FX 系列 PLC 的关键字。

标准 I/F 的设置的显示操作如图 4－12 所示。

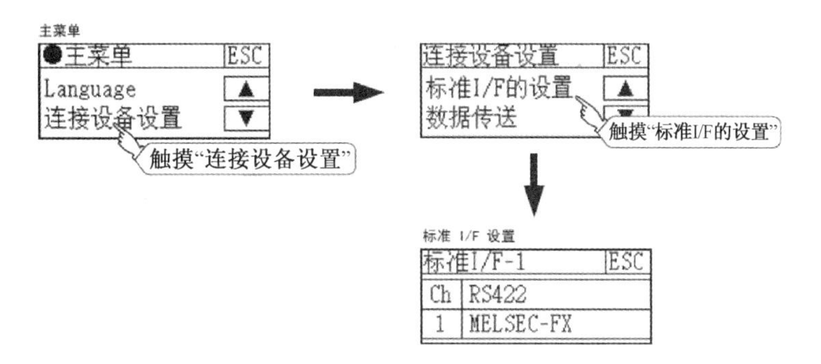

图 4－12　标准 I/F 的设置的显示操作

标准 I/F 的设置功能包括作图软件分配的通道号(CH No)、通信驱动程序及设置的连接设备通信参数。

(1)标准接口显示

GT105□标准接口有以下 3 种,如图 4－13 所示,分别对应的触摸屏背面面板接口,如图 4－14 所示。

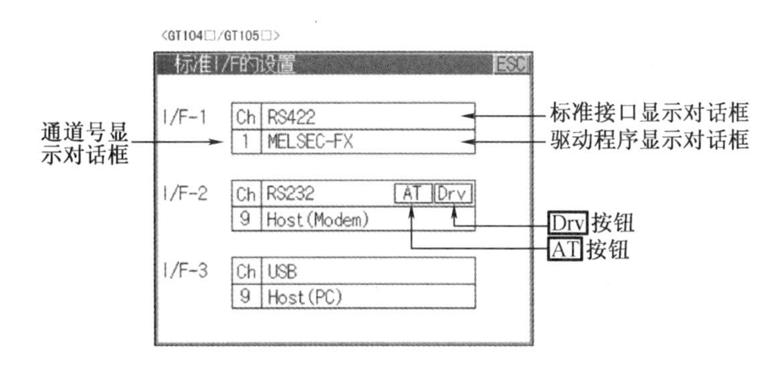

图 4－13　GT105□标准接口

标准 I/F－1(RS－422):用于与连接设备通信。

标准 I/F－2(RS－232):用于与计算机(作图软件)、调制解调器、连接设备、条形码阅读器、透明功能的通信。

标准 I/F－3(USB):用于与计算机(作图软件)、透明功能的通信。

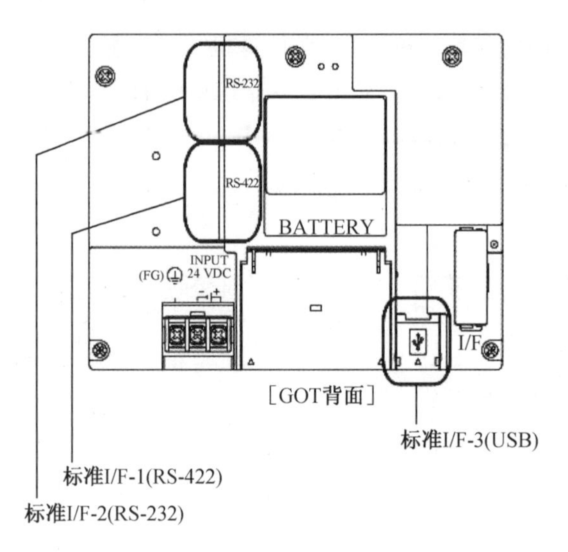

图 4－14　标准接口对应的触摸屏背面面板接口

(2)通道号显示对话框

在通道号显示对话框中,数字含义如下。

0:没有使用通信接口时设置。

1:与连接设备(PLC 及微型计算机等)连接时设置,GT105□只可以设置标准 I/F－1、标准 I/F－2 中的一个。

8:与条形码阅读器连接时设置。

9:与计算机(作图软件)、调制解调器连接时设置,可以同时设置标准 I/F－2、标准 I/F－3,但是若其中一个进行通信,则另一个不能进行通信。

不能设置 2~7,USB 接口固定为 9。

(3)驱动程序显示对话框

该对话框显示通道编号被分配的通信驱动程序的名称。在没有安装通信驱动程序或在指定通道号显示对话框中设置了 0 时,显示“未使用”。此外,如果 GOT 中安装的通信驱动程序和连接设备的设置不同,显示“※※※※※”。触摸驱动程序显示对话框,会切换到详细信息,显示通信参数。

需要说明的是,Rs232 接口的设备已设置为主机(个人电脑),通道号(ChNo)已设置为 9,因此,触摸屏与计算机的通信已设置好,已经能够实现触摸屏与计算机的通信。但 Rs422 接口的设备及其通道号尚未设置,因此,触摸屏还不能与 PLC 通信。

3. GOT 设置

GOT 设置包括显示的设置和操作的设置两部分,其操作画面如图 4－15 所示。

显示的设置包括屏幕保护、对比度调节等。操作的设置包括蜂鸣音的设置、触摸面板校准等。

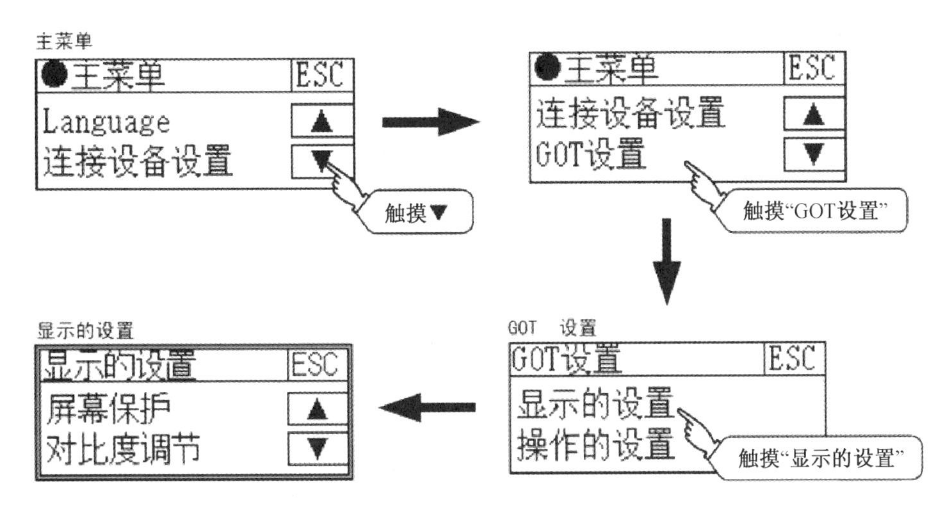

图4－15　GOT设置的操作画面

(1)显示的设置

①屏幕保护

a.时间

触摸“屏幕保护”,显示设置画面。触摸“时间”,显示设置画面。触摸时间的显示部位,显示数字键盘。屏幕保护时间设置画面如图4－16所示。

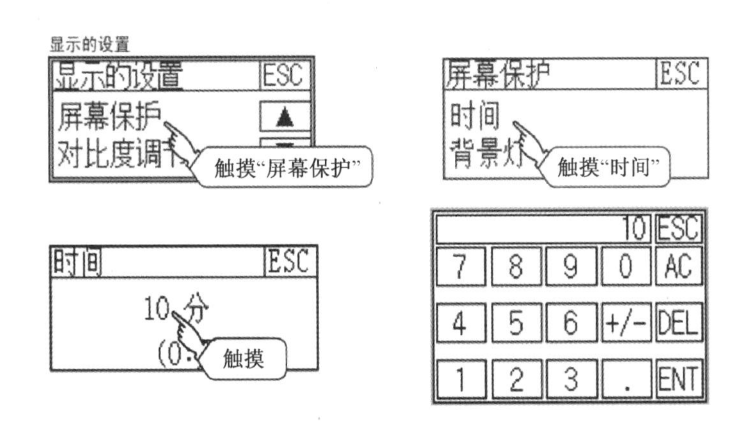

图4－16　屏幕保护时间设置画面

通过数字键盘设置时间。“0”~“9”为输入数值用键。设置为“0”时,屏幕保护功能无效。按下“ESC”键,放弃输入的数值,关闭数字键盘,返回数字键盘显示时的时间。按下“AC”键,删除所有输入数值。按下“DEL”键,删除1个输入数值。按下“ENT”键,确定输入时间,并关闭数字键盘。按下“＋/－”键,输入值的正、负。时间设置只有正的数值有效。“.”是无效键,在这里不使用。

改变设置后,触摸“ESC”键,关闭设置画面。屏幕保护设置确认和退出画面如图4－17所示。

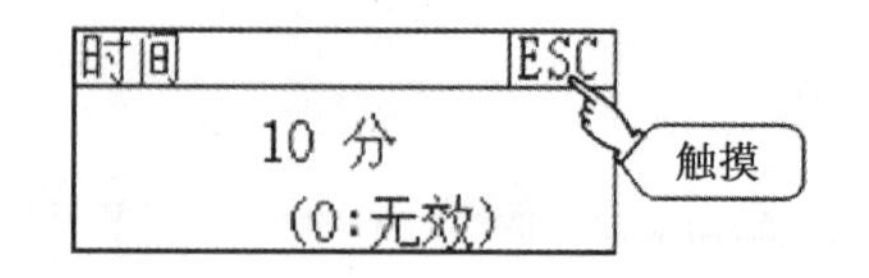

图 4-17 屏幕保护时间设置确认和退出画面

b. 背景灯

触摸“屏幕保护”,显示设置画面。触摸“背景灯”,显示设置画面。屏幕保护背景灯设置画面如图 4-18 所示。

图 4-18 屏幕保护背景灯设置画面

通过“OFF”和“ON”按键来改变设置。按“OFF”键,屏幕保护启动时,背景灯熄灭;按“ON”键,屏幕保护启动时,背景灯点亮。改变设置后,按“ESC”键确定,关闭设置画面。屏幕保护背景灯设置确认和退出画面如图 4-19 所示。

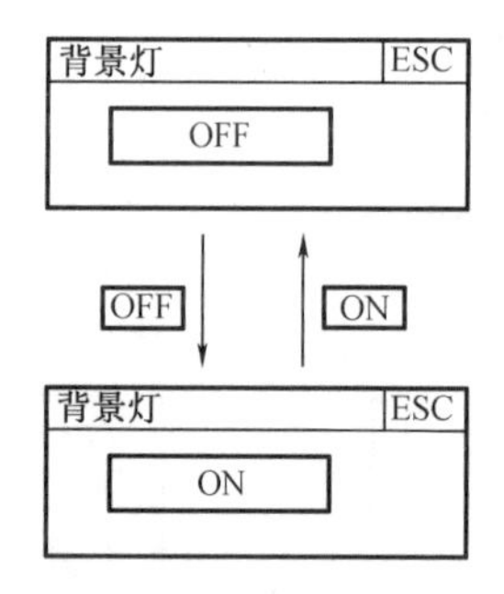

图 4-19 屏幕保护背景灯设置确认和退出画面

②对比度调节

触摸“对比度调节”键,显示设置画面。触摸调整对比度用的“-”和“+”键,调整对比度。改变设置后,触摸“ESC”键确定设置并关闭设置画面。对比度调节设置画面如图 4-20 所示。

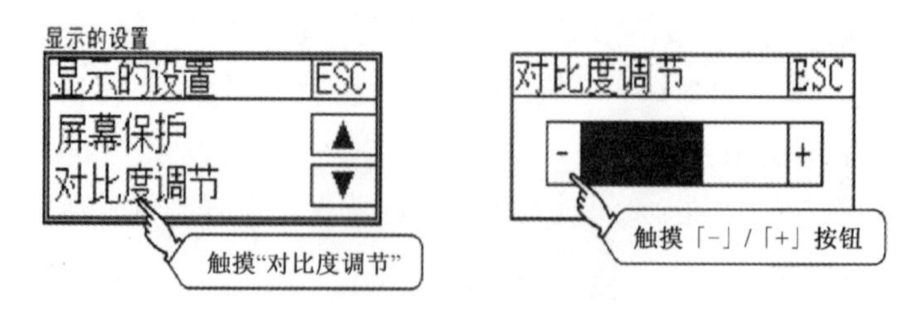

图 4-20 对比度调节设置画面

(2)操作的设置

操作的设置的操作画面如图 4－21 所示。

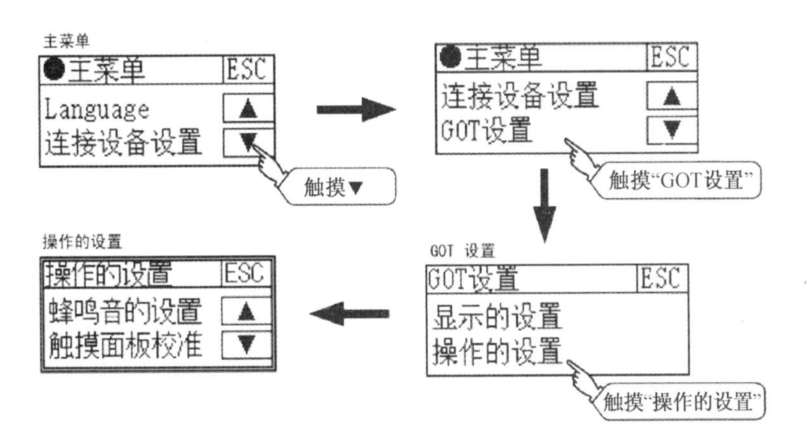

图 4－21　操作的设置的操作画面

蜂鸣器音量有无、短、长三种选择，出厂设置值为短。窗口被移动时，可以选择有无蜂鸣音鸣叫 ON/OFF，出厂设置值为 ON。

峰鸣音设置如图 4－22 所示，触摸"蜂鸣音的设置"，显示设置画面。触摸"蜂鸣音"，显示设置画面。

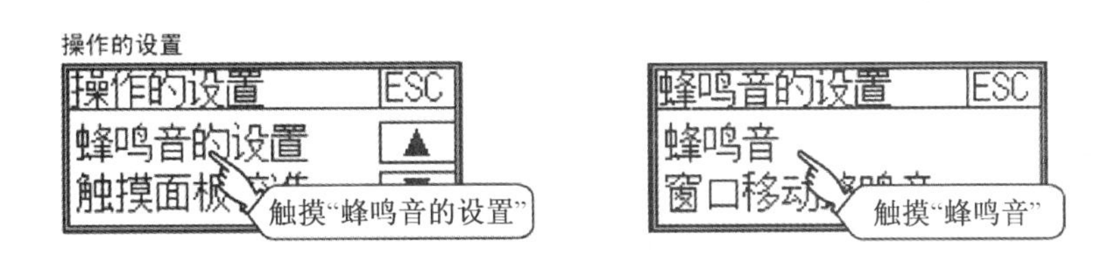

图 4－22　蜂鸣音设置画面

触摸设置项目，改变设置内容。改变设置后，触摸"ESC"键确定设置并关闭设置画面。蜂鸣音的选择和确认画面如图 4－23 所示。

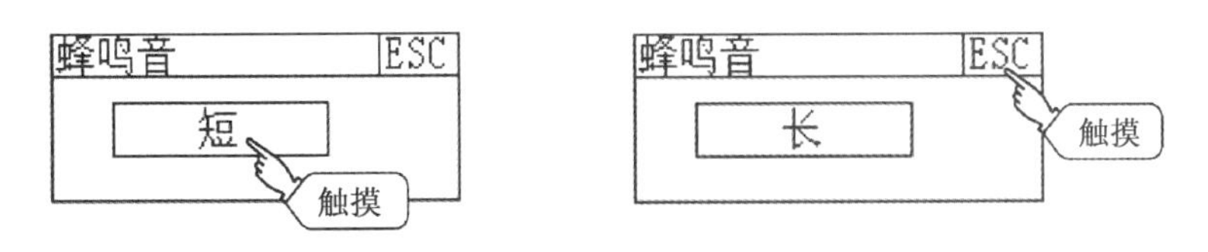

图 4－23　蜂鸣音的选择和确认画面

触摸面板校准是指修正触摸屏读取误差，出厂设置值为已调整。键反应速度可以设置触摸 GOT 画面时触摸面板的灵敏度，其设置范围为 ±0 ~ ＋120。

4. 时钟的显示/设置

该设置项可以对 GOT 上连接设备的时钟数据(日期和时间)进行设置，还可显示内置电池的电压状态。时钟的显示/设置和 GOT 内置电池的状态显示可自定义开启或关闭,电压下降时应更换电池。时钟的显示/设置操作画面如图 4－24 所示。

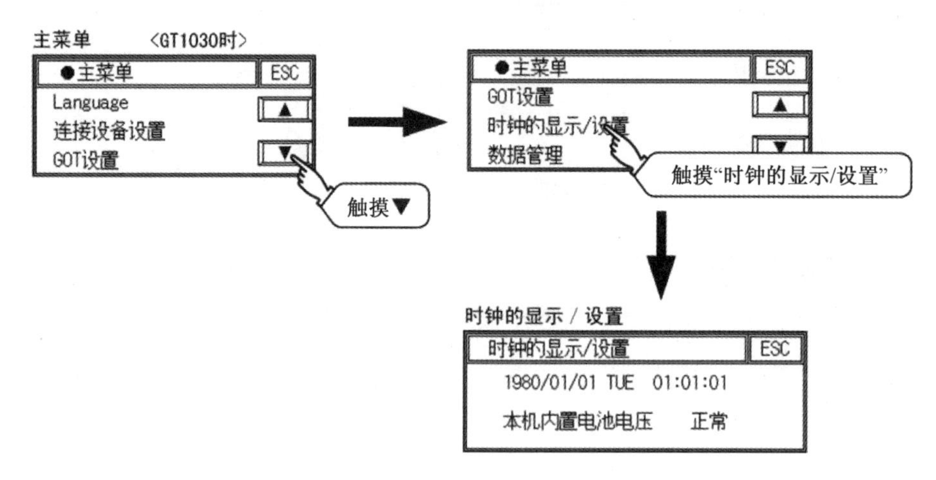

图 4－24　时钟的显示/设置操作画面

如果想修改时钟，触摸日期或者时间中想要更改的项目,如图 4－25 所示。

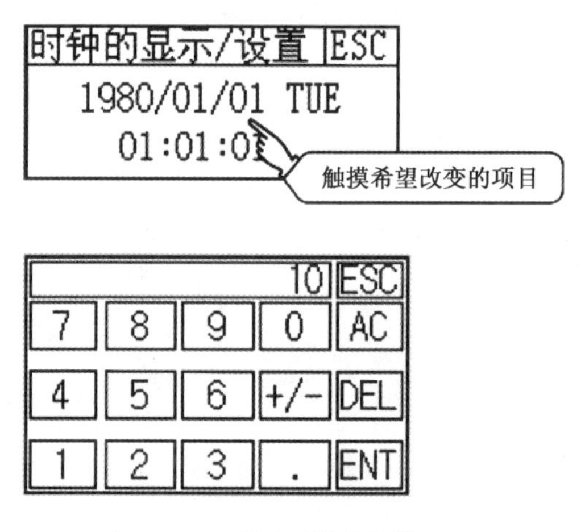

图 4－25　修改时钟设置的画面

通过数字键盘设置日期或者时间数值。根据输入的日期会自动显示星期。“0”～“9”为输入数值用键。“ESC”键放弃输入的数值,关闭数字键盘,返回数字键盘显示时的日期和时间。按“AC”键删除所有输入数值。按“DEL”键删除 1 个输入数值。按“ENT”键确定输入的日期和时间,并关闭数字键盘。按“＋/－”键进行输入值正、负转换。日期和时钟数据只有正值有效。“.”键无效,不使用。

设置日期和时间后,触摸“ESC”键,关闭设置画面。时针的显示/设置确认和退出画面如图 4－26 所示。

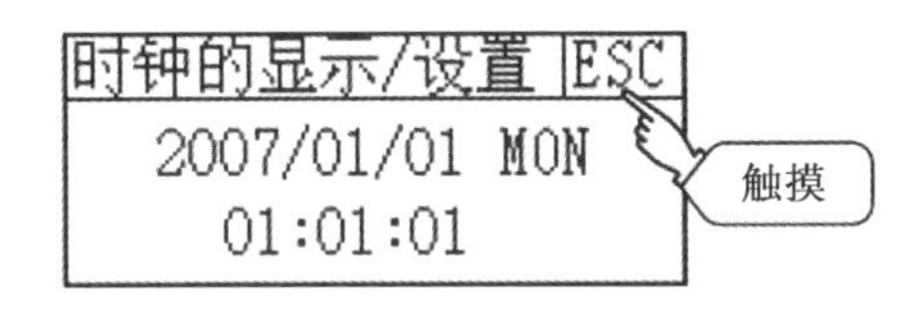

图4-26　时钟的显示/设置确认和退出画面

5. 数据管理

数据管理中包括OS信息与字体信息。内置闪存中保存OS(基本OS与BootOS)以及通信驱动程序的版本(C驱动器)信息。OS信息画面的操作画面如图4-27所示。

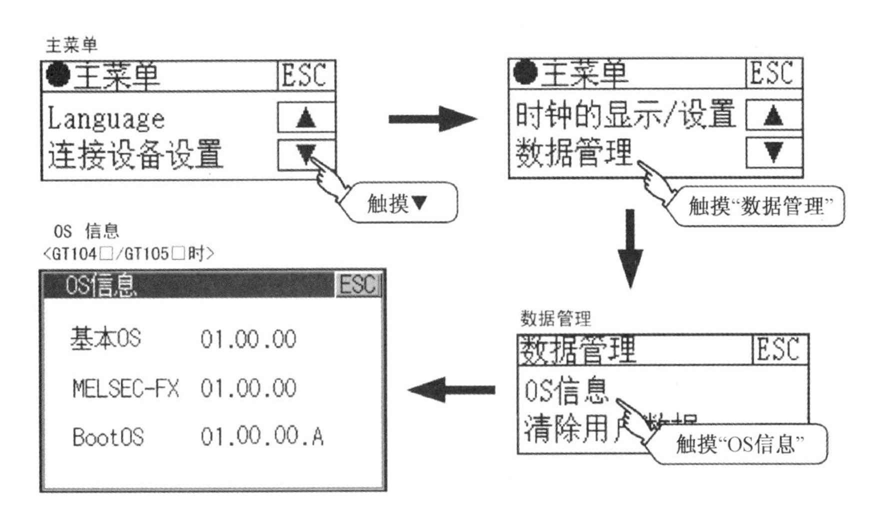

图4-27　OS信息的操作画面

字体信息这个设置项用于显示内置闪存所保存的字体的种类。字体信息的操作画面如图4-28所示。

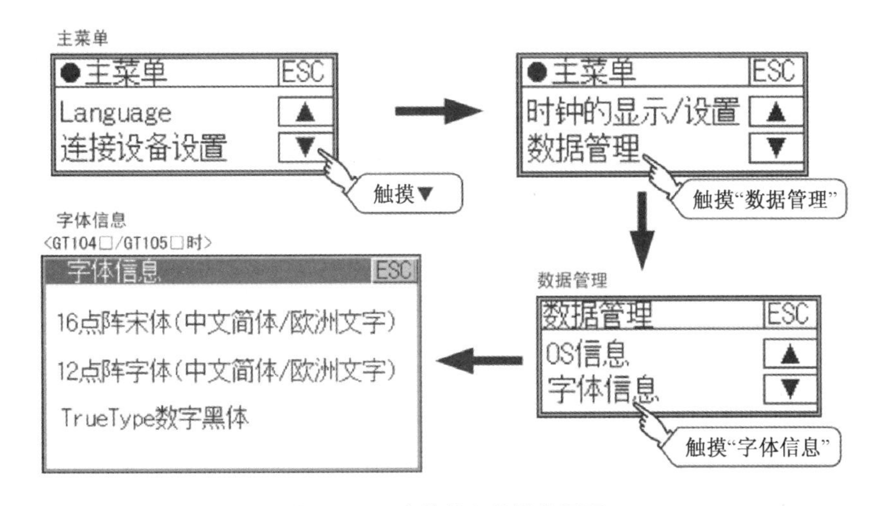

图4-28　字体信息的操作画面

数据管理中还包括清除用户数据，用于清除写入 GOT 的工程数据或者资源数据。清除用户数据的操作画面如图 4－29 所示。

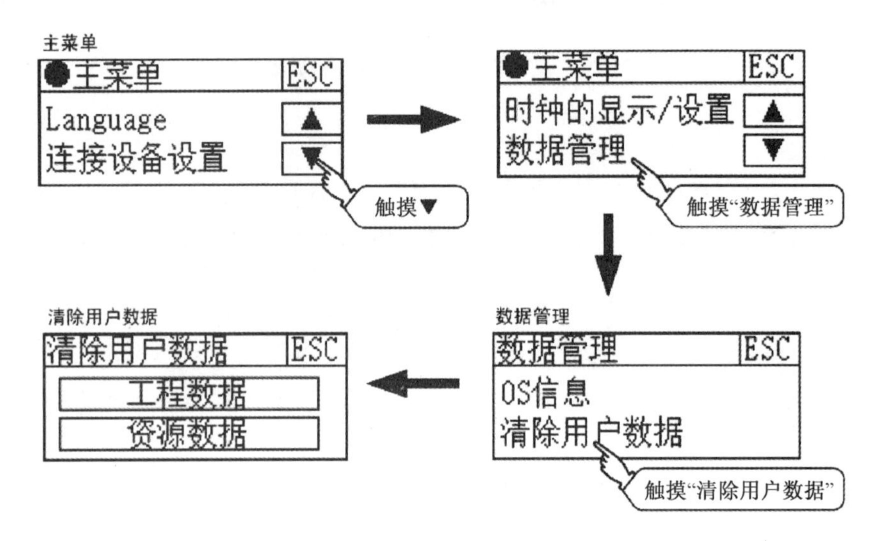

图 4－29　清除用户数据的操作画面

触摸选择要删除的数据，显示用于确认的对话框。删除数据时，触摸“YES”键，放弃数据的清除时，则触摸“NO”键。清除用户数据的操作和确认画面如图 4－30 所示。

图 4－30　清除用户数据的操作和确认画面

【实训考核】

根据给定的触摸屏，判断其种类，写出其应用场合、优缺点；找到触摸屏的型号，阐述其含义；在给定的控制柜中，自己测量尺寸，设计安装触摸屏，并完成给定任务的操作环境参数设置。按表 4－1 进行考核评分。

表 4－1　触摸屏的认识、安装与操作环境参数设置实训考核表

项目	配分	技能考核标准	扣分	得分
触摸屏的认识	20	(1)判断触摸屏的种类，写出其应用场合、优缺点(14 分)。 (2)写出触摸屏的型号，阐述其型号含义(6 分)		

表 4 - 1(续)

项目	配分	技能考核标准	扣分	得分
触摸屏的安装	10	(1)符合安装规范(6 分)。 (2)安装的牢固性合格(4 分)		
触摸屏操作环境参数设置	30	(1)Language 设置正确(2 分)。 (2)连接设备设置正确(8 分)。 (3)GOT 设置正确(10 分)。 (4)时钟的显示与设置正确(6 分)。 (5)程序/数据管理设置正确(4 分)		
安全文明生产	10	违反安全文明生产规程、小组协作精神不强,酌情扣 1 ~ 10 分		
实训报告	20	没按照报告要求完成实训报告或内容不正确的,酌情扣 2 ~ 15 分		
合计				

任务 2　GT Designer3 的简单使用

【实训目标】

1. 掌握组态软件 GT Designer3 的功能用法;
2. 掌握模拟仿真软件 GT Simulator3 的功能用法;
3. 熟练使用 GT Designer3 软件,并能够按要求对触摸屏组态,解决实际问题;
4. 能够对已设计好的组态画面进行模拟仿真和运行调试。

【实训设备】

1. 三菱触摸屏 GT050、PC 及 PLC 各一台;
2. 计算机、触摸屏及 PLC 通信电缆三根;
3. 电源、按钮、开关、接触器等电器元件若干;
4. 连接导线若干;
5. PLC 编程软件 GX developer 及模拟仿真软件 GX Simulator;
6. 三菱触摸屏组态软件 GT Designer3 及模拟仿真软件 GT Simulator 3。

触摸屏画面
程序的编写

【实训内容】

4.2.1　GT Designer3 的功能用法

在使用触摸屏之前,必须给触摸屏制作相应的操控和监测画面。触摸屏画面总体设计的步骤和内容如下。

(1)将该触摸屏的画面组态软件安装到所使用的 PC 上。

(2)分析控制系统状态变量、逻辑信号,确定触摸屏所需要的输入(控制)与反馈(显示)信号性质、信号数量及控制速率。

(3)在 PC 上制作(组态)触摸屏画面并进行离线调试。

(4)将 PC 上的组态画面下载到触摸屏,进行触摸屏与 PLC 的联调。

1. GT Designer3 软件的安装与启动

GT Designer3 是由三菱电机公司开发的触摸屏画面制作软件,适用于所有三菱触摸屏。该软件窗口界面直观、操作简单,图形、对象工具丰富,可以实时写入或读出触摸屏的画面数据。该软件还集成有 GT Simulator3 仿真软件,具有仿真模拟的功能。

在购买三菱触摸屏时会随机附带画面制作安装软件,也可以去三菱电机官方网站免费下载,打开 GT Designer3 安装软件文件夹,找到"setup. exe"文件,双击该文件即开始安装,安装过程与其他软件安装基本相同。安装完成后会在开始菜单程序项目中有"GT Designer3"项,并在桌面上显示有"GT Designer3"图标,如图 4-31 所示。

图 4-31 "GT Designer3"图标

单击桌面左下角的"开始"按钮,再执行"程序"→"MELSOFT Application"→"GT Dsigner3"命令,或者双击桌面"GT Designer3"图标,GT Designer3 即被启动。

2. GT Designer3 窗口组成及其各部分功能说明

使用 GT Designer3,可进行工程和画面创建、图形绘制、对象配置和设置、公共设置以及数据传输等。打开组态软件 GT Designer3,可以看到它的窗口画面及工具栏,如图 4-32 所示。其主要组成及功能说明如下。

(1)标题栏用于显示软件名、工程名/工程文件名。

(2)菜单栏可以通过下拉菜单操作 GT Designer3。

(3)工具栏可以通过选择图标操作 GT Designer3。

(4)编辑器页显示打开的画面编辑器、机种设置对话框、环境设置对话框。

(5)画面编辑器通过配置图形、对象,创建在 GOT 中显示的画面。

(6)状态栏显示光标所指的菜单、图标的说明或 GT Designer3 的状态。

(7)一览表窗口有几种,分别说明如下。

①树状图:分为工程树、树状画面一览表、树状系统。

②属性表:可显示画面或图形、对象的设置一览表,并可进行编辑。

③库一览表:可显示作为库登录的图形、对象的一览表。

④连接机器类型一览表:可显示连接机器的设置一览表。

⑤数据一览表:可显示在画面上设置的图形、对象一览表。

⑥图像一览表:可显示基本画面、窗口画面的缩略图,或创建、编辑画面。

⑦分类一览表:可分类显示图形、对象。

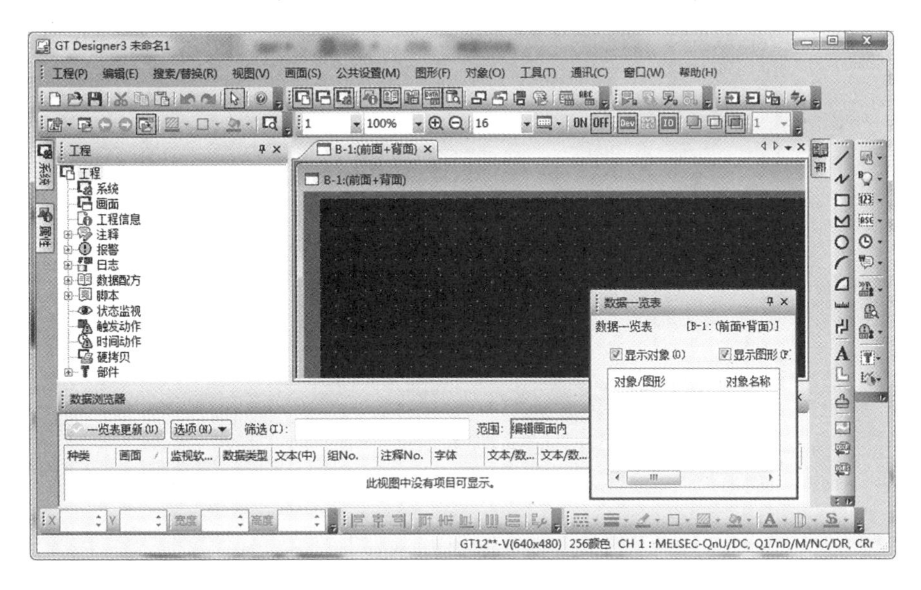

图 4－32　GT－Designer3 的画面结构

⑧图形一览表:可显示作为部件登录的图形一览表,或者登录、编辑部件。

⑨数据浏览器:可显示工程中正在使用的图形/对象的一览表,可对一览表中显示的图形/对象进行搜索和编辑。

3. GT Designer3 的基本操作

(1)新建工程

①点击菜单栏“工程”项,出现“工程选择”窗口,点击“新建”,或者点击工具栏中“新建工程”图标,弹出“新建工程向导”对话框,如图 4－33 所示。

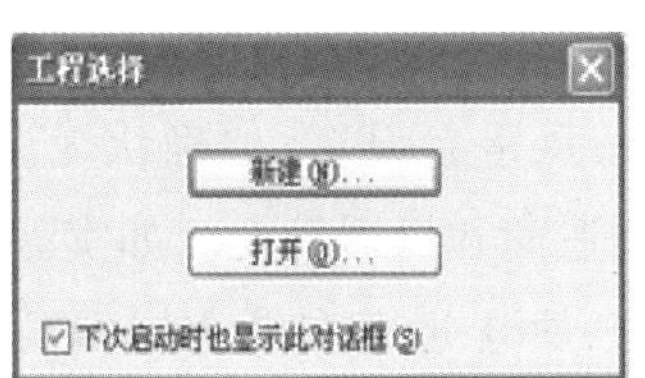

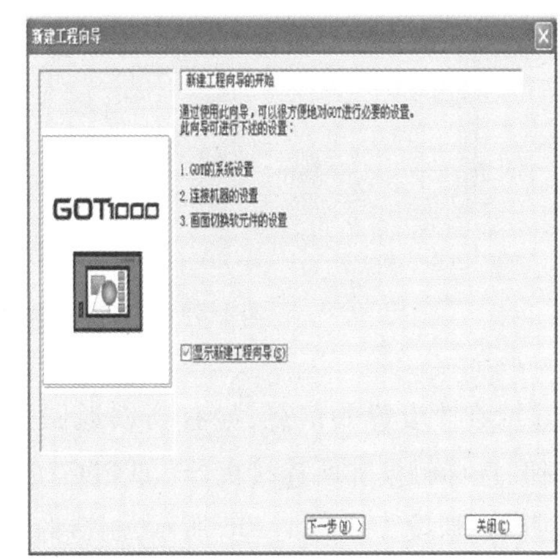

图 4－33　“新建工程向导”对话框

②点击“下一步”按钮,进行机种选择,如图 4－34 所示。

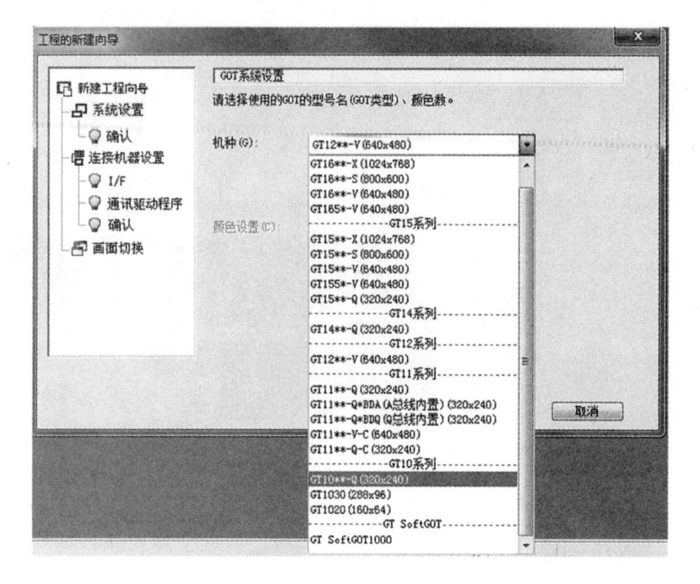

图4-34　机种选择

③查看所用触摸屏型号，如为GT1050-QBBD，则选择“GT10＊＊-Q(320×240)”，设置方向选择横向(水平)，颜色设置为单色16级灰度，选择后点击“下一步”按钮，切换到下一页面，如图4-35所示。

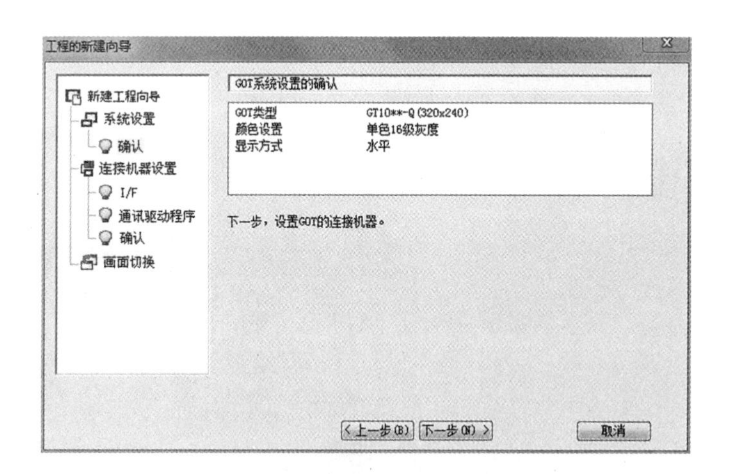

图4-35　系统设置确认画面

④此页显示刚才设置的信息，如有错误返回上一页重新设置；如确认无误，继续点击“下一步”按钮，选择触摸屏所连接机器(如PLC)的制造商和机器种类。如实际使用的PLC是三菱FX-3GA，则设置如图4-36所示，制造商为三菱电机，机种为MELSEC-FX。

⑤接下来依次点击“下一步”按钮，直到显示如图4-36所示信息显示画面，完成系统环境参数设置的确认。查看已设置的系统环境参数，如有错误，须返回上一步重新设置，否则会造成系统无法运行或者运行出错。

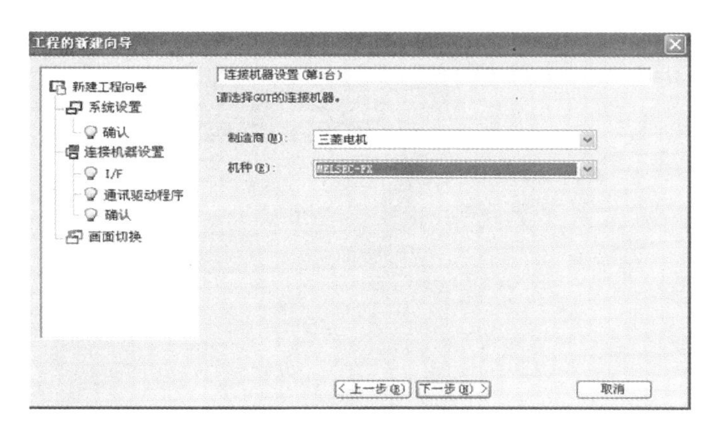

图4－36　连接机器设置画面

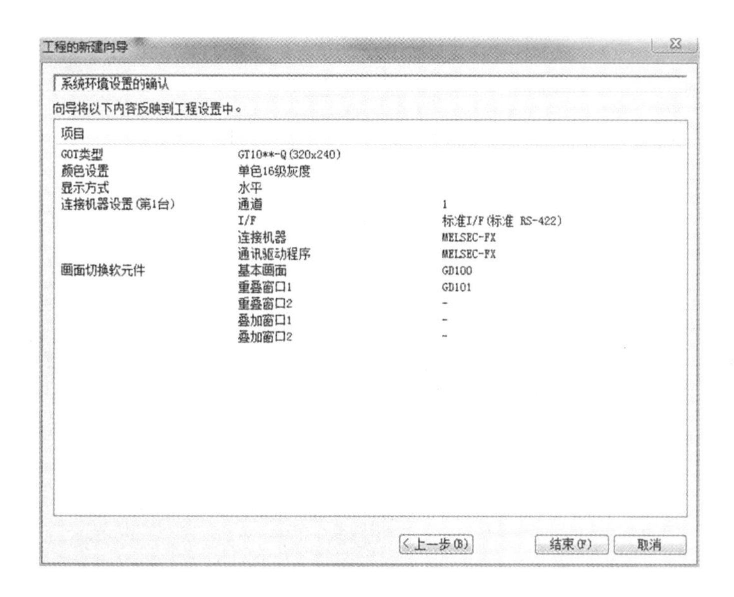

图4－37　信息显示画面

如系统环境设置确认无误，点击“结束”按钮，进入触摸屏制作画面。

(2)新建画面

①双击左边“画面”栏中的“基本画面”中的“新建”，如图4－38(a)所示，则出现“画面的属性对话框”，如图4－38(b)所示。

②设置“画面编号”，编号范围1～32 767，各个画面的编号不能相同。设置画面标题，如“设备简介”，点击“确定”按钮，则在“画面”栏中就存在“2 设备简介”，如图4－39所示。设置画面背景色，勾选“指定画面背景色”，进行设置。

(3)画面的放大及显示比例的设置

①将鼠标箭头移动到页面的右下角，会出现一个双箭头可伸缩画面的标志，按住鼠标左键，进行画面的缩小及放大。

②把鼠标箭头移动到画面内部，单击右键，在弹出菜单中单击“显示比例”，出现子菜单，选择所需的比例。

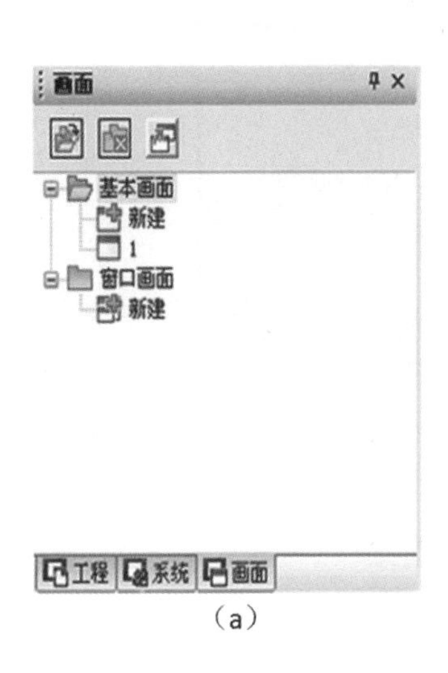

(a)

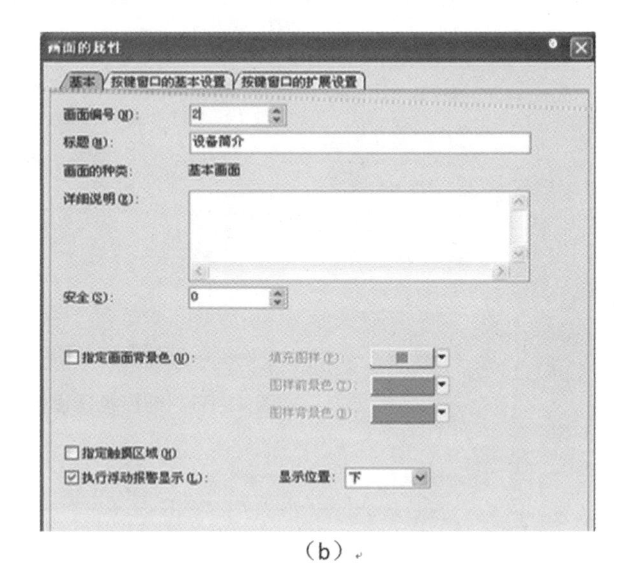

(b)

图 4－38　新建画面

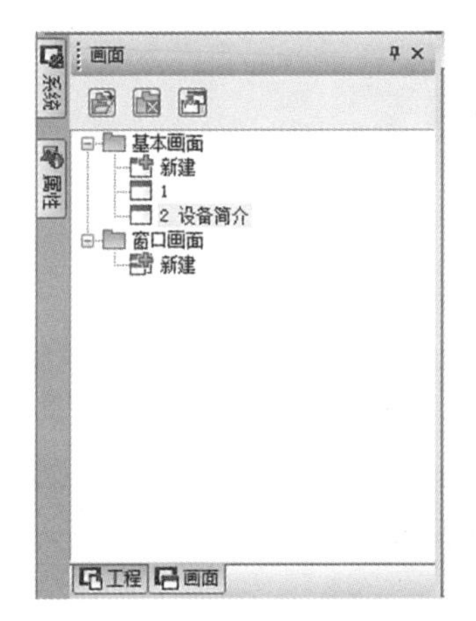

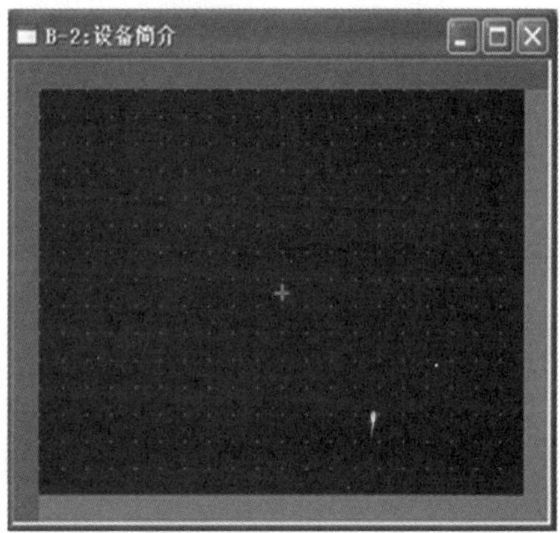

图 4－39　设置画面编号、标题

(4)按钮的制作及状态指示灯的制作

①点击“对象”菜单中“开关”右侧的小三角形,出现“开关”子菜单,如下图 4－40(a)所示。

②单击“位开关”,则鼠标变成“＋”符号,即可用移动鼠标将符号移至需要的位置,按住鼠标左键,拖动鼠标,设置开关的大小。

③对开关按钮进行基本设置,双击开关,打开“位开关”对话框,如图 4－40(b)所示。

4. 位开关定义

(1)位开关软元件定义

根据 PLC 梯形图,在图 4－40(b)中指定对应的软元件并进行动作设置。

(2)位开关样式设置

在图 4 -40(b)所示对话框中点击“样式”标签,则出现如图 4 -41 所示画面,点击“图形”则有常用的 5 种图形可供选择,按下后边的“图形”,则有更多的图形供选择。根据实际需要设置图像属性,如边框色、背景色、开关色、填充图样。

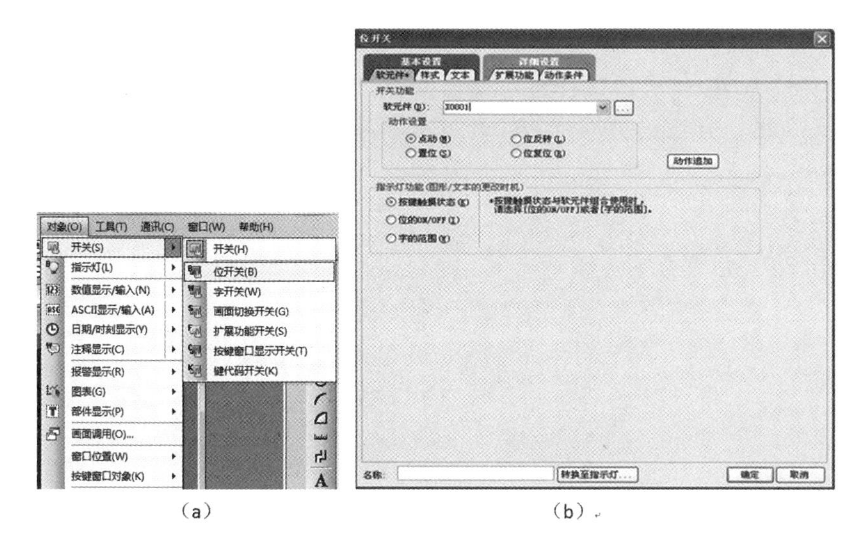

(a)　　　　　　　　(b)

图 4 -40　按钮开关的制作

(3)位开关文本设置

点击“文本”标签,在“字符串”框中填写所需设置的字符,如图 4 -42 所示,“显示公共位置”中的“字体”下拉列表用来设置字体的大小。

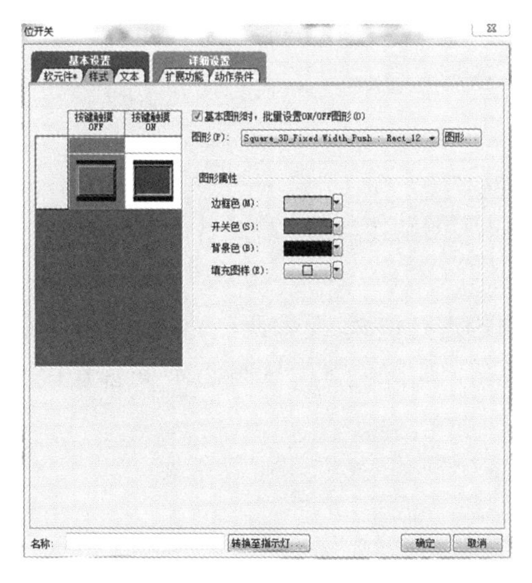

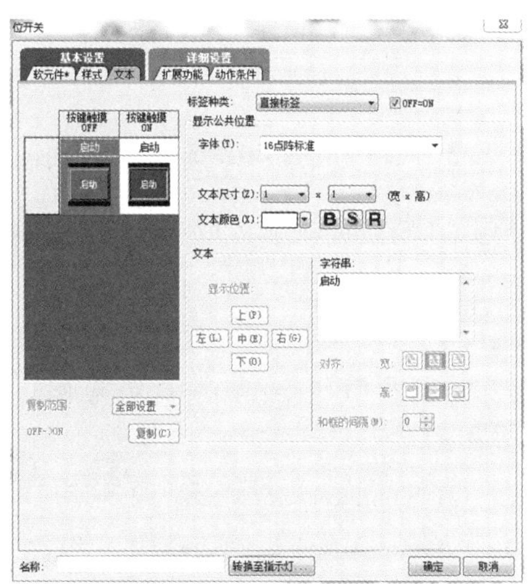

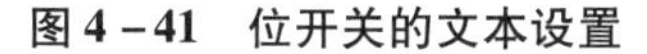
图 4 -41　位开关的文本设置　　　　图 4 -42　位开关的样式设置

(4)画面切换开关的制作

在图4-40(a)中,点击“画面切换开关”,在画面所需位置安置按钮后,双击该按钮出现“画面切换开关”对话框,如图4-43所示,对按钮各个属性进行设置。将“切换画面种类”设置为“基本”,“指定切换到”设置为“固定画面”,画面编号设置为所需按钮切换到的那个画面的编号。样式和文本的设置基本上跟位开关的设置方法一致。

(5)状态指示灯的制作

点击“对象”菜单中的“指示灯”,出现指示灯子菜单,如图4-44所示。点击“位指示灯”,将鼠标移至画面内,进行设置(方法与位开关的设置一致)。

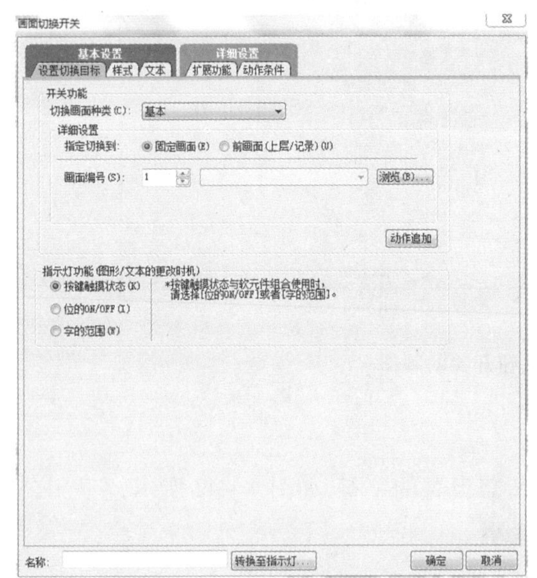

图4-43 “画面切换开关”对话框

图4-44 指示灯子菜单

4.2.2 GT simulator3 的功能用法

使用GT Simulator3可以在计算机上模拟GOT的动作,这样就可以在没有GOT本体的情况下进行工程数据的调试了。一般地,在使用GT Designer3创建工程画面后,需要用GT Simulator3模拟真实的GOT,对所创建的画面等进行调试,模拟调试完成后还必须将GOT与可编程控制器CPU相连接进行常规调试。未使用实际机器进行调试时,可能会因为误输出、误动作而引发事故。

1. GT Simulator3 的画面结构及其基本操作

(1) GT Simulator3 的画面结构

GT Simulator3 的画面结构如图4-45所示,主要包括标题栏、菜单栏、工具栏、状态栏四个部分。GT Simulator3 的下拉菜单如图4-46所示。

(2)GT Simulator3 的基本操作

GT Simulator3 的基本操作页面如图4-47所示。

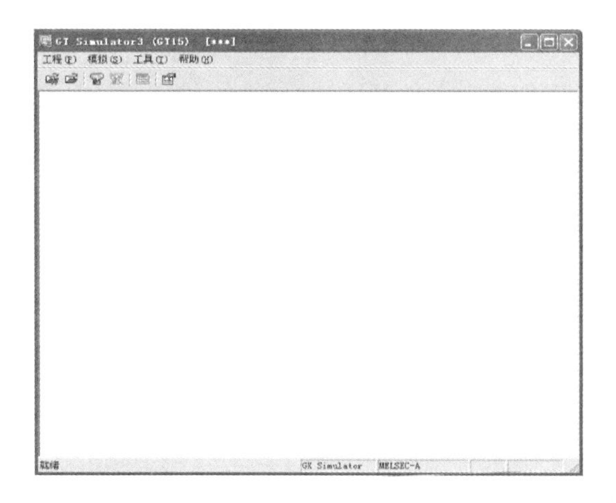

图 4－45　GT Simulator3 的画面结构

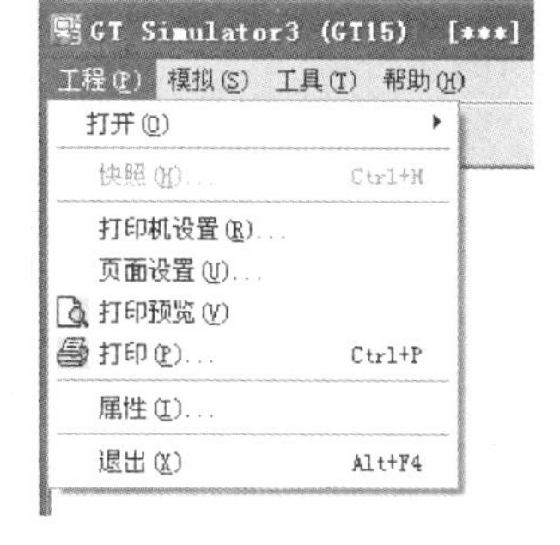

图 4－46　GT Simulator3 的下拉菜单

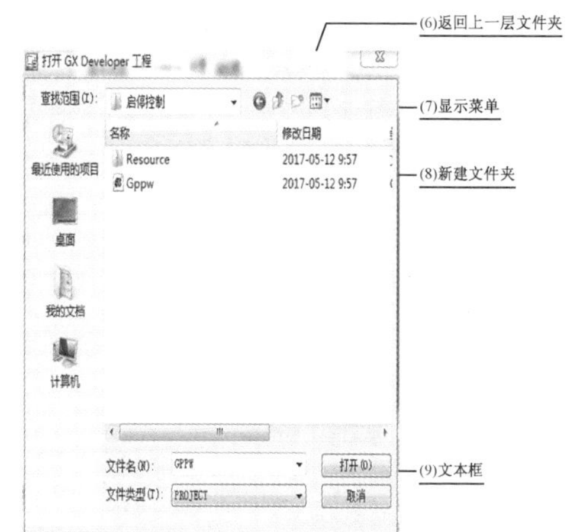

图 4－47　GT Simulator3 的基本操作页面

①页

单击可以切换到所选的设置页面。

②列表框

点击▼ 显示选项后，点击要选择的项目。

③单选按钮

点击要选择的项目前的框。

④选择框

要执行某项目时点击□打上√ 记号。

⑤命令按钮

命令按钮有“确定”“取消”等各种按钮，要执行各个项目时点击。

⑥返回上一层文件夹

显示当前文件夹的上一层文件夹。

⑦显示菜单

可以选择显示当前打开的文件夹中的子文件夹和文件的详细信息或一览表等。

⑧新建文件夹

创建新的文件夹。

⑨文本框

从键盘输入字符。

(3)菜单栏

GT Simulator3 的各菜单展开画面如图 4-47 所示。下面以 GOT1000 系列模拟器的画面为例,对菜单栏中的各项命令进行说明。

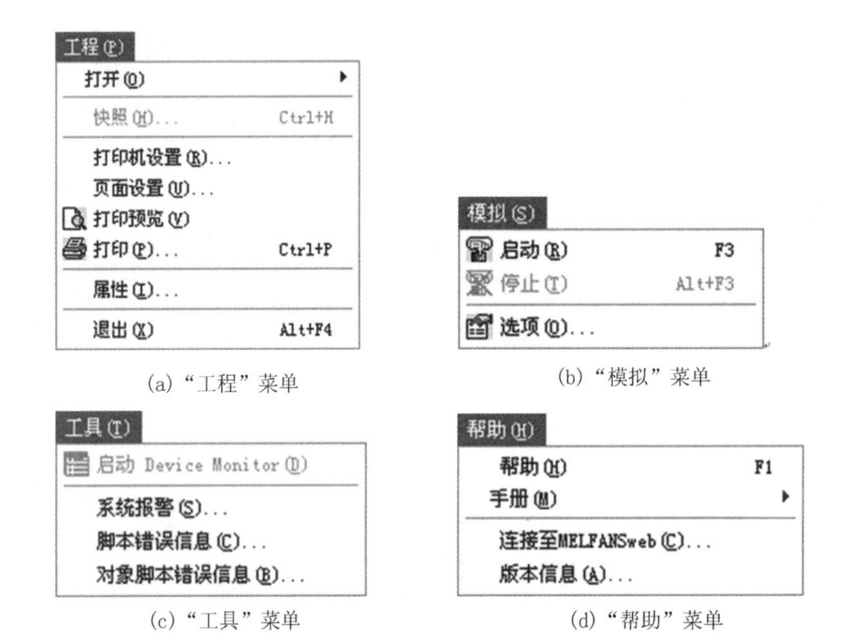

(a)“工程”菜单　(b)“模拟”菜单

(c)“工具”菜单　(d)“帮助”菜单

图 4-48　GT Simulator3 的各菜单展开画面

①工程

“工程”菜单中包含了读取工程数据、快照、打印等相关功能。

②模拟

“模拟”菜单中包含了启动模拟、停止模拟、进行 GT Simulator3 设置的功能。

③工具

“工具”菜单中包含了启动软元件监视、结束软元件监视、显示各错误信息的功能。

④帮助

“帮助”菜单包括了 GT Designer3 帮助、GT Simulator3 相关的 PDF 文件的显示、软件版本的确认等功能。

(4)工具栏

GT Simulator3 的工具栏,由以下六条工具命令组成。

①打开工程,读取要进行模拟的工程数据。

②打开文件,读取要进行模拟的工程数据。

③启动,以上一次模拟的工程数据执行模拟。

④停止模拟。

⑤启动软元件监视。

⑥选项,显示“选项”对话框。

2.　GT Simulator3 的操作方法

(1)GT Simulator 的操作步骤

GT Simulator3 与 GX Simulator 连接时,工程模拟的主要操作步骤如下。

①启动 GX Developer;

②启动 GX Simulator;

③启动 GT Simulator3,选择模拟器;

④设置 GT Simulator3 的“选项”;

⑤打开要进行模拟的工程数据;

⑥通过 GT Simulator3 进行调试,通过软元件监视器对正在模拟的软元件值进行设置、更改,观察画面运行结果;

⑦退出 GT Simulator3。

(2)启动 GT Simulator3

选择模拟器,启动 GT Simulator3。

①通过以下任一方法启动 GT Simulator3。

a. 执行“开始”→“程序”→“MELSOFT 应用程序”→“GT Works3”→“GT Simulator3”命令。

b. 执行 GT Designer3 的“工具”→“模拟器”→“启动” 命令。

但如果 GT Simulator3 已经启动,则无法从 GT Designer3 的菜单中启动。

②弹出“GT Simulator3 主菜单”对话框。

设置如图 4 -49 所示 GOT 的类型项目。不希望下次在 GT Simulator3 启动时显示此对话框的,取消勾选。

③启动 GT Simulator3。

点击 启动 按钮,启动 GT Simulator3。点击 结束 按钮,则不启动 GT Simulator3,关闭此对话框。

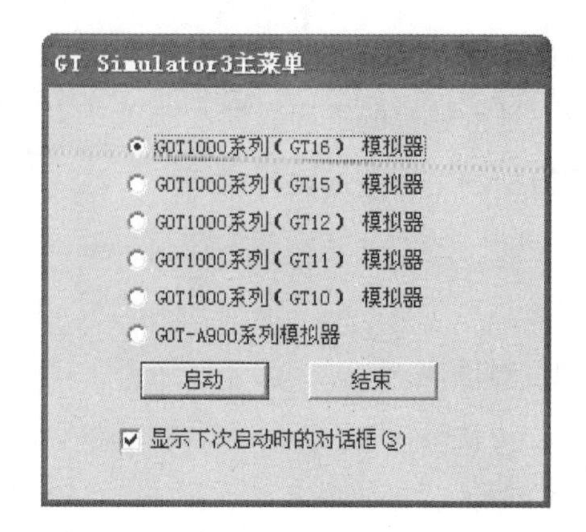

图 4-49 GT Simulator3 主菜单

(3)选项设置

选项设置包括 GT Simulator3 的连接方式、要模拟的 GOT 的种类、所使用顺控程序等项目。

点击(选项),或者执行"模拟"→"选项"命令,或者右击鼠标后选择"选项",都可以弹出"选项"对话框。设置完各个项目之后,点击"确定"按钮。

下面以 GOT1000 系列模拟器为例,对各设置项目进行说明。

①"通信设置"选项卡

"通信设置"选项卡如图 4-50 所示,主要设置连接方式、可编程控制器 CPU 的类型、通信端口、波特率。

②"GX Simulator 设置"选项卡

"GX Simulator 设置"选项卡如图 4-51 所示,主要设置 GX Simulator 所使用的程序、与 GX Simulator2 的连接方式。

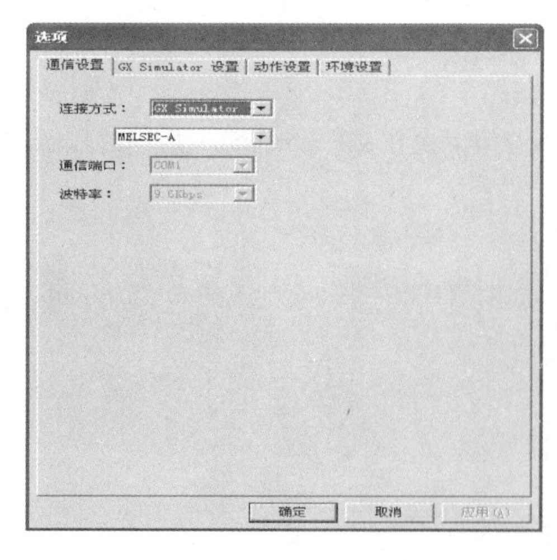

图 4-50 "通信设置"选项卡

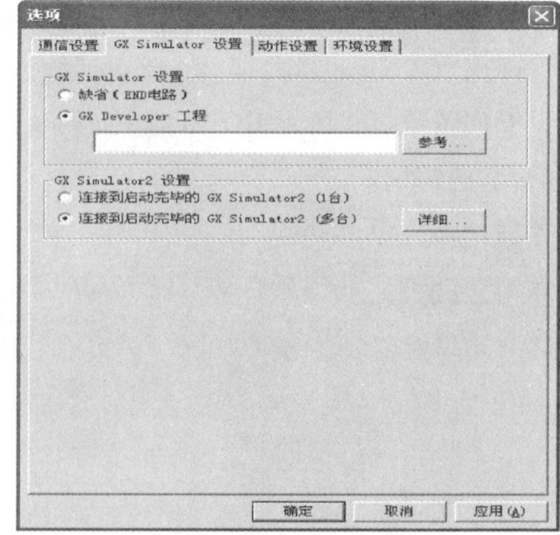

图 4-51 "GX Simulator 设置"选项卡

④“动作设置”选项卡

“动作设置”选项卡如图 4－52 所示，主要设置 GOT 类型、分辨率、字体等。

⑤“环境设置”选项卡

“环境设置”选项卡如图 4－53 所示，主要设置标题栏、结束对话框、主菜单的显示。

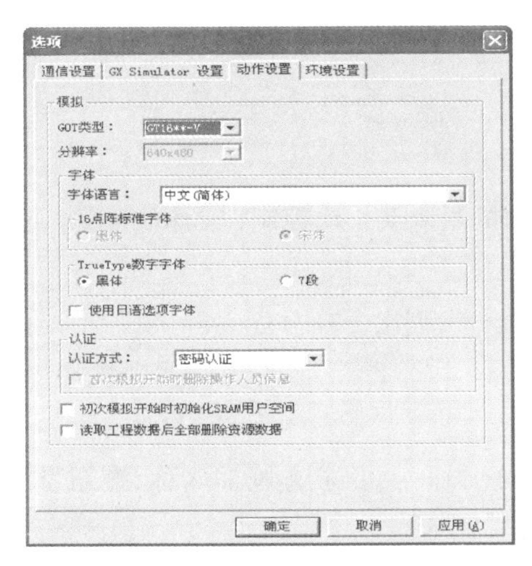

图 4－52　“动作设置”选项卡

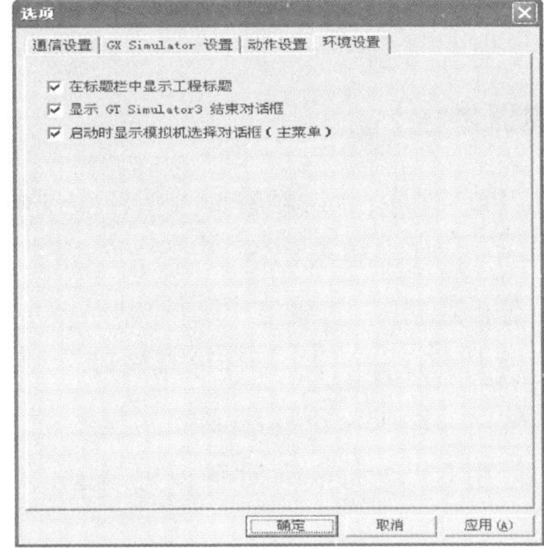

图 4－53　“环境设置”选项卡

(4)执行模拟

如果不指定新的工程，则系统以上一次模拟的工程数据执行模拟。

点击(开始)，或者执行“模拟”→“开始”命令；或者右击鼠标后，选择“开始”，都可以弹出图 4－54 所示执行模拟对话框。根据选项设置的内容，显示的信息也会有所不同。确认显示内容，点击“是”按钮，则进入模拟画面，如图 4－55 所示。

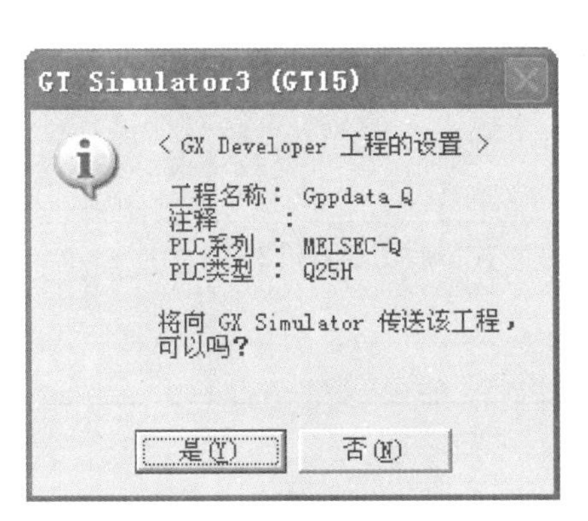

图 4－54　执行模拟对话框

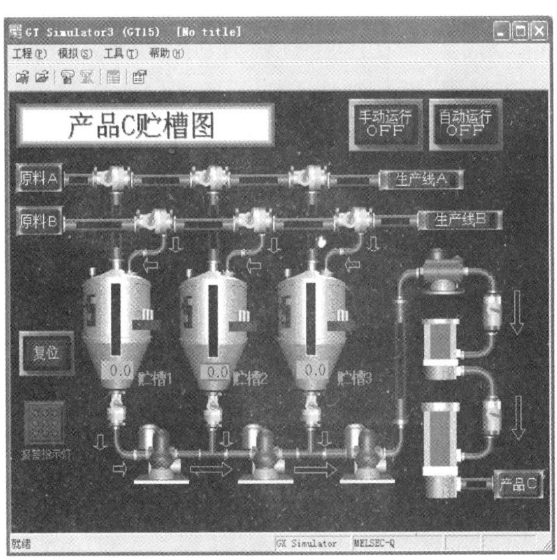

图 4－55　模拟画面

模拟时,GT Simulator3 中 GOT 触摸输入为通过鼠标进行的输入,与 GOT 相比输入范围更窄,所以需要根据输入后的蜂鸣器音确认输入。模拟时,可以使用软元件监视。

(5)退出 GT Simulator3

模拟调试完成后,停止软元件监视。点击(退出),或者执行“工程”→“退出”命令;或者执行“模拟”→“退出”命令,或者点击标题栏的,或者右击鼠标后选择“退出”,即可退出 GT Simulator3 系统。

【实训考核】

编写 PLC 程序,通过触摸屏及按钮实现电动机两地点长动控制,一地为触摸屏,另一地为控制柜按钮,任务要求如下。

(1)分析题目要求,确定 PLC 控制系统 I/O 信号,列出 I/O 分配表;

(2)根据 I/O 分配表,设计该系统硬件电路;

(3)使用 GX Developer 编制控制程序;

(4)使用 GT Designer3 对触摸屏组态,在监视画面上要求有画面名称、按钮及指示灯对象;

(5)使用 GT Simulator3 进行模拟调试,实现题目控制功能。

按表 4-2 进行考核评分。

表 4-2　触摸屏及按钮实现电动机两地点长动控制实训考核表

项目	配分	技能考核标准	扣分	得分
I/O 分配表	10	少列一个信号点扣 1 分		
设计硬件电路	15	(1)主电路(5 分)。 (2)控制电路(10 分)		
PLC 控制程序	15	(1)程序功能(10 分)。 (2)程序变换(1 分)。 (3)程序检查(4 分)		
触摸屏组态	10	(3)画面对象完整(6 分)。 (4)画面布置合理,美观(4 分)		
模拟运行调试	30	不能实现任务功能或部分完成任务功能的,酌情扣 1 ~ 15 分		
实训报告	20	没按照报告要求完成实训报告或内容不正确的,酌情扣 2 ~ 15 分		
合计				

任务3　使用 GT Designer3 绘图

【实训目标】

1. 重点掌握组态软件 GT Designer3 的绘图用法；
2. 能够正确设置通信参数,实现 PC 与触摸屏的通信；
3. 能够对已设计好的组态画面进行模拟仿真和运行调试。

【实训设备】

1. 三菱触摸屏 GT050、PC 及 PLC 各一台；
2. 计算机、触摸屏及 PLC 通信电缆三根；
3. 电源、按钮、开关、接触器等电器元件若干；
4. 连接导线若干；
5. PLC 编程软件 GX developer 及模拟仿真软件 GX Simulator；
6. 三菱触摸屏组态软件 GT Designer3 及模拟仿真软件 GT Simulator 3。

【实训内容】

4.3.1　绘制图形

在对触摸屏组态时,一般需要在画面上绘图。组态软件 GT Designer3 提供了一定的绘图功能。在 GT Designer3 中,可以绘制的图形见表 4－3。

表 4－3　GT Designer3 中可绘制的图形

图形	绘图示例
直线	
折线	
矩形	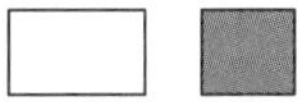
多边形	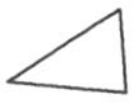
圆形(包括椭圆)	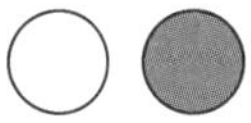
圆弧(包括椭圆弧)	
扇形	

表 4-3(续)

图形	绘图示例
刻度	
配管	

1. 直线

在画面中绘制直线的步骤如下。

(1)选择“图形”→“直线”选项。

(2)在画面中绘制直线,按下鼠标左键,从起点(①)拖动鼠标到终点(②),松开左键直线即绘制完成,如图 4-56(a)所示。按住“Shift”键的同时进行绘图,可以 45°的角度间隔进行绘图,如图 4-56(b)所示。

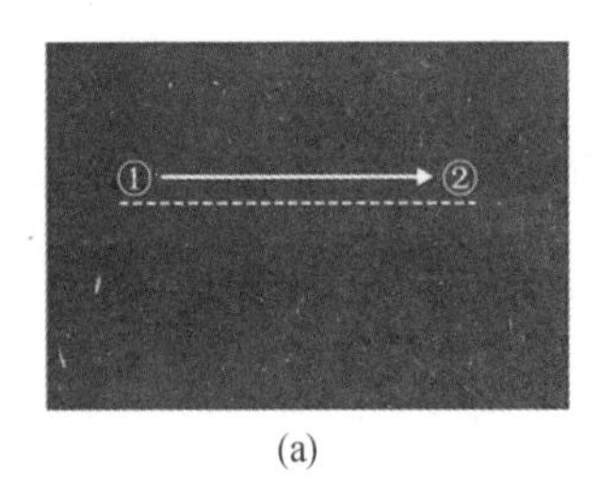

(a)

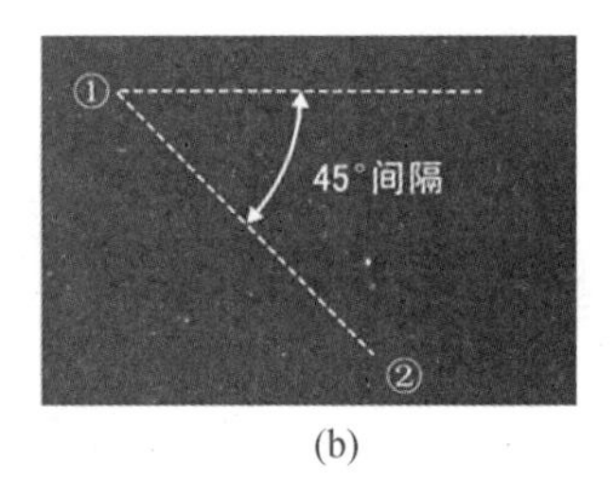

(b)

图 4-56 绘制直线

(3)显示对话框。

双击要进行设置的直线,打开“直线”对话框,如图 4-57 所示。

对其中各选项说明如下。

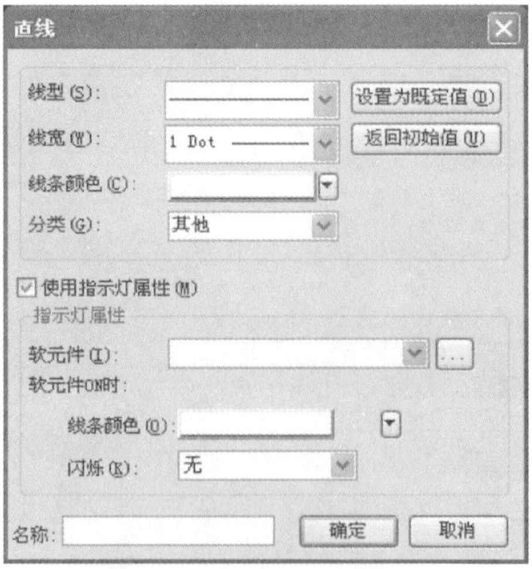

图 4-57 “直线”对话框

①线型:选择直线的线型。

②线宽:选择直线的线宽。当将线宽为“3Dot”以上的图形配置在画面的边缘时,有时该图形可能无法完整显示,可根据需要调整图形的配置位置。

③线条颜色:选择直线的线条颜色。

④分类:在为直线分配分类时选择。可在分类一览表中,按不同目的对图形/对象进行管理和批量更改。

⑤设置为既定值(D):要将当前属性设置为用户用既定值时点击。在将用户设置的属性设置为既定值后,即可连续绘制相同属性的图形。

⑥返回初始值(U):要使设置为既定值的属性恢复到初始设置时点击。

⑦使用指示灯属性:设置指示灯属性时勾选。设置了指示灯属性后,即可像指示灯一样通过位软元件的 ON 来改变图形的颜色。设置了指示灯属性后,将该直线作为对象来处理,在 GT Designer 3 中的显示及动作与对象相同,但没有进行对象 ID 的分配。

⑧软元件:可设置位软元件。

⑨线条颜色:选择位软元件 ON 时显示的线条颜色。

⑩闪烁:选择闪烁速度,可选值有“无”“低速”“中速”“高速”。

⑪名称:在勾选了“使用指示灯属性”时有效。最多可以输入 30 个全角 / 半角字符。

2. 折线

在画面中绘制折线的步骤如下。

(1)选择“图形”→“折线”选项。

(2)在画面中绘制折线,如图 4－58 所示。从起点(①)拖动鼠标到终点(②)绘制直线。在下一条要绘制的直线的终点(③)处点击鼠标。重复操作,在图形绘制的终点处(④)双击鼠标即可结束绘图。

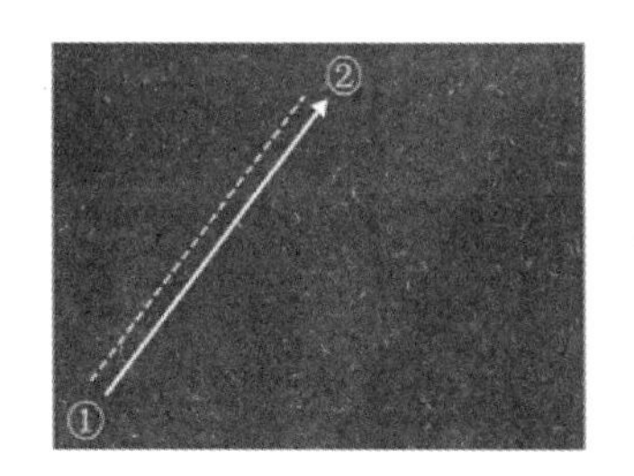

→
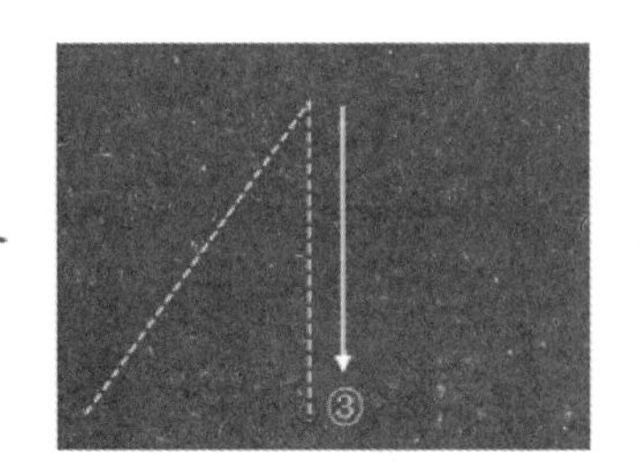

→
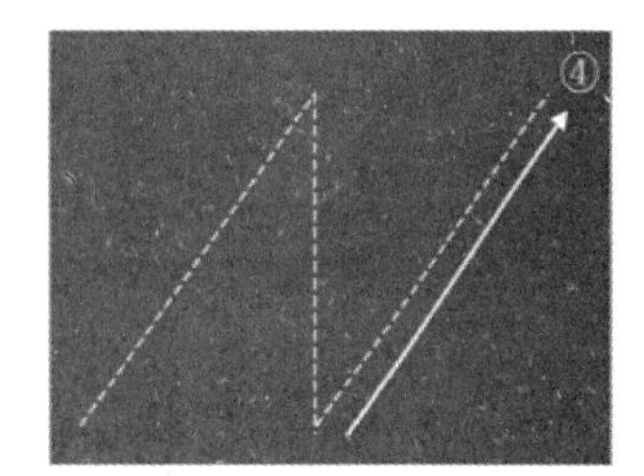

图 4－58 绘制折线

按住“Shift”键的同时进行绘图,可实现以 45°间隔进行绘图。

(3)显示对话框。

双击要进行设置的折线,打开设置对话框。设置的详细内容可参照直线设置的内容。

3. 矩形

在画面中绘制矩形的步骤如下。

(1)选择“图形”→“矩形”选项。

(2)在画面中绘制矩形,从起点(①)拖动鼠标到终点(②),如图 4－59(a)所示。

按住“Shift”键的同时进行绘图,可以绘制正方形,如图 4－59(b)所示。按住“Ctrl”键的同时进行绘图,能够以起点为中心绘制矩形,如图 4 - 59(c)所示。

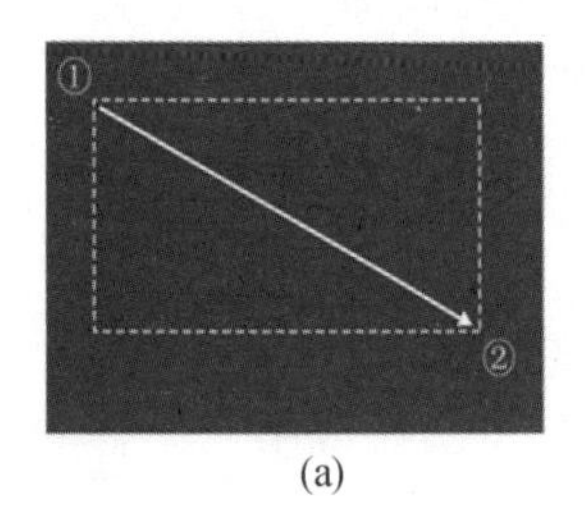

(a)

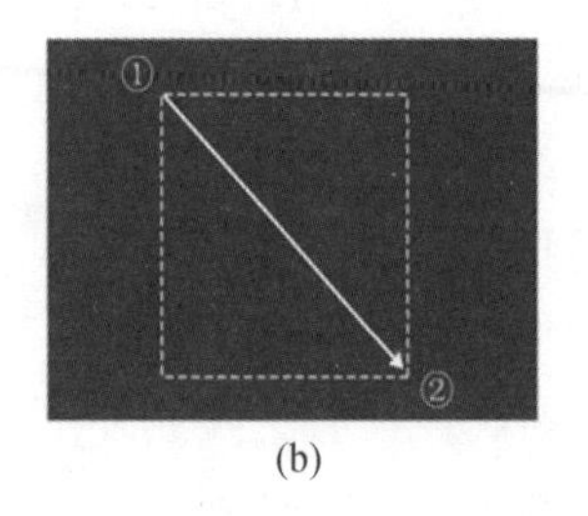

(b)

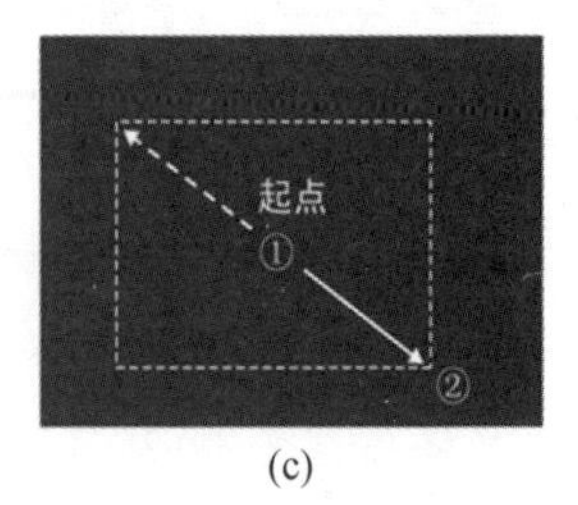

(c)

图 4 - 59　绘制矩形

(3)显示对话框。

双击要进行设置的矩形,打开“矩形”对话框,如图 4 - 60 所示。

对其中各选项说明如下。

①线型:选择矩形的线型。

②线宽:选择矩形的线宽。当将线宽为“3Dot”以上的图形配置在画面的边缘时,有时该图形可能无法完整显示,可根据需要调整图形的配置位置。

③线条颜色:选择矩形的线条颜色。

④填充图样:远择填充图样。

⑤图样前景色:选择填充图样的前景色。

⑥图样背景色:选择填充图样的背景色。

⑦类型:选择矩形的类型,可选值有“通常”“圆角”“倒角”。

⑧半径:选择了圆角和倒角时,设置其半径。

⑨分类:在为矩形分配分类时选择。可按不同目的对图形/对象进行管理和批量更改。

⑩设置为既定值(D):要将当前属性设置为用户用既定值时点击。在将用户设置的属性设置为既定值后,即可连续绘制相同属性的图形。

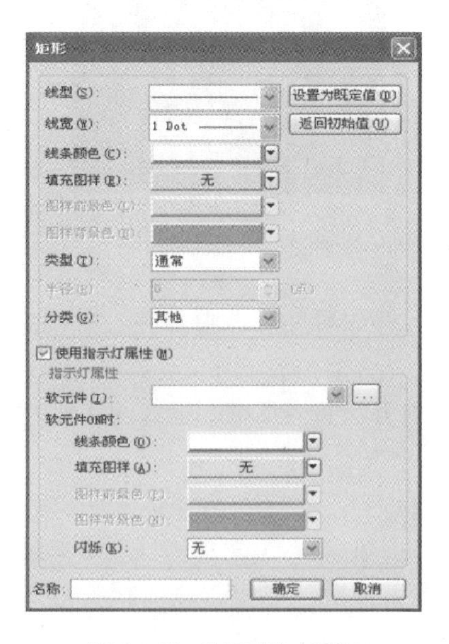

图 4 - 60　“矩形”对话框

⑪返回初始值(U):使设置为既定值的属性恢复到初始设置时点击。

⑫使用指示灯属性:设置指示灯属性时勾选。设置了指示灯属性后,即可像指示灯一样通过位软元件的 ON 来改变图形的颜色。设置了指示灯属性后,将该矩形作为对象来处理。

⑬软元件:可设置位软元件。

⑭线条颜色:选择位软元件 ON 时显示的线条颜色。

⑮填充图样:选择位软元件 ON 时时显示的填充图样。

⑯图样前景色:选择位软元件 ON 时显示的填充图样的前景色。

⑰图样背景色:选择位软元件 ON 时显示的填充图样的背景色。

⑱闪烁:选择闪烁速度,可选值有“无”“低速”“中速”“高速”。

⑲名称:在勾选了“使用指示灯属性”时有效。最多可以输入 30 个全角 / 半角字符。

4. 多边形

在画面中绘制多边形的步骤如下。

(1)选择“图形”→“多边形”选项。

(2)在画面中绘制多边形,如图 4 - 61 所示。从起点(①)拖动鼠标到终点(②)。显示虚线,在下一条边的终点(③)处点击。重复③的操作(④),在图形绘制的终点(⑤)双击即结束绘图。

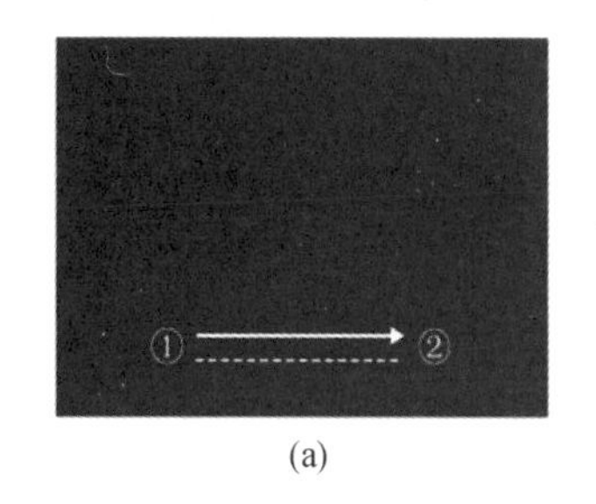

(a)

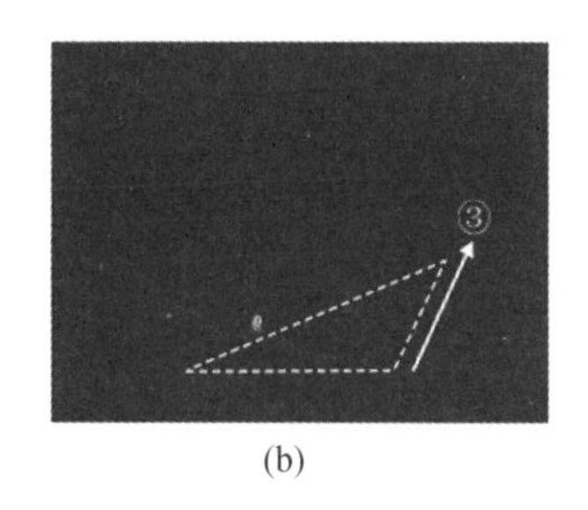

(b)

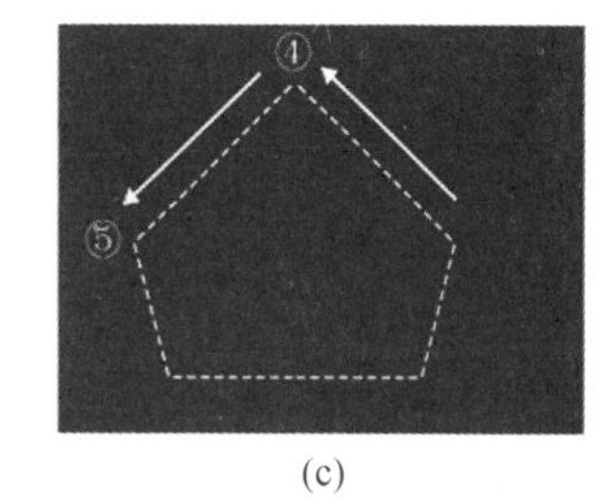

(c)

图 4 - 61　绘制多边形

按住“Shift”键的同时进行绘图,能以 45°的角度间隔进行绘图,如图 4 - 56(b)所示。

(3)显示对话框。

双击要进行设置的多边形,打开设置对话框。设置的详细内容可参照矩形的设置内容。

5. 圆形

在画面中绘制圆形的步骤如下。

(1)选择“图形”→“圆形”选项。

(2)在画面中绘制椭圆形,如图 4 - 62(a)所示。从起点(①)拖动鼠标到终点(②)。

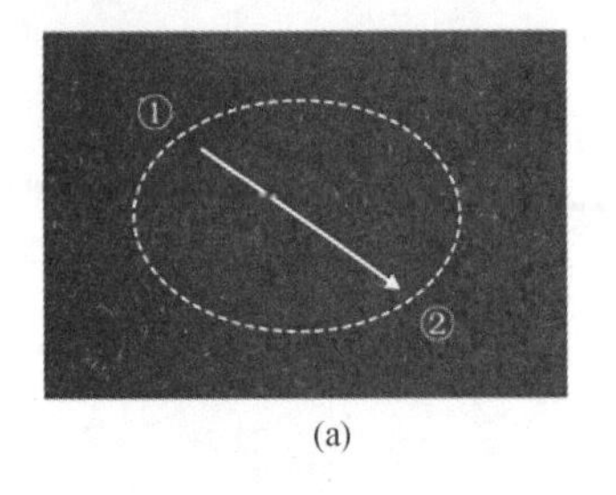

(a)

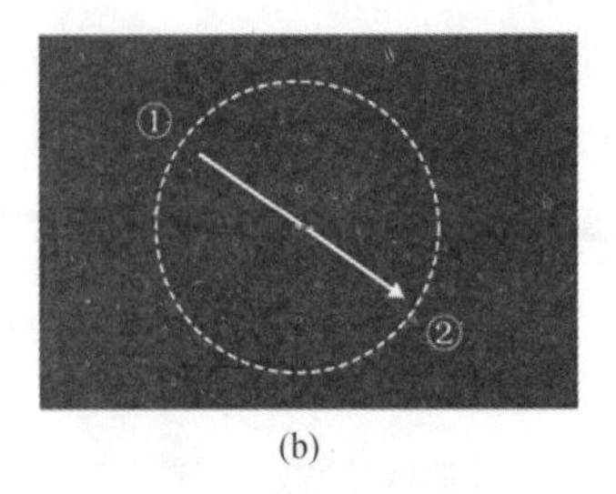

(b)

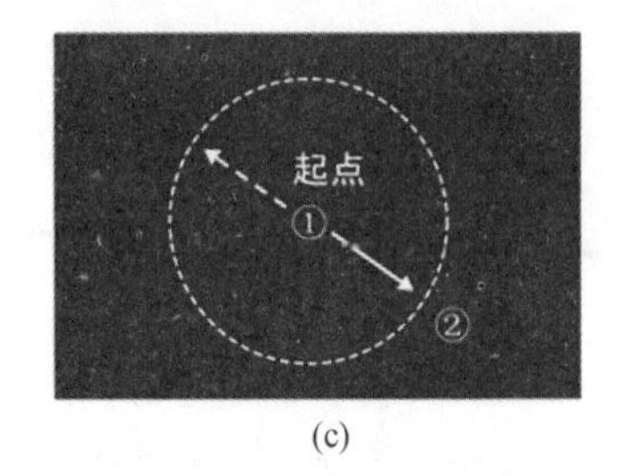

(c)

图 4－62　绘制圆形

按住“Shift”键的同时进行绘图，可以绘制圆形，如图 4－62(b)所示。按住“Ctrl”键的同时进行绘图，可以以起点为中心进行绘制，如图 4－62(c)所示。

(3)显示对话框。

双击要进行设置的圆形，打开设置对话框。设置的详细内容可参照矩形的设置内容。

6. 圆弧

在画面中绘制圆弧的步骤如下。

(1)选择“图形”→“圆弧”选项。

(2)在画面中绘制圆弧，如图 4－63 所示。

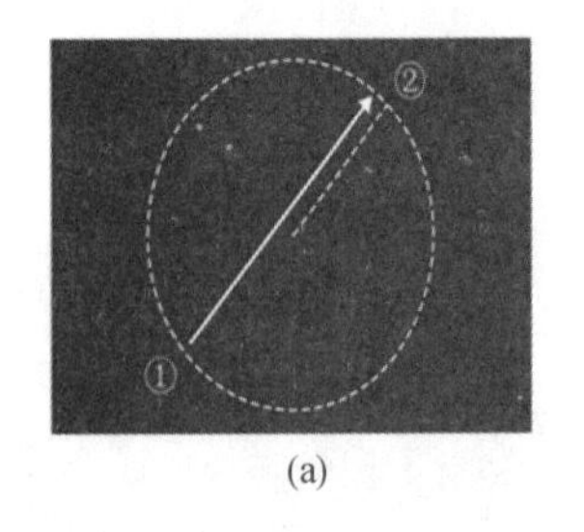

(a)

→

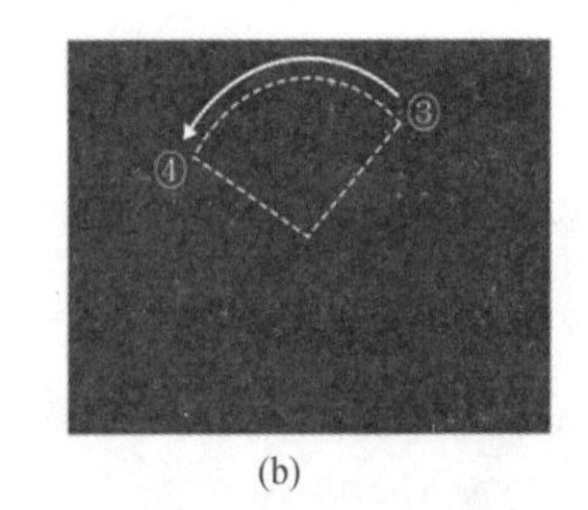

(b)

→

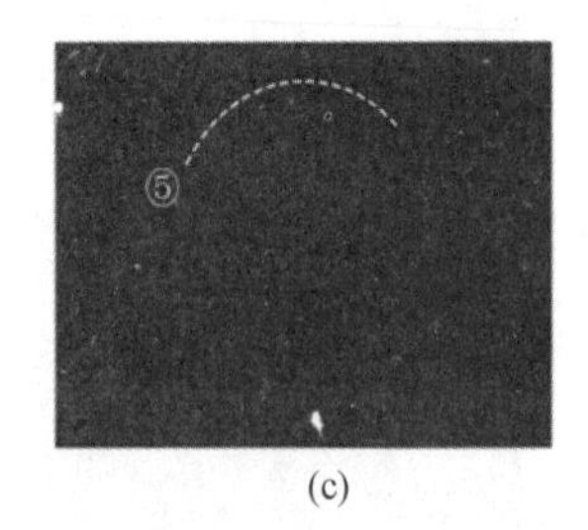

(c)

图 4－63　绘制圆弧

从起点(①)拖动鼠标到终点(②)以决定圆弧的半径，圆内部显示为虚线。点击圆弧起点(③)，并将鼠标移动到终点(④)。在终点(⑤)处点击即可结束绘图。

(3)显示对话框。

双击要进行设置的圆弧，打开设置对话框，如图 4－64 所示。设置的详细内容参照表 4－3。

圆弧/扇形
☑扇形(E)
线型(S):
线宽(W): 1 Dot
线条颜色(C):
填充图样(P):
图样前景色(L):
图样背景色(B):
分类(G): 其他
设置为既定值(D)
返回初始值(U)
确定　取消

图 4－64　“圆弧/扇形”对话框

表 4-3　圆弧的设置

项目	内容
扇形	设置扇形时勾选 勾选时　取消勾选时
线型	选择圆弧／扇形的线型。当“线宽”选择为“1 Dot”以外时，“线型”只可选择直线
线宽	选择圆弧／扇形的线宽
线条颜色	选择圆弧／扇形的线条颜色
填充图样	只有在勾选了“扇形”时，才可以选择填充图样
图样前景色	只有在勾选了“扇形” 时，才可以选择图样前景色
图样背景色	只有在勾选了“扇形” 时，才可以选择图样背景色
分类	在为圆形／扇形分配分类时选择。按不同目的对图形/对象进行管理和批量更改
设置为既定值(D)	要将当前的属性设置为用户用既定值时点击。在将用户设置的属性设置为既定值后，即可连续绘制相同属性的图形
返回初始值(U)	要使设置为既定值的属性恢复到初始设置时点击

7. 扇形

在画面中绘制扇形的步骤如下。

（1）选择“图形”→“扇形”选项。

（2）在画面中绘制扇形，如图 4-65 所示。

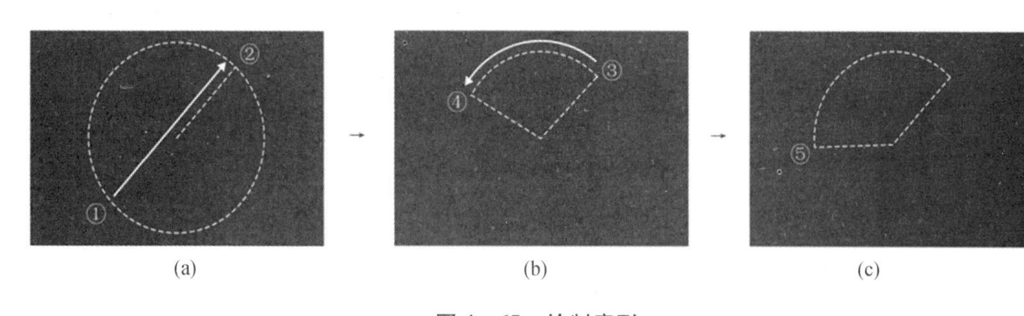

图 4-65　绘制扇形

从起点（①）拖动鼠标到终点（②）以决定圆弧的半径。圆内部显示为虚线。点击圆弧起点（③），并将鼠标移动到终点（④）。在终点（⑤）处点击即可结束绘图。

（3）显示对话框。

双击要进行设置的扇形，打开设置对话框。设置的详细内容可参照圆弧的设置内容。

8. 刻度

在画面中绘制刻度的步骤如下。

(1)选择“图形”→“刻度”选项。

(2)在画面中绘制刻度,从起点(①)拖动鼠标到终点(②),如图4－66所示。

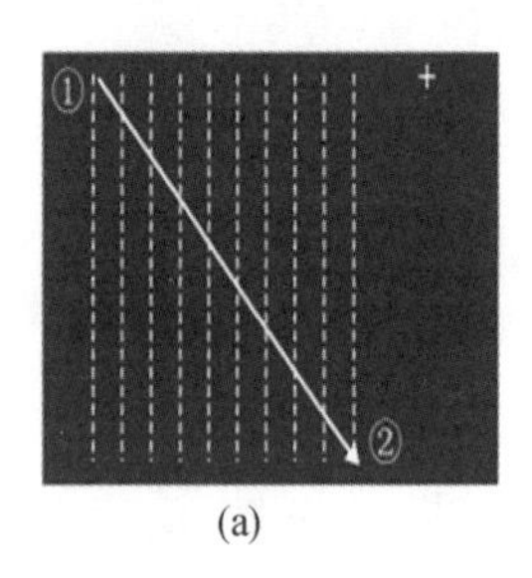

(a)

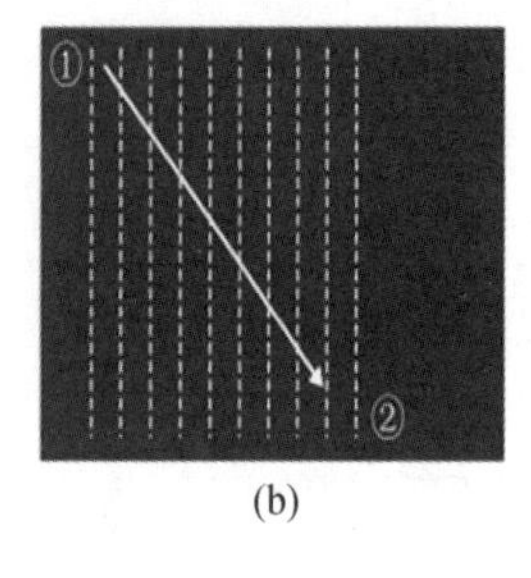

(b)

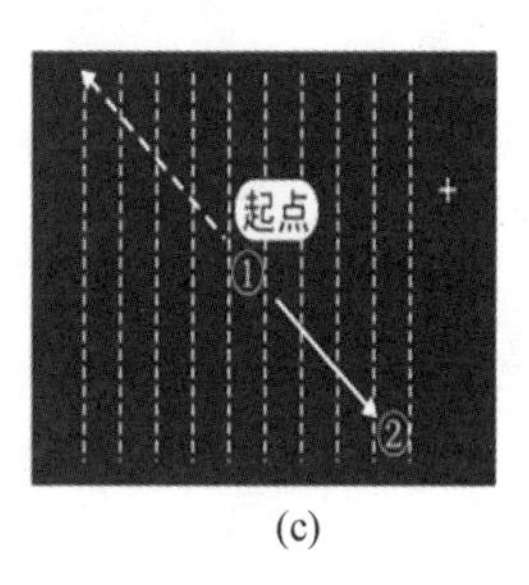

(c)

图4－66　绘制刻度

按住“Shift”键的同时进行绘图,可以绘制纵横方向长度相等的刻度,如图4－66(b)所示;按住“Ctrl”键的同时进行绘图,可以以起点为中心进行绘制,如图4－66(c)所示。

(3)显示对话框。

双击要进行设置的刻度,打开“刻度”对话框,如图4－67所示。设置的详细内容参照表4－4。

图4－67　“刻度”对话框

表4－4　刻度的设置

项目	内容
刻度数	设置刻度的线条数目(2～255)
方向	选择刻度的方向 横:　　　纵:

表 4 -4(续)

项目	内容
中心线	选择与刻度线垂直相交的中心线的位置 中央: 无:
线型	选择刻度的线型
线宽	选择刻度的线宽。当将线宽为“3Dot”以上的图形配置在画面的边缘时,有时该图形可能无法完整显示。根据需要调整图形的配置位置
线条颜色	选择刻度的线条颜色
分类	在为刻度分配分类时选择。按不同目的对图形/对象进行管理和批量更改(分类一览表)
设置为既定值(D)	要将当前的属性设置为用户用既定值时点击。在将用户设置的属性设置为既定值后,即可连续绘制相同属性的图形
返回初始值(U)	要使设置为既定值的属性设置恢复到初始设置时点击

9. 配管

在画面中绘制配管的步骤如下。

(1)选择“图形”→“配管”选项。

(2)在画面中绘制配管,如图 4 -68 所示。

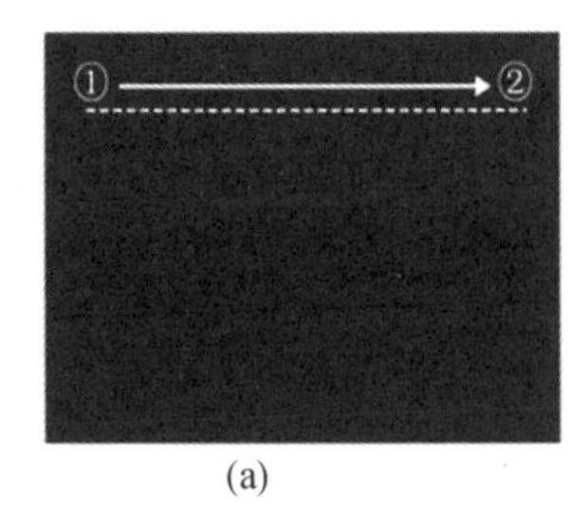

(a)

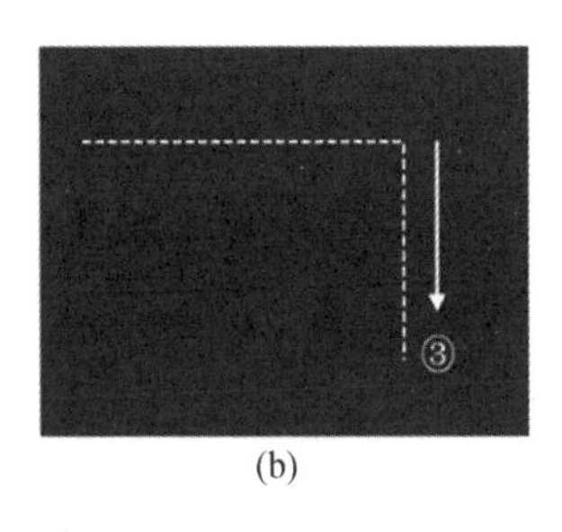

(b)

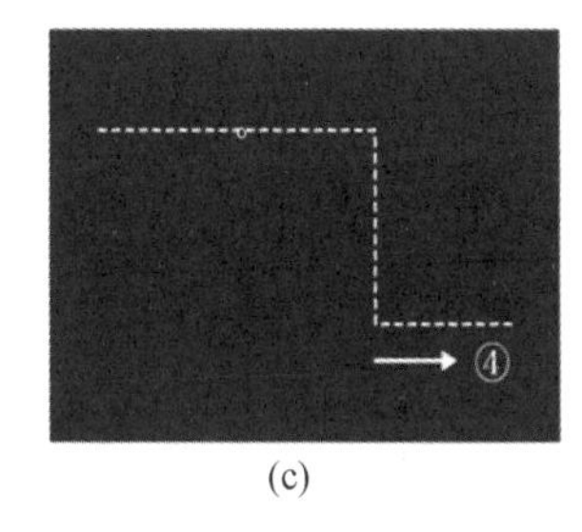

(c)

图 4 -68 绘制配管

从起点(①)拖动鼠标到终点(②)。在下一条要绘制的直线的终点(③)处点击鼠标。重复操作,在图形绘制的终点处(④)双击鼠标即可结束绘图。

按住“Shift” 键的同时进行绘图可以以 45°的角度间隔进行绘图,如图 4 -56(b)所示。

绘制配管时,在设置了第 100 个顶点时,显示提示消息,确定编辑。根据不同的配管宽度、角度,有时可能无法绘制配管。

(3)显示对话框。

双击要进行设置的配管,打开“配管”对话框,如图 4 -69 示。设置的详细内容参照表4 -5。

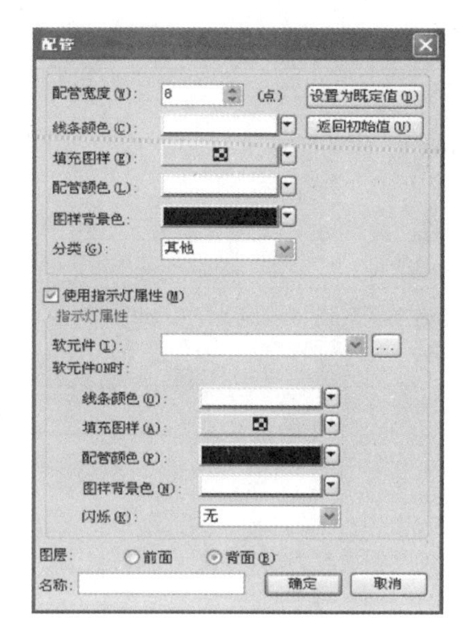

图 4-69 “配管”对话框

表 4-5 配管的设置

项目	内容
配管宽度	以点为单位设置配管的宽度,可设置数值范围是 3~100
线条颜色	选择配管的线条颜色
填充图样	选择配管的填充图样
配管颜色	选择配管的颜色
图样背景色	选择配管的图样背景色
分类	在为配管分配分类时选择
设置为既定值(D)	要将当前的属性设置为用户用既定值时点击。在将用户设置的属性设置为既定值后,即可连续绘制相同属性的图形
返回初始值(U)	要使设置为既定值的属性设置恢复到初始设置时点击
使用指示灯属性	设置指示灯属性时勾选。设置了指示灯属性后,即可像指示灯显示一样通过位软元件的 ON 来改变图形的颜色。设置了指示灯属性后,该配管将作为对象来处理
软元件	设置位软元件
线条颜色	选择配管的线条颜色。选择位软元件 ON 时显示的线条颜色。
填充图样	选择位软元件 ON 时显示的填充图样。
配管颜色	选择位软元件 ON 时显示的填充图样的显示颜色。
图样背景色	选择位软元件 ON 时显示的填充图样的背景色。
闪烁	选择闪烁速度(无/低速/中速/高速)
图层	切换要配置的图层(前面/背面)
名称	在勾选了“使用指示灯属性”时有效。最多可以输入 30 个全角/半角字符

10. 涂刷

对画面中由线条所包围的区域或多边形进行填充的步骤如下。

(1)选择 “图形”→“涂刷”选项。

将光标移到要进行涂刷的区域中,并在要涂刷的区域中点击,如图 4－70(a)所示。

(2)在弹出的“涂刷”对话框中设置属性,并点击 “确定”按钮,如图 4－70(b)所示。设置的详细内容参照表 4－6。

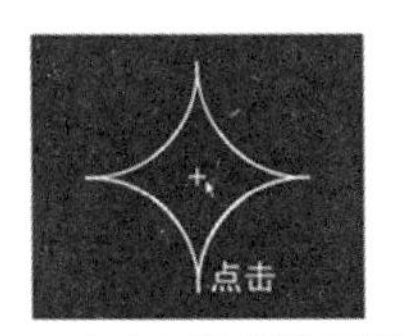

(a)点击要涂刷的区域

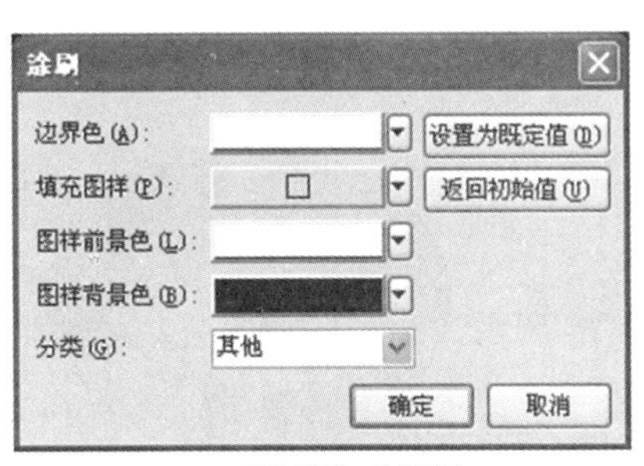

(b)“涂刷” 对话框

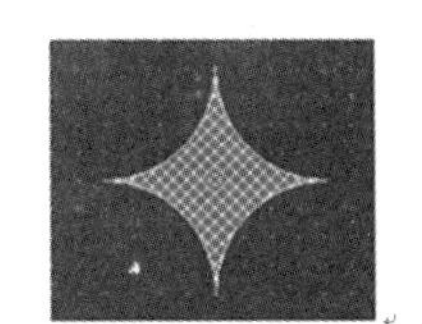

(c)涂刷后的效果果及其标记

图 4－70　涂刷的操作过程

表 4－6　涂刷的设置

	内容
边界色	选择涂刷区域的边界线条的颜色。 此处所设颜色的线条将作为涂刷区域的边界线
填充图样	选择涂刷的填充图样
图样前景色	选择填充图样的前景色
图样背景色	选择填充图样的背景色
分类	在为图形分配分类时选择
设置为既定值(D)	要将当前的属性设置为用户用既定值时点击。下一次属性设置时,将按照设置为既定值的属性内容进行显示。设置为既定值的属性内容在下一次启动时仍被保留
返回初始值(U)	要使设置为既定值的属性设置恢复到初始设置时点击

(3)在点击的位置将显示涂刷标记,并对图形进行涂刷。涂刷后的效果及其标记如图 4－70(c)所示。仅 GT Designer3 中会显示涂刷标记,GOT 上则不会显示。想要编辑涂刷时,双击该涂刷标记。

在涂刷前,须按以下规则绘制要涂刷的区域。

(1)使用实线围起要涂刷的区域,如图 4－71 所示。

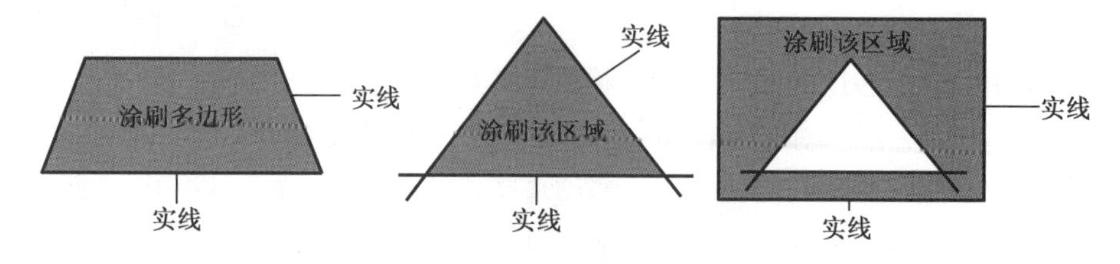

图 4－71　使用实线围起要涂刷的区域

(2)要涂刷的区域的边界线使用相同颜色,如图 4－72 所示。

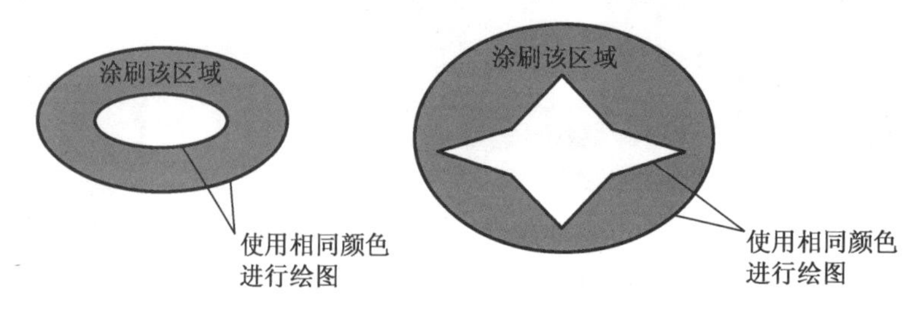

图 4－72　要涂刷的区域的边界线使用相同颜色

要对图形进行涂刷时,需要注意以下事项。

(1)要涂刷的区域的边界线不能有一丝空隙,否则涂刷将会溢出涂刷区域。

(2)如果图形由与背景色相同颜色的线条绘制而成,则无法对该图形进行涂刷。须将要用涂刷填充的图形(边界线)设置为不同于背景色的颜色。

(3)如果涂刷区域使用了图样填充,而图样前景色或图样背景色与边界色相同,有时无法进行涂刷,须改变涂刷位置。

(4)须将要涂刷的图形放置在涂刷标记的背面。如果将图形放置在涂刷标记前面,则图形内的区域无法进行涂刷。

进行涂刷等操作时,有时可能会出现未完全填充的现象。此时,只要进行刷新即可正确显示。如果画面上不显示涂刷标记,则将不进行涂刷,如图 4－73 所示。

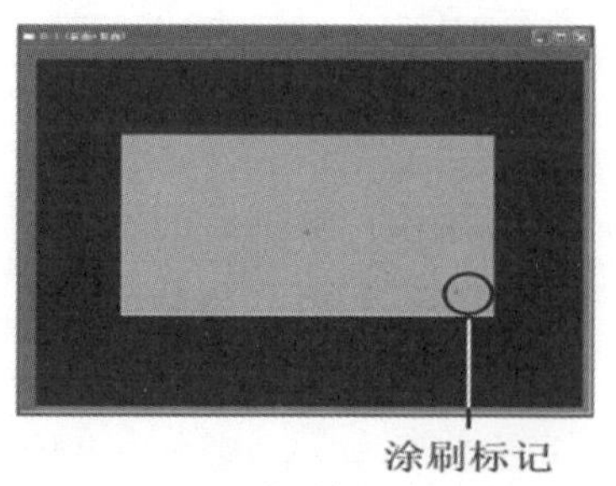

(a) 显示涂刷标记时的情况

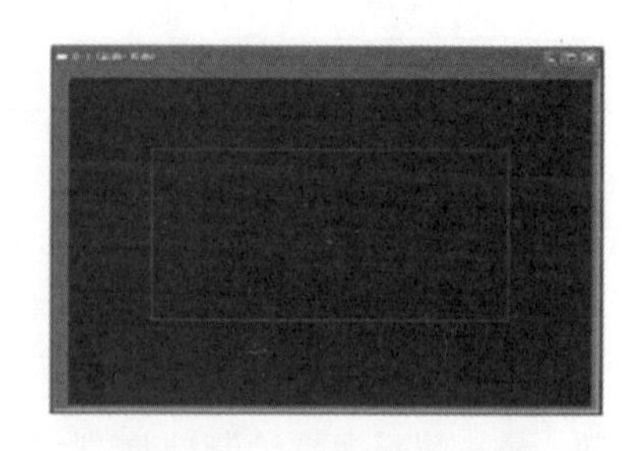

(b) 不显示涂刷标记时的情况

图 4－73　涂刷标记显示的情况

4.3.2　绘制触摸开关

1. 触摸开关的种类及其功能用法

触摸开关包括位开关、字开关、画面切换开关、站点切换开关、扩展功能开关、按键窗口显示开关以及键代码开关。通过设置,可以指定触摸开关完成多个动作。

(1)位开关

执行位软元件的 ON 或 OFF。通过对位开关的设置,可以执行将指定位软元件设为 ON(置位)、OFF(复位)、反转或点动等动作,如图 4-74 所示。

(2)字开关

其功能是更改字软元件的值,如图 4-75 所示。通过对字开关的设置,可以:

① 向指定字软元件写入设置的值(常数);

② 向指定字软元件写入设置字软元件的值(间接软元件);

③ 向指定字软元件写入设置字软元件的值 + 常数(常数 + 间接软元件)。

(3)画面切换开关

其功能是切换基本画面/窗口画面,如图 4-76 所示。通过对画面切换开关的设置可以:

①切换至上次显示的基本画面编号的画面;

②切换至指定的画面编号的画面;

③通过指定位软元件的 ON/OFF,切换至指定画面编号的画面;

④指定字软元件的当前值符合所设置的比较公式时,切换至指定画面编号的画面。

· 触摸后将指定位软元件设为 ON(置位)

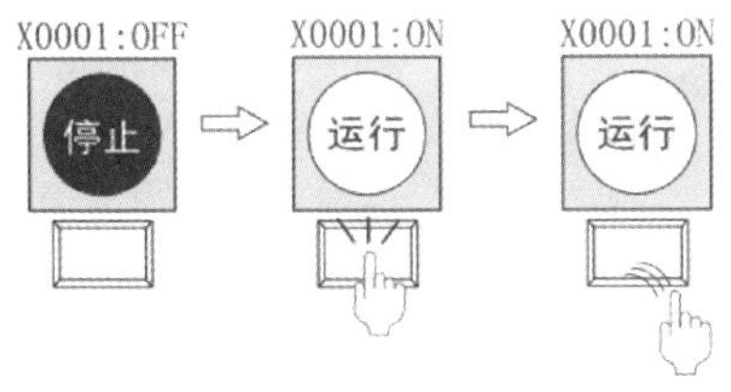

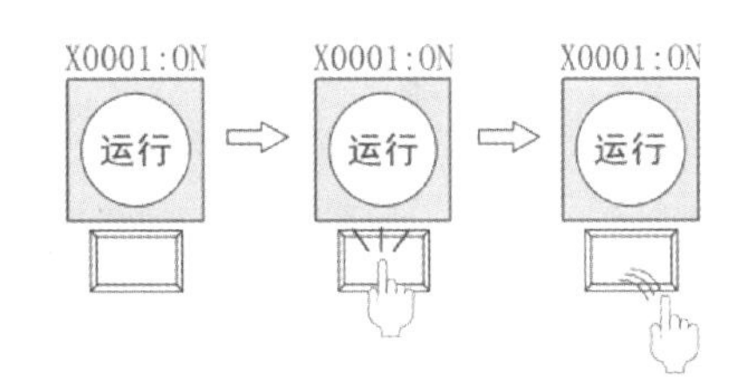

· 触摸后将指定位软元件设为 OFF(复位)

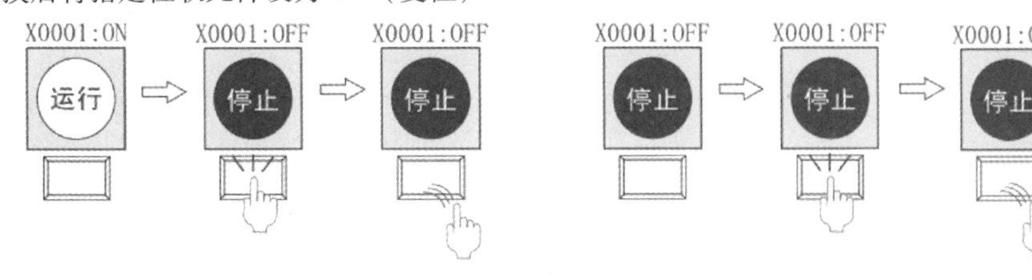

· 每次触摸都反转指定位软元件的 ON / OFF 状态(反转:ON←→OFF)

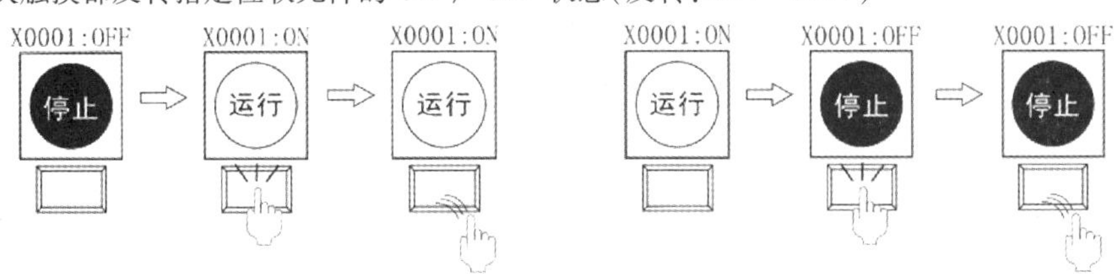

· 仅在开关处于触摸状态中时指定位软元件为 ON(点动)

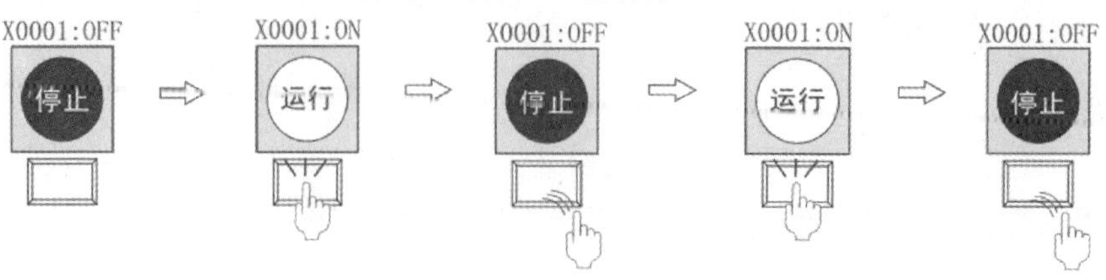

图 4－74　位开关可以完成多种动作

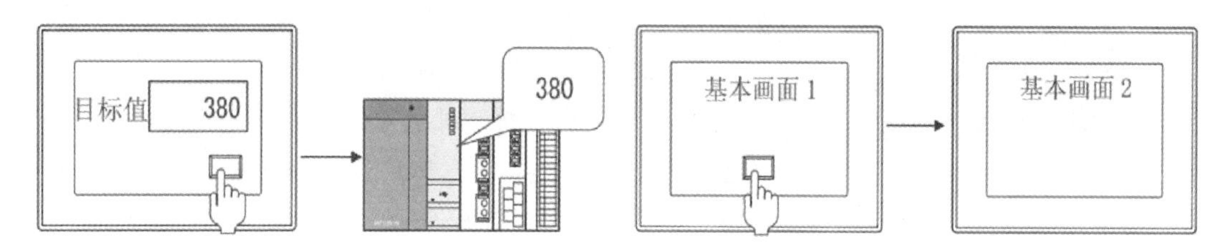

图 4－75　字开关执行的动作　　　　图 4－76　画面切换开关执行的动作

(4)站点切换开关

其功能是将当前监视的对象的软元件切换到其他站点的相同软元件。站点切换开关执行的动作如图 4－77 所示。通过对站点切换开关的设置,可以:

①切换监视目标到指定的站点;

②通过指定位软元件的 ON/OFF 切换监视目标到指定的站点;

③指定字软元件的当前值符合所设置的比较公式时,切换至指定的站点。

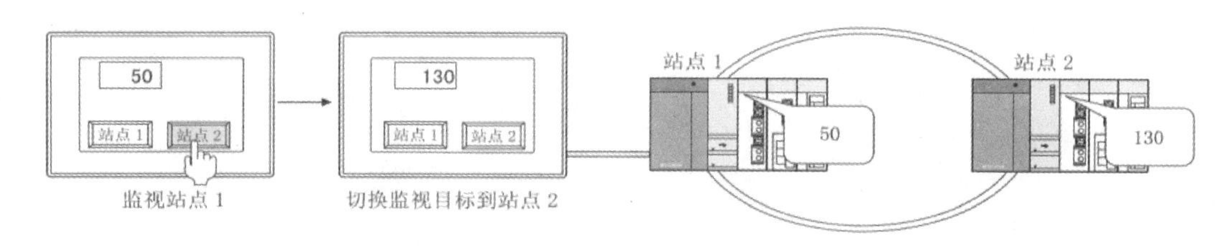

图 4－77　站点切换开关执行的动作

(5)扩展功能开关

扩展功能开关的设置如图 4－78 所示,可以切换至实用菜单、扩展功能、选项功能等的画面。

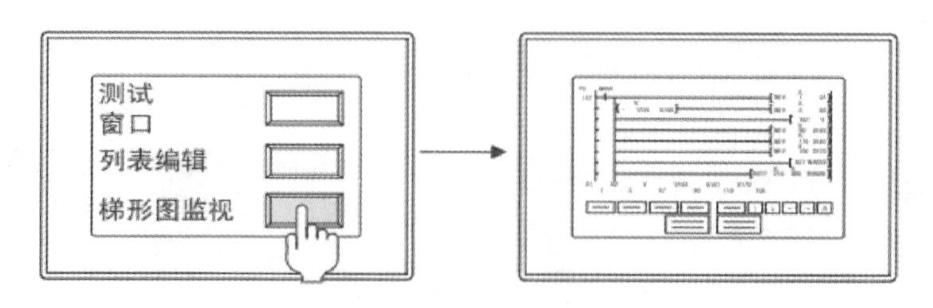

图 4－78　扩展功能开关的设置

(6)按键窗口显示开关

按键窗口显示开关的设置如图4－79所示,使指定的按键窗口显示在指定的位置,或者使光标显示在指定的对象上。

(7)键代码开关

键代码开关的设置如图4－80所示,对数值输入、ASCII输入的按键输入或报警显示、数据列表显示、报警记录、扩展报警进行控制。

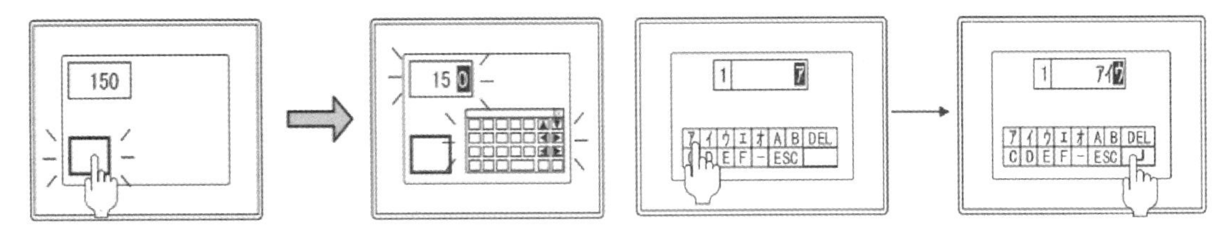

图4－79　按键窗口显示开关的设置　　　　**图4－80　键代码开关的设置**

2. 触摸开关的设置

选择“对象”→“开关”→“开关”选项,在准备配置开关的位置点击即可完成开关的配置,双击已配置的开关,即弹出“开关”对话框,如图4－81所示。开关设置包括基本设置和详细设置两部分。其中,基本设置包括动作设置、样式、文本三项内容,详细设置包括扩展功能、动作条件和脚本三项内容。

(1)“动作设置”选项卡设置

“动作设置”选项卡的项目说明见表4－7。

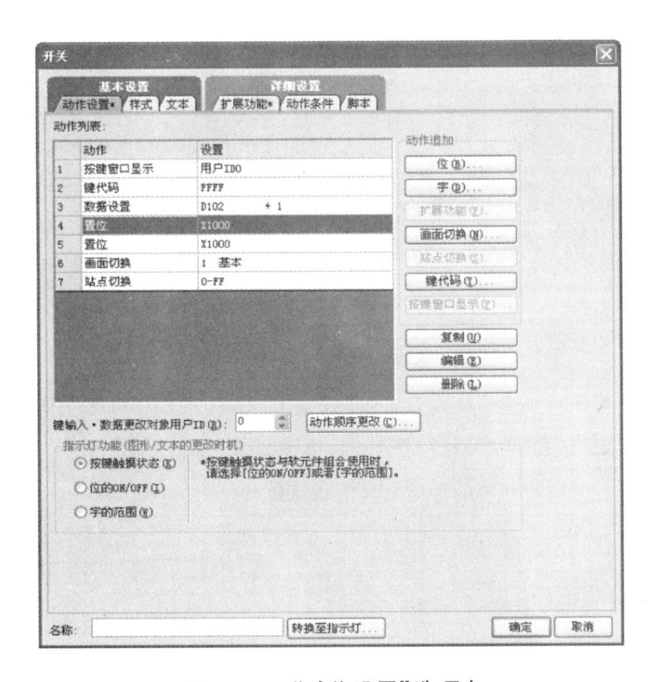

图4－81　“动作设置”选项卡

表 4－7 "动作设置"选项卡项目说明

<table>
<tr><th>项目</th><th colspan="2">内容</th></tr>
<tr><td>动作列表</td><td colspan="2">显示所设置动作的 览表</td></tr>
<tr><td rowspan="8">动作追加</td><td colspan="2">选择要向动作列表中追加的动作</td></tr>
<tr><td>位(B)...</td><td>点击即可将位软元件的 ON/OFF 设置到开关</td></tr>
<tr><td>字(D)...</td><td>点击即可将字软元件值的变更设置到开关</td></tr>
<tr><td>扩展功能(F)...</td><td>点击即可将向实用菜单、扩展功能、选项功能等画面的切换设置到开关</td></tr>
<tr><td>画面切换(N)...</td><td>点击即可将画面切换功能设置到开关</td></tr>
<tr><td>站点切换(S)...</td><td>点击即可将站点切换功能设置到开关</td></tr>
<tr><td>键代码(Y)...</td><td>点击即可设置输入至对象的键的键代码</td></tr>
<tr><td>按键窗口显示(P)...</td><td>点击即可将按键窗口显示设置到开关</td></tr>
<tr><td>复制(U)</td><td colspan="2">从"动作列表"中选择要复制的项目,点击"复制"按钮后,即复制所选的项目并追加到"动作列表"中</td></tr>
<tr><td>编辑(E)</td><td colspan="2">从"动作列表"中选择要编辑的项目,点击"编辑"按钮,即可编辑所设置的内容</td></tr>
<tr><td>删除(L)</td><td colspan="2">从"动作列表"中选择要删除的项目,点击"删除"按钮,即可删除所设置的内容</td></tr>
<tr><td>键输入・数据更改对象用户 ID</td><td colspan="2">为对象(键代码的输入对象)设置指定的 ID(0～65535)</td></tr>
<tr><td>动作顺序更改(C)...</td><td colspan="2">点击即可更改动作顺序</td></tr>
<tr><td rowspan="3">指示灯功能
(图形/文本的
更改时机)</td><td>按键触摸状态</td><td>操作触摸开关时,显示按键触摸 ON 图形。
未操作触摸开关时,显示按键触摸 OFF 图形</td></tr>
<tr><td>位的 ON/OFF</td><td>当在"软元件"中所设置的位软元件为 ON 时,从指示灯 OFF 图形切换到指示灯 ON 图形。选择后,设置软元件</td></tr>
<tr><td>字的范围</td><td>当在"软元件"中所指定的字软元件处于"ON 范围"中所指定的范围内时,从指示灯 OFF 图形切换到指示灯 ON 图形。
选择后,设置字软元件,其数据类型为有符号 BIN16、无符号 BIN16、有符号 BIN32、无符号 BIN32、BCD16、BCD32 及实数。
在设置好指定的字软元件后,点击"范围"按钮,为指示灯 ON/指示灯 OFF 图形设置切换范围</td></tr>
<tr><td>名称</td><td colspan="2">可根据用途来更改设置中的对象的名称,最多可以输入 30 个全角 / 半角字符。
更改后的名称将在 GT Designer3(数据一览表、属性表等)或操作日志中显示</td></tr>
<tr><td>转换至指示灯...</td><td colspan="2">点击即将对象的种类转换为指示灯</td></tr>
</table>

详细说明如下。

①位

在将位软元件的 ON/OFF 动作设置到开关时,设置如图 4－82 所示动作。

a. 软元件:设置写入目标的位软元件。

b. 动作设置:对在触摸时对位软元件执行的功能进行选择,包括点动、位反转、置位及位复位。

②字

在将字软元件的值的变更设置到开关时,设置如图4-83所示动作。

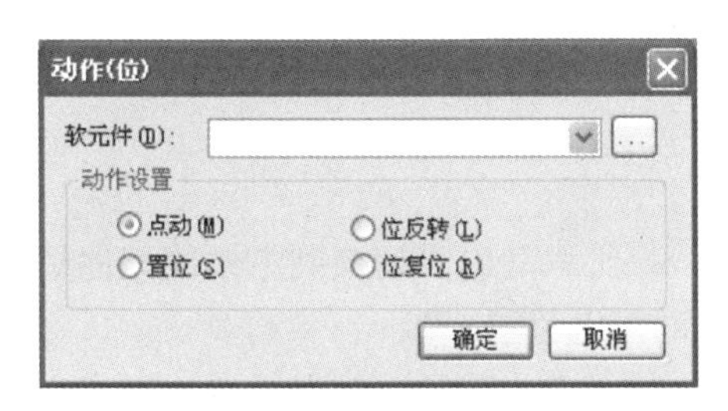

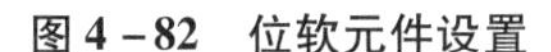
图4-82　位软元件设置

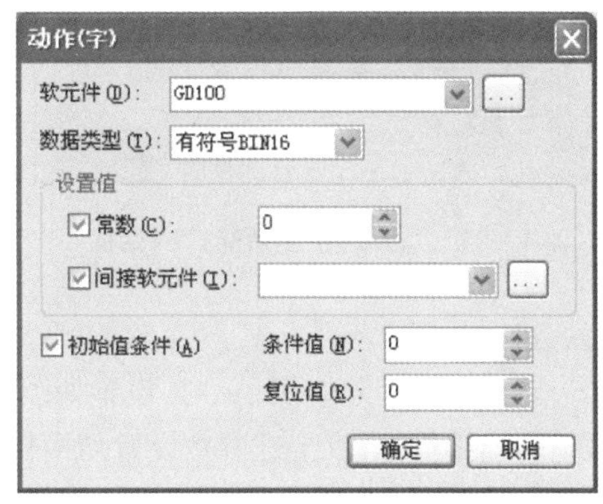

图4-83　字软元件设置

a. 软元件:设置写入目标的字软元件。

b. 数据类型:选择在“设置值”“初始值条件”中设置值的数据类型。可设置的数据类型为有符号BIN16、无符号BIN16、有符号BIN32、无符号BIN32、BCD16、BCD32及实数。

c. 设置值项目是选择向设置软元件中写入的值,此值必须设置。

常数:勾选即可对写入目标字软元件设置常数,常数在-32768~32767范围内取值。

间接软元件:勾选即可对写入目标字软元件设置间接软元件。当常数和间接软元件都被勾选时,常数+间接软元件将被写入字软元件中。

d. 初始值条件:在对“设置值”的“常数”“间接软元件”两者进行了设置后进行设置。当向字软元件中设置的值与在“条件值”中设置的值相同时,“复位值”中所设置的值将被写入字软元件中。

③扩展功能

点击“扩展功能”按钮,即弹出图4-84所示对话框。在该对话框的“动作设置”中,选择要使用的动作。

④画面切换

将画面切换功能设置到开关时,设置如图4-85所示动作。选择切换画面的种类,选择画面切换时的动作。

a. 固定画面:切换到指定的基本画面或固定编号窗口画面。选择后,设置要切换的目标画面编号。点击“浏览”按钮即弹出画面图像对话框,可以确认、设置画面的图像。

b. 前画面(上层/记录):切换到上次显示的基本画面,仅可在切换画面为基本画面时选择。GOT中保存了到目前为止所显示的基本画面编号,因此可以根据记录切换回之前的基本画面(最多10个画面)。

c. 软元件:通过指定软元件的ON/OFF状态或当前值来切换到指定画面。设置好软元件后,点击“详细设置”按钮,进行动作设置。

d. 画面编号:画面切换时,指定对象画面编号。仅可在切换画面为基本画面时选择。

图 4 – 84 “动作(扩展功能)”对话框

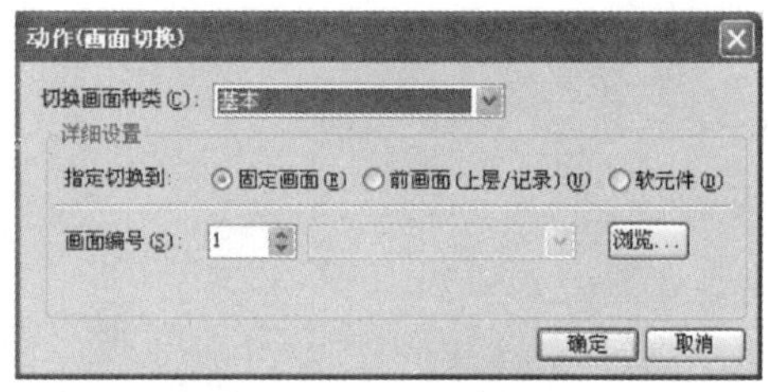

图 4 – 85 画面切换设置

⑤站点切换

将站点切换功能设置到开关时,设置如图 4 – 86 所示动作。切换到本站或其他站点,指监视 GOT 的连接目标,以十进制数设置切换目标的网络号、站号。

a. 软元件:通过指定软元件的 ON/OFF 状态 / 当前值来切换到其他站点时选择。

b. 切换类型:设置切换对象。

工程:在切换站点时选择工程全体。

画面:在切换站点时仅选择指定的画面。在选择“画面”时,设置画面种类,选择切换画面。

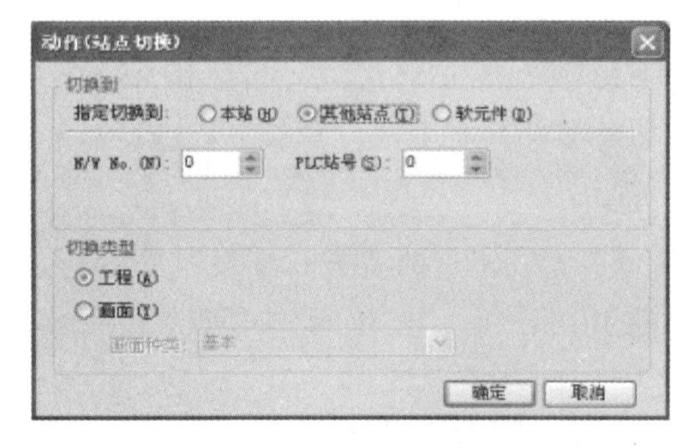

图 4 – 86 站点切换设置

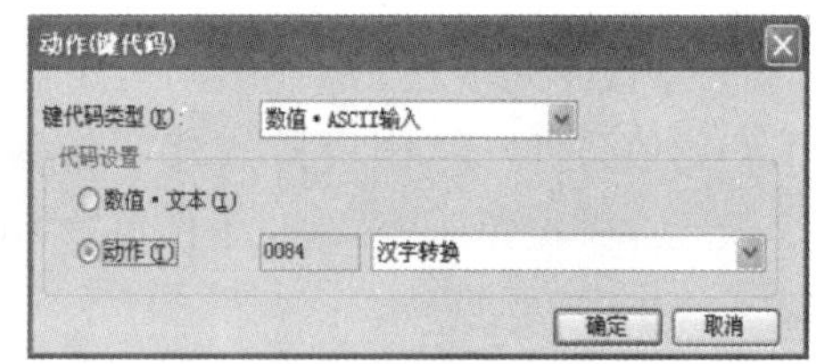

图 4 – 87 键代码设置

⑥键代码

将键代码设置到开关时,设置如图 4 – 87 所示动作。设置键代码类型,包括数值·ASCII 输入、报警·数据列表、记录趋势图表·记录数据列表、文件显示等选择。

a. 数值·文本:勾选即可通过键代码来输入数值·文本。勾选后,输入数值·文本并点击“转换为键代码”按钮,即可自动转换为键代码以进行设置。

b. 动作:勾选即可通过键代码来设置动作。勾选后,选择动作并进行设置。

⑦按键窗口显示

将按键窗口显示设置到开关时,设置如图 4 – 88 所示动作。设置按键窗口的显示位置(左上坐标)。

水平:设置 X 轴坐标,数值在 0 ~ 639 范围内选择。

垂直:设置 Y 轴坐标,数值在 0～479 范围内选择。

图 4－88　按键窗口显示设置

⑧键输入・数据更改对象用户 ID

在通过键代码来操作扩展报警或记录趋势图表时,指定操作对象的用户 ID。如图 4－89 所示,开关的“键输入・数据更改对象用户 ID”和各对象的“用户 ID”须设置相同的数值。

⑨动作顺序更改

要更改动作顺序时,进行如图 4－90 所示设置。按顺序执行图 4－90 中所显示的动作。键代码为最先执行,无法更改其动作顺序。用户可以更改第 3 项以后的动作。操作面板设置时,无法使用。

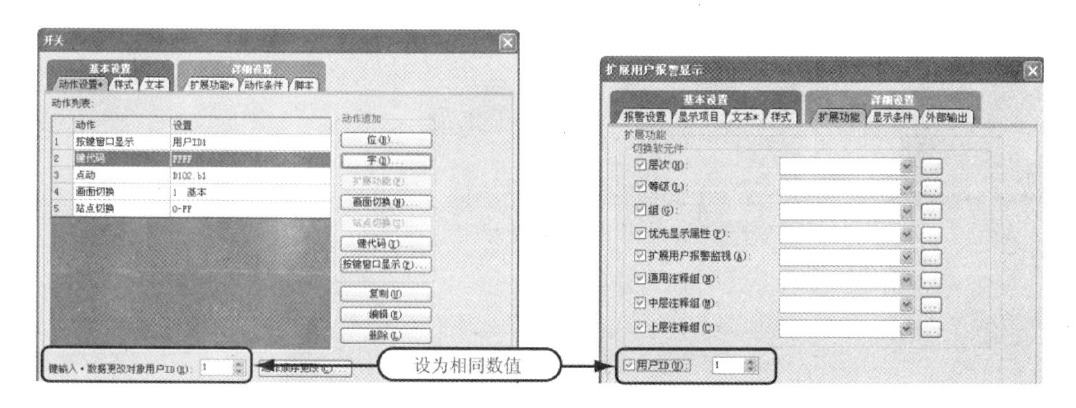

图 4－89　开关的设置和扩展报警的设置

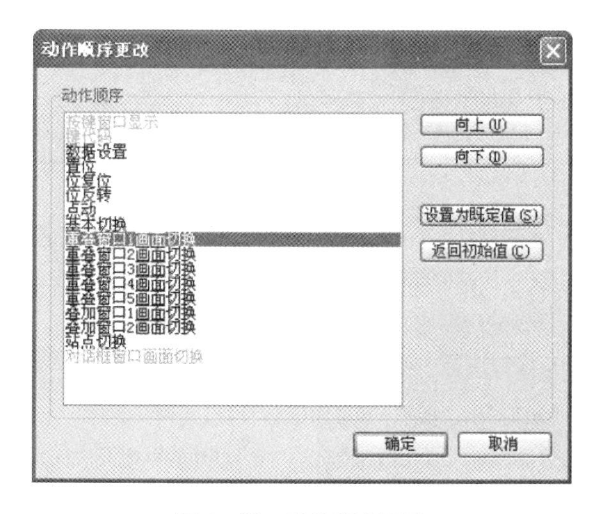

图 4－90　动作顺序更改

[设置为既定值(S)]:点击即所选动作的动作顺序上升一位。

[向上(U)]:将监视目标切换到其他站点时选择。在网络号、PLC 站号中以十进制数设置切换目标的网络号、站号。

[向下(D)]:通过指定软元件的 ON/OFF 状态或当前值来切换到其他站点时选择。在设置软元件之前,选择要监视的软元件的数据格式。设置好软元件后,点击“详细设置”按钮,进行动作设置。

[返回初始值(C)]:点击即令通过“向上”按钮 / “向下”按钮所更改的动作顺序返回到默认状态。

2. “样式”选项卡

“样式”选项卡如图 4 -91 所示,其项目说明见表 4 -8。

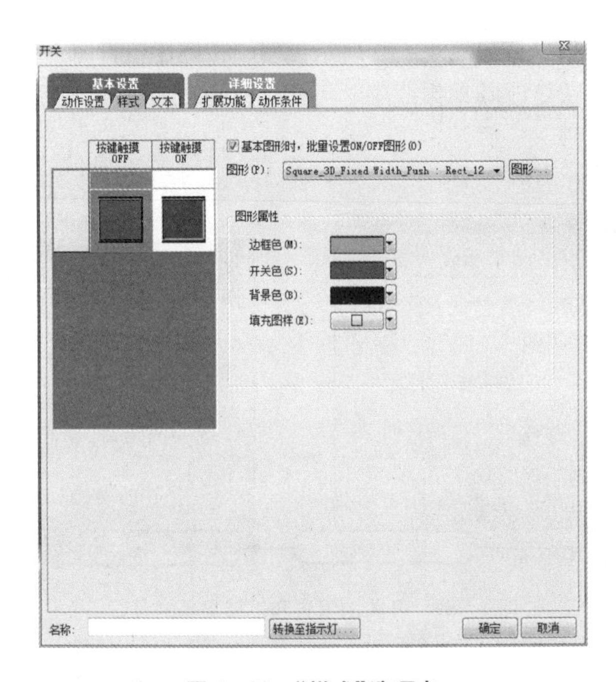

图 4 -91 “样式”选项卡

表 4 -8 “样式”选项卡项目说明

项目	内容
根据按键触摸状态更改图形	在“指示灯功能”中选择了“位的 ON/OFF”或“字的范围”时使用。 勾选即可设置将基于指示灯 ON/指示灯 OFF 的图像切换与基于按键触摸 ON/按键触摸 OFF 的图形切换相互组合的 4 种图像。 在按键触摸 ON/OFF 中可以设置图形的切换,但是无法设置文本的切换
基本图形时,批量设置 ON/OFF 图形	在“图形”中选择了“基本图形”时可以使用。 勾选即可以批量更改除“2 次按下”以外的触摸开关的图形

表 4 -8 （续）

项目	内容	
图形	设置触摸开关图形	
图形属性	边框色	设置触摸开关图形的边框色
	开关色	设置触摸开关图形的指示灯色
	背景色	设置开关图形的背景色和填充图样，填充图样在背景色上以开关色显示
	填充图样	例）背景色 ： 填充图样 ： 开关色 ： 填充图样 + 开关色 背景色
	闪烁	选择触摸开关的闪烁方法（无/低速/中速/高速）
	闪烁范围	选择闪烁范围（图形 + 文本/只有图形）

3."文本"选项卡

"文本"选项卡如图 4 -92 所示。在触摸开关中，通过选择标签种类，可以将基本注释、注释组中所设置的注释作为标签使用。标签种类有直接标签、间接标签（基本注释）以及注释组标签。设置项目因所选择的标签不同而不同。

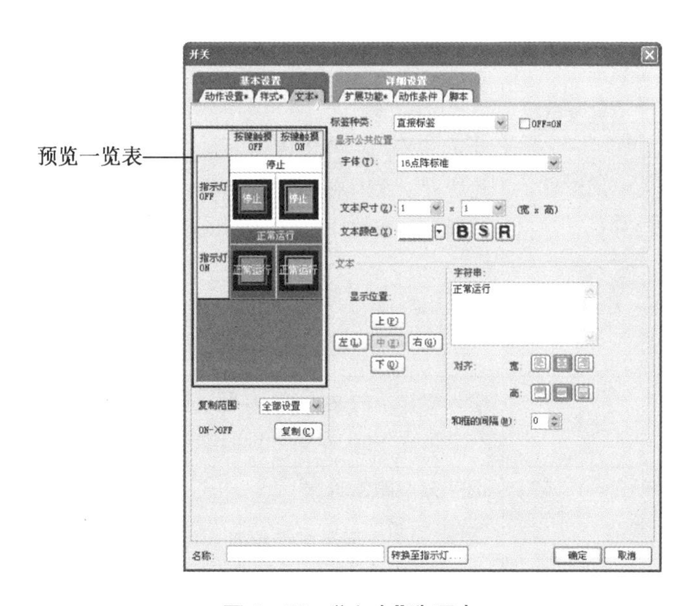

图 4 -92 "文本"选项卡

（1）直接标签

直接标签是指对直接输入显示的文本进行设置。其项目说明见表 4 -9。

表 4-9　直接标签项目说明

<table>
<tr><th>项目</th><th colspan="2">内容</th></tr>
<tr><td>预览一览表</td><td colspan="2">显示 ON / OFF / 2 次按下时的状态。
仅在“扩展功能”选项卡的“延迟”中设置了“2 次按下”时，才会显示 2 次按下时的状态</td></tr>
<tr><td>OFF = ON</td><td colspan="2">勾选时，ON 的设置同 OFF</td></tr>
<tr><td>复制范围</td><td colspan="2">设置复制范围。
全部设置：复制所有的文本设置。仅字符串：仅复制文本</td></tr>
<tr><td>OFF→ON 复制(C)
ON→OFF 复制(C)</td><td colspan="2">复制字符的设置。
OFF→ON 复制(C)：将 OFF 时的设置复制到 ON 时中。
ON→OFF 复制(C)：将 ON 时的设置复制到 OFF 时中</td></tr>
<tr><td rowspan="7">显示公共位置</td><td>字体</td><td rowspan="2">选择显示文本的字体。
6×8 点阵 、12 点阵高质量宋体、16 点阵高质量黑体、
12 点阵标准 、12 点阵高质量黑体、TrueType 宋体、
16 点阵标准 、16 点阵高质量宋体、TrueType 黑体、
笔划 、Windows 字体</td></tr>
<tr><td>文本尺寸</td></tr>
<tr><td>字符集</td><td>选择所指定的字体可以使用的字符集</td></tr>
<tr><td>I U</td><td>选择文本的装饰。
I：将文本设为斜体。U：将文本加下划线</td></tr>
<tr><td>文本颜色</td><td>选择要显示的文本的显示颜色</td></tr>
<tr><td>B S R</td><td>选择文本的显示方式，无法设置多个显示方式。
B：粗体。S：阴影。R：雕刻</td></tr>
<tr><td>阴影色</td><td>设置在文本的显示方式中选择了 S 或 R 时的阴影色</td></tr>
<tr><td rowspan="4">文本</td><td>显示位置</td><td>选择在对象的什么位置显示文本（中 / 上 / 下 / 左 / 右）
上
左 中 右
下</td></tr>
<tr><td>字符串</td><td>输入要显示的文本，最多可以输入 32 个全角 / 半角字符，需要多行显示文本时，在第 1 行的字符最后输入“Enter”键</td></tr>
<tr><td>对齐</td><td>选择文本的位置。
：选择水平位置。：选择垂直位置</td></tr>
<tr><td>和框的间隔</td><td>设置对象的边框和文本之间的间隙为几个点（0～100）
文本
和框的间隔</td></tr>
</table>

(2)间接标签

间接标签是指在要显示的标签中设置基本注释。间接标签除了偏置项目外,其他设置与直接标签相同。偏置是指通过软元件值更改开关上显示文本。

(3)注释组标签

注释组标签是将指通过注释组标签设置的注释作为标签。

4.“扩展功能”选项卡

“扩展功能”选项卡如图4－93所示,其项目说明见表4－10。

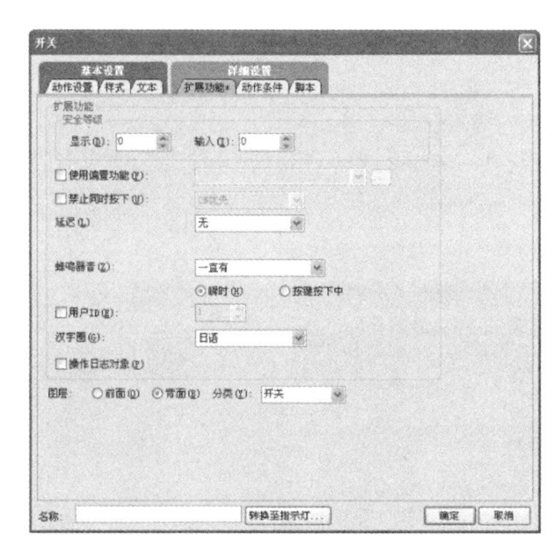

图4－93　“扩展功能”选项卡

表4－10　“扩展功能”选项卡项目说明

项目	内容	
扩展功能	安全等级	使用安全功能时,设置安全等级1～15;不使用安全功能时,设置为0
	使用偏置功能	勾选即设置为对多个软元件进行切换监视。勾选后,设置偏置软元件
	禁止同时按下	勾选即设置为禁止同时按下,选择禁止同时按下时ON优先或OFF优先
	延迟	选择延迟,设置延迟时间1～5。未设置延迟时选择“无”;需要持续按住触摸开关达到设置时间才能ON时,选择“ON”,防止误输入;需要在触摸开关OFF后,再经过设置时间后才OFF时,选择“OFF”,在设置时间内为ON状态;需要在按下1次后,在设置时间内按下第2次后才动作时,选择“2次按下”
	蜂鸣器音	选择当操作触摸开关时,蜂鸣器的鸣响时机。 一直有:触摸时,总是发出蜂鸣音。 动作条件成立时有:仅在动作条件成立时触摸开关时,才发出蜂鸣音。 一直无 :触摸时,不发出蜂鸣音。 选择“一直有”/“动作条件成立时有”时,进行如下设置。 瞬时:仅在操作触摸开关的瞬间发出蜂鸣音时,选择此项。 按键按下中:在按下触摸开关的期间发出蜂鸣音时,选择此项

表 4.10 （续）

项目	内容	
	用户 ID	勾选即可设置用户 ID 编号 1～65535。设置用户 ID 后，可通过操作日志，锁定使用的对象
	汉字圈	选择显示文本的汉字圈
	操作日志对象	勾选即把所设置的对象设置为操作日志对象
图层	切换要配置的图层（前面／背面）	
分类	在为对象分配分类时，选择要分配的分类	

5.“动作条件”选项卡

“动作条件”选项卡如图 4－94 所示。“动作条件”选项卡用来设置显示对象的条件，其项目说明见表 4－11。

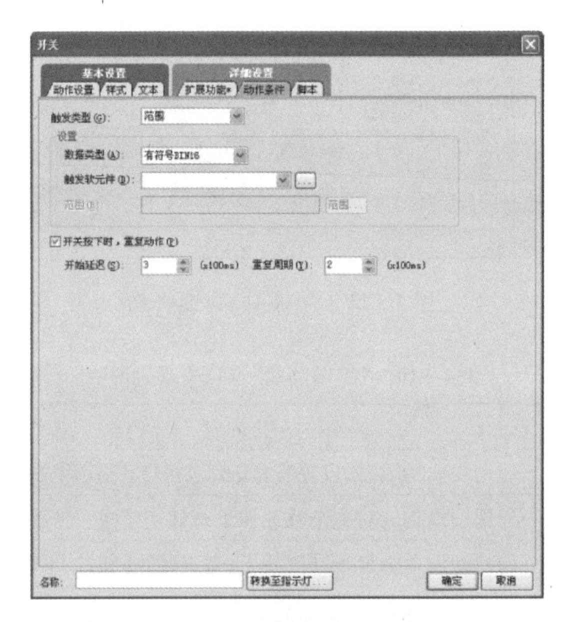

图 4－94 “动作条件”选项卡

表 4－11 “动作条件”选项卡项目说明

项目	内容	
触发类型	选择对象动作条件：通常、ON 中、OFF 中、范围、多位触发	
设置	设置内容因触发的种类而异	
开关按下时，重复动作	在按住触摸开关的期间，需要重复动作时进行设置	
	开始延迟	设置在按下触摸开关后到开始重复动作为止的时间。 设置范围：0.1～2 s（以 0.1 s 为单位，默认为 0.3 s）
	重复周期	设置动作重复的周期。 设置范围：0.1～1 s（以 0.1 s 为单位，默认为 0.2 s）

4.3.3　绘制指示灯

1. 位指示灯的设置

位指示灯通过位软元件的 ON/OFF 来实现亮灯 / 熄灯的功能。其应用功能如图 4 – 95 所示。

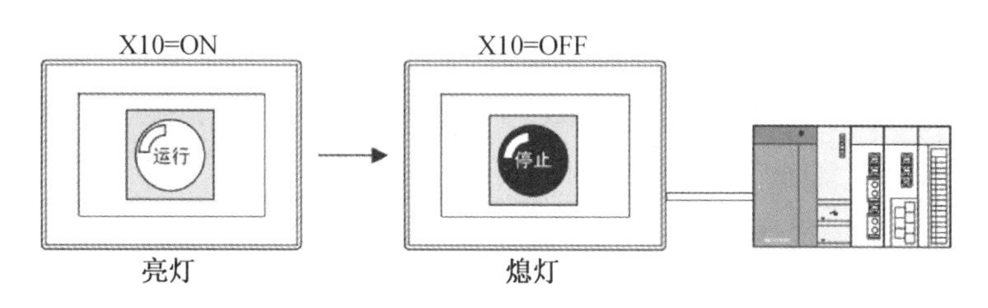

图 4 – 95　位指示灯应用功能

选择“对象”→“指示灯”→“位指示灯”选项，在准备配置位指示灯的位置点击鼠标，即完成位指示灯的配置，双击已配置的位指示灯，即弹出设置对话框，如图 4 – 98 所示。

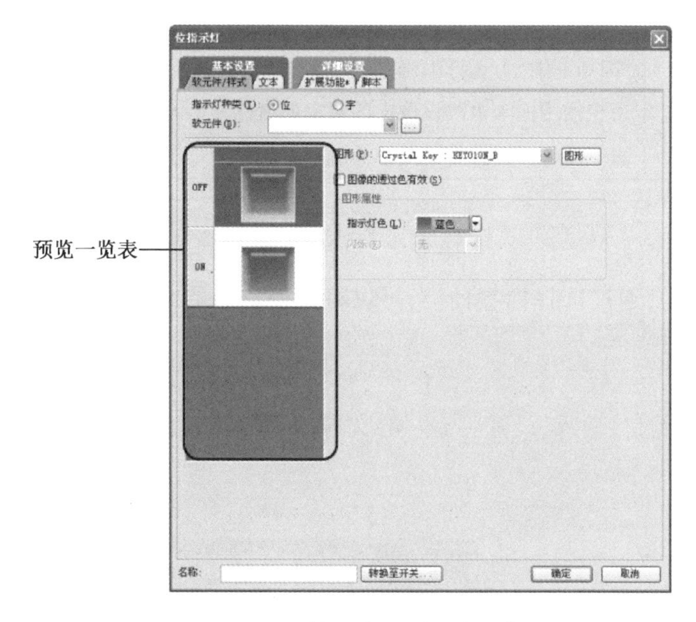

图 4 – 96　“软元件/样式”选项卡

1. “软元件/样式”选项卡

“软元件/样式”选项卡为监视的软元件或监视软元件 ON / OFF 时设置指示灯图形(形状、颜色)。其项目说明见表 4 – 12。

表 4－12 “软元件/样式”选项卡项目说明

项目		内容
指示灯种类		选择指示灯的种类（位／字）
软元件		设置要监视的软元件
预览一览表		对 ON/OFF 分别显示设置的状态
图形		设置指示灯图形
图像的透过色有效		当要使在指示灯图形中设置的图像数据透过色的设置有效时，勾选此项。未勾选时，透过色的设置无效。仅在指示灯图形中设置了部件或库的图形时勾选
图形属性	边框色	选择指示灯图形的边框色
	指示灯色	选择指示灯图形的指示灯色
	背景色	选择指示灯图形的背景色和填充图样。 填充图样在背景色上以指示灯色显示
	填充图样	例）背景色： 填充图样： 指示灯色： 填充图样＋指示灯色 背景色
	闪烁	选择指示灯的闪烁方法（无／低速／中速／高速）
	闪烁范围	选择闪烁范围（图形）
名称		可根据用途来更改设置中的对象的名称
转换至开关...		点击即将对象的类型转换为触摸开关

（2）“文本”选项卡

在位指示灯中，通过选择标签种类，可以将直接输入的文本或通过注释组标签设置的注释作为标签使用。

①直接标签

直接标签是指直接输入、设置要显示的文本，如图 4－97 所示。直接标签设置项目说明见表 4－13。

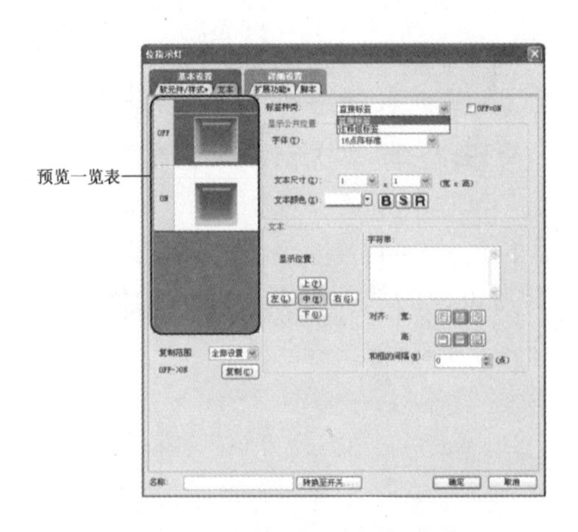

图 4－97 直接标签设置项目

表 4-13 “文本”选项卡项目说明

项目		内容
预览一览表		对 ON/OFF 分别显示设置的状态
OFF = ON		勾选时,ON 的设置同 OFF
复制范围		设置复制范围,全部设置为复制所有的文本设置,仅字符串为仅复制文本
OFF→ON [复制(C)] ON→OFF [复制(C)]		复制字符的设置。 OFF→ON [复制(C)]:将 OFF 时的设置复制到 ON 时中。 ON→OFF [复制(C)]:将 ON 时的设置复制到 OFF 时中
显示公共位置	字体	选择显示文本的字体。
	文本尺寸	6×8 点阵、12 点阵高质量宋体、16 点阵高质量黑体、 12 点阵标准、12 点阵高质量黑体、TrueType 宋体、 16 点阵标准、16 点阵高质量宋体、TrueType 黑体、 笔划、Windows 字体
	字符集	选择所指定的字体可以使用的字符集
	[I][U]	选择文本的装饰:[I]将文本设为斜体;[U]将文本加下划线
	文本颜色	选择要显示的文本的显示颜色
	[B][S][R]	选择文本的显示方式:[B]将文本的显示方式设为粗体;[S]将文本的显示方式设为阴影;[R]将文本的显示方式设为雕刻;无法设置多个显示方式
	阴影色	设置在文本的显示方式中选择了[S]或[R]时的阴影色
文本	显示位置	选择在对象的什么位置显示文本(中/上/下/左/右) 上 左 中 右 下
	字符串	输入要显示的文本,最多可以输入 32 个全角/半角字符,需要多行显示文本时,在第 1 行的字符最后输入“Enter”键
	对齐	选择文本的位置。[左][中][右]选择水平位置;[上][中][下]选择垂直位置
	和框的间隔	设置对象的边框和文本之间的间隙为几个点(0~100) 文本 和框的间隔

②注释组标签

注释组标签是指将通过注释组标签设置的注释作为标签。

(3)“扩展功能”选项卡

“扩展功能”选项卡如图4－98所示,它用来设置安全等级、偏置、汉字圈、图层、分类。其项目说明见表4－14。

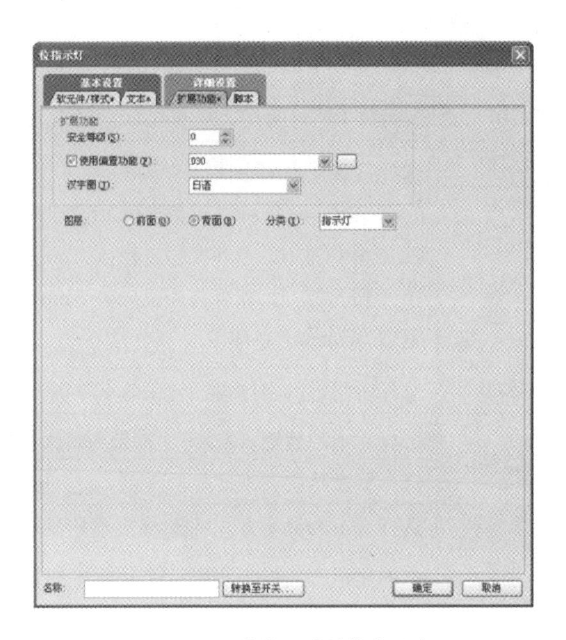

图4－98 “扩展功能”选项卡

表4－14 “扩展功能”选项卡项目说明

项目	内容	
扩展功能	安全等级	使用安全功能时,设置安全等级1～15;不使用安全功能时,设置为0
	使用偏置功能	勾选即设置为对多个软元件进行切换监视。勾选后,设置偏置软元件
	汉字圈	选择显示文本的汉字圈
图层	切换要配置的图层(前面/背面)	
分类	在为对象分配分类时,选择要分配的分类	

2. 字指示灯的设置

可通过字软元件的值来更改指示灯亮灯颜色的功能。字指示灯应用功能如图4－99所示。

选择“对象”→“指示灯”→“字指示灯”选项,在准备配置字指示灯的位置点击鼠标,即完成字指示灯的配置。双击已配置的字指示灯,即弹出设置对话框,如图4－100所示。

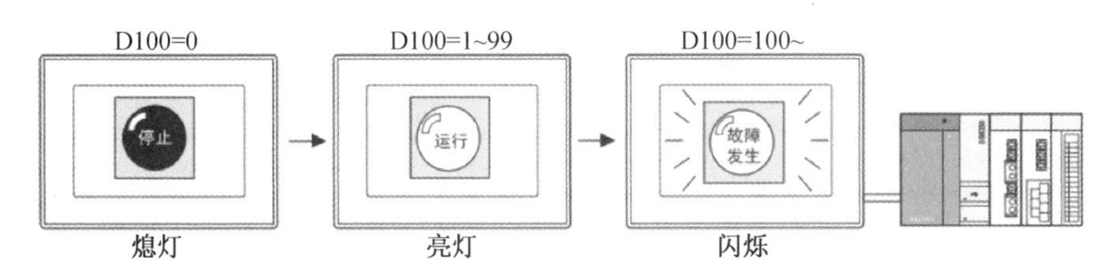

图 4－99 字指示灯应用功能

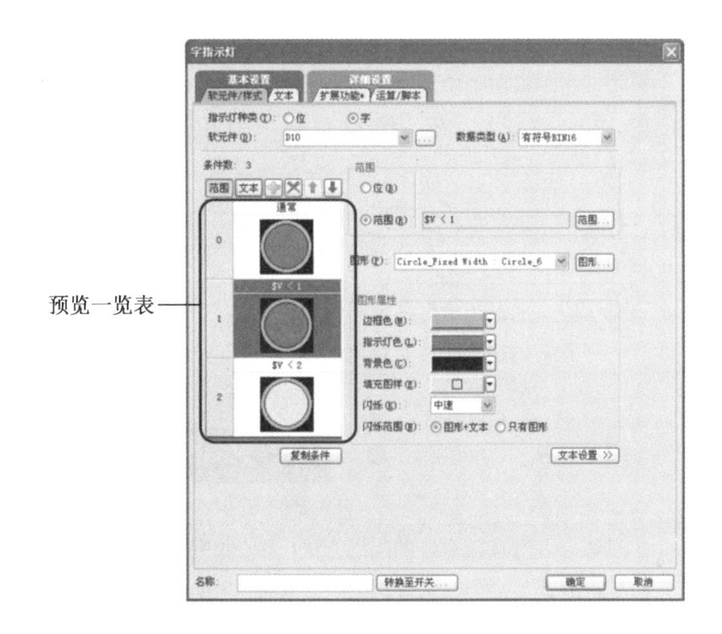

图 4－100 “软元件/样式”选项卡

(1)“软元件/样式”选项卡

“软元件/样式”选项卡用来设置与监视的软元件或监视软元件值相应的指示灯图形(形状、颜色)。“软元件/样式”选项卡项目说明见表 4－15。

表 4－15 “软元件/样式”选项卡项目说明

项目	内容
指示灯种类	选择指示灯的种类(位/字)
软元件	设置要监视的软元件
类型	选择要监视的字软元件的数据类型:有符号 BIN16 、无符号 BIN16、BCD16
预览一览表	显示每种条件设置的状态
范围	预览一览表的显示方式设为范围
文本	预览一览表的显示方式设为文本
+	新建条件
×	删除条件
↑/↓	更改预览一览表中的条件的优先顺序

表 4－15(续)

<table>
<tr><th>项目</th><th colspan="2">内容</th></tr>
<tr><td>复制条件</td><td colspan="2">复制所选条件的设置内容,新建条件</td></tr>
<tr><td rowspan="2">范围</td><td>位</td><td rowspan="2">设置更改显示属性的条件。当将字软元件的值作为条件时,点击“范围”按钮,在“范围的输入”对话框中设置条件式</td></tr>
<tr><td>范围</td></tr>
<tr><td>图形</td><td colspan="2">设置指示灯图形。点击“图形”按钮后,可以选择列表框以外的图形或库的图形</td></tr>
<tr><td>图像的透过色有效</td><td colspan="2">要使在指示灯图形中设置的图像数据透过色的设置有效时,勾选此项。未勾选时,透过色的设置无效。仅在“图形”中选择了“部件”/“库”的图形时,可以勾选</td></tr>
<tr><td rowspan="6">图形属性</td><td>边框色</td><td>选择指示灯图形的边框色</td></tr>
<tr><td>指示灯色</td><td>选择指示灯图形的指示灯色</td></tr>
<tr><td>背景色</td><td rowspan="2">选择指示灯图形的背景色和填充图样。
填充图样在背景色上以指示灯色显示
例） 背景色 ：
填充图样：
指示灯色：
填充图样＋指示灯色
背景色</td></tr>
<tr><td>填充图样</td></tr>
<tr><td>闪烁</td><td>选择指示灯的闪烁方法(无/低速/中速/高速)</td></tr>
<tr><td>闪烁范围</td><td>选择闪烁范围(图形 +文本/只有图形)</td></tr>
<tr><td>名称</td><td colspan="2">可根据用途来更改设置中的对象的名称</td></tr>
<tr><td>文本设置 >></td><td colspan="2">转到“文本”选项卡</td></tr>
<tr><td>转换至开关...</td><td colspan="2">点击即将对象的类型转换为触摸开关</td></tr>
</table>

(1)“文本”选项卡

在字指示灯中,通过选择标签种类,可以将直接输入的文本或通过注释组标签设置的注释作为标签使用。

①直接标签

直接标签是指直接输入、设置要显示的文本,如图 4－101 所示。直接标签设置项目说明见表 4－16。

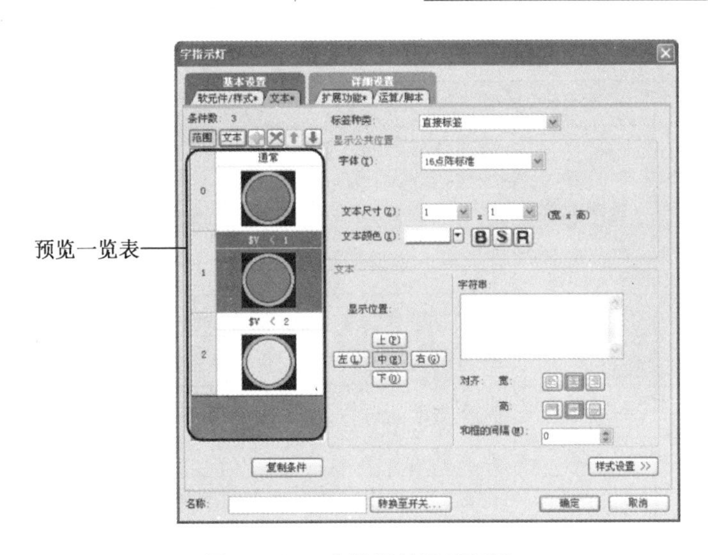

图 4－101　直接标签设置项目

表 4－16　直接标签设置项目说明

项目		内容
预览一览表		显示每种条件设置的状态
范围		预览一览表的显示方式设为范围
文本		预览一览表的显示方式设为文本
✚		新建条件
✖		删除条件
↑/↓		更改预览一览表中的条件的优先顺序
复制条件		复制所选条件的设置内容，新建条件
显示公共位置	字体	选择显示文本的字体。
	文本尺寸	6×8 点阵、12 点阵高质量宋体、16 点阵高质量黑体、 12 点阵标准、12 点阵高质量黑体、TrueType 宋体、 16 点阵标准、16 点阵高质量宋体、TrueType 黑体、 笔划、Windows 字体
	字符集	选择所指定的字体可以使用的字符集
	I U	选择文本的装饰：I 将文本设为斜体；U 将文本加下划线 选择要显示的文本的显示颜色
	文本颜色	选择文本的显示方式：B 将文本的显示方式设为粗体；S 将文本的显示方式设为阴影；R 将文本的显示方式设为雕刻；无法设置多个显示方式
	B S R	
	阴影色	设置在文本的显示方式中选择了 S 或 R 时的阴影色

表 4 – 16(续)

项目		内容
文本	显示位置	选择在对象的什么位置显示文本(中/上/下/左/右) 上 左 中 右 下
	字符串	输入要显示的文本,最多可以输入 32 个全角/半角字符,需要多行显示文本时,在第 1 行的字符最后输入“Enter”键
	对齐	选择文本的位置。选择水平位置;选择垂直位置
	和框的间隔	设置对象的边框和文本之间的间隙为几个点(0 ~ 100) 文本 和框的间隔
样式设置 >>		转到“软元件/样式”选项卡

②注释组标签

注释组标签是指将通过注释组标签设置的注释作为标签,如图 4 – 102 所示。注释组标签设置项目说明见表 4 – 17。

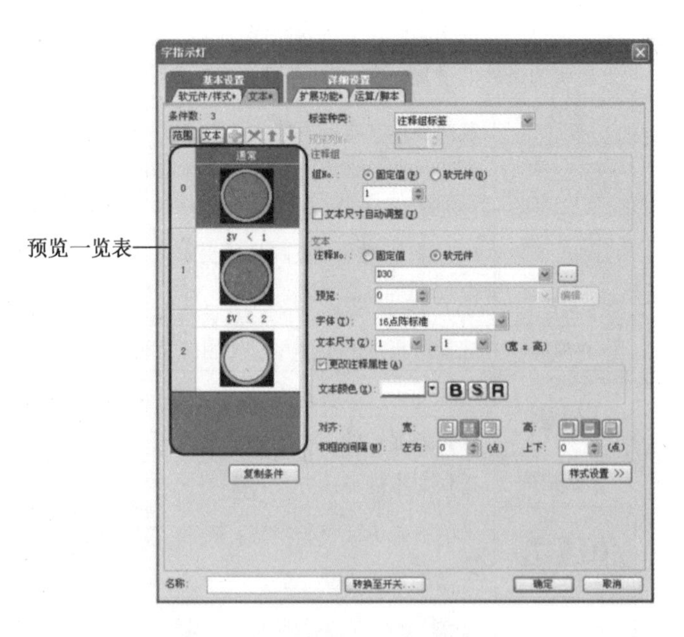

图 4 – 102　注释组标签设置项目

表 4－17　注释组标签设置项目说明

<table>
<tr><th colspan="2">项目</th><th>内容</th></tr>
<tr><td colspan="2">预览一览表</td><td>显示每种条件设置的状态</td></tr>
<tr><td colspan="2">范围</td><td>预览一览表的显示方式设为范围</td></tr>
<tr><td colspan="2">文本</td><td>预览一览表的显示方式设为文本</td></tr>
<tr><td colspan="2"></td><td>新建条件</td></tr>
<tr><td colspan="2"></td><td>删除条件</td></tr>
<tr><td colspan="2">/</td><td>更改预览一览表中的条件的优先顺序</td></tr>
<tr><td colspan="2">复制条件</td><td>复制所选条件的设置内容,新建条件</td></tr>
<tr><td rowspan="3">注释组</td><td>组 No.</td><td>设置组 No. 。
固定值:直接输入、设置要使用的注释组 No.(1～255)。
软元件:显示与所设置的软元件值相同的注释组 No. 。
选择后,设置软元件</td></tr>
<tr><td>文本尺寸自动调整</td><td>根据对象区域的尺寸自动调整文本尺寸。文本尺寸为可以放入对象区域的最大尺寸</td></tr>
<tr><td>最小文本尺寸</td><td>文本尺寸自动调整时,选择最小文本尺寸(8～128)</td></tr>
<tr><td rowspan="7">文本</td><td>注释 No.</td><td>设置注释 No. 。
固定:直接输入、设置要使用的注释 No.(0～32767)。
需要对显示的注释进行编辑时,点击“编辑”按钮。
点击即弹出“注释编辑”对话框,可在此编辑注释</td></tr>
<tr><td>预览</td><td>在画面上显示指定注释编号的注释</td></tr>
<tr><td>字体</td><td rowspan="2">选择显示文本的字体:
12 点阵标准、16 点阵标准、12 点阵高质量宋体、16 点阵高质量宋体、12 点阵高质量黑体、16 点阵高质量黑体、笔划</td></tr>
<tr><td>文本尺寸</td></tr>
<tr><td>更改注释属性</td><td>勾选即可更改注释属性。选择文本的显示方式。
B:粗体。S:阴影。R:雕刻。无法设置多个显示方式。</td></tr>
<tr><td>对齐</td><td>选择文本的位置。
:选择水平位置。
:选择垂直位置</td></tr>
<tr><td>和框的间隔</td><td>设置对象的边框和文本之间的间隙为几个点(0～100)
文本
和框的间隔</td></tr>
</table>

(3)“扩展功能”选项卡

其用于设置安全等级、偏置、汉字圈、图层、分类。与位指示灯设置相同。

(4)“运算/脚本”选项卡

其用于设置使用数据运算功能或脚本功能进行监视时的计算式,如图4-103所示。

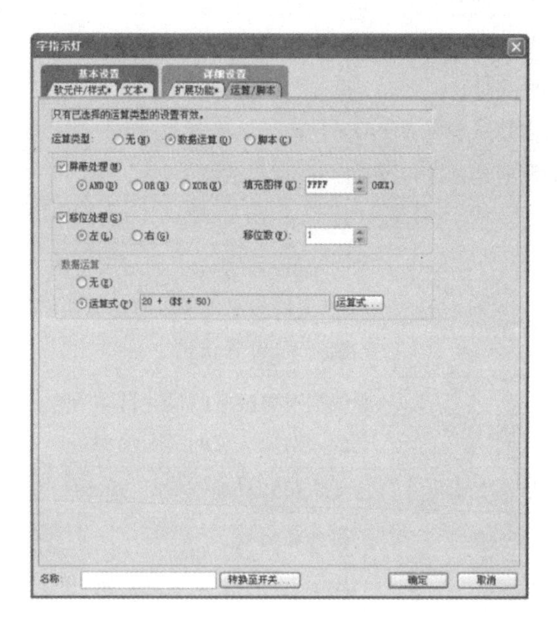

图4-103　“运算/脚本”选项卡

屏蔽处理:设置基于屏蔽处理的运算。勾选后,选择屏蔽处理的种类:AND、OR、XOR,并在“填充图样”中以16进制数设置要屏蔽的填充图样值。

移位处理:设置基于移位处理的运算。勾选后,选择移位方向,并在“移位数”中设置要移动几点。

数据运算:在执行数据运算时,选择运算式的格式。

3. 指示灯区域的设置

指示灯区域的设置如图4-104所示,根据位软元件的ON/OFF来对指定范围内的图形、对象的2种颜色以点为单位进行交换。

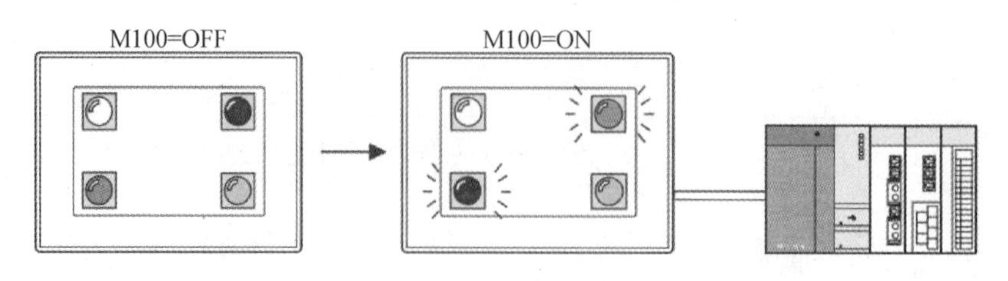

图4-104　指示灯区域的设置

(1)通过图形来模拟指示灯的动作

图形在设置了指示灯属性后,就可以像指示灯一样通过使位软元件 ON 来改变图形的颜色。

(2)指示灯和设置了指示灯属性的图形之间的区别

设置了指示灯属性的图形只可通过位软元件的 ON 来改变图形颜色。当对象中设置了图层、文本等信息时,请使用指示灯。

4.3.4　数值显示/数值输入

1. 数值显示的设置

数值显示:将连接机器的软元件中存储的数据以数值的形式在 GOT 中显示的功能。其设置如图 4-105 所示。

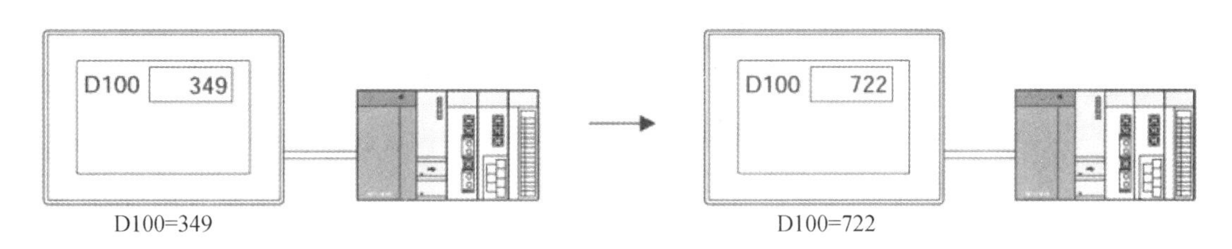

图 4-105　数值显示的设置

(1)“软元件/样式”选项卡

“软元件/样式”选项卡如图 4-106 所示,用来设置软元件、显示方式、图形、预览,其项目说明见表 4-18。

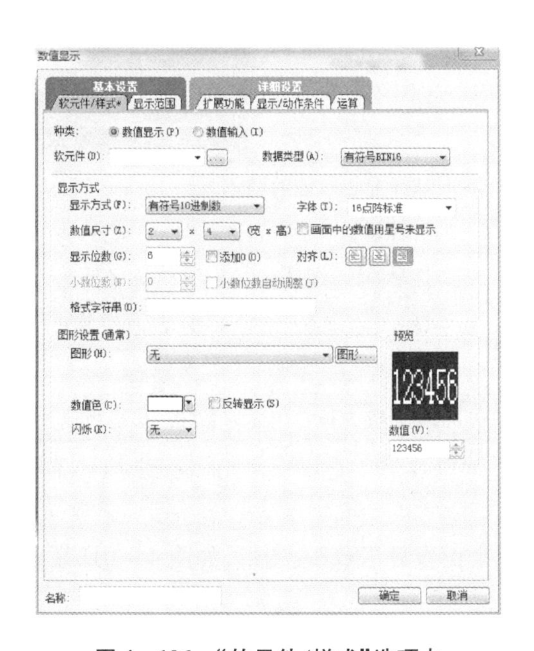

图 4-106　“软元件/样式”选项卡

表 4－18 “软元件/样式”选项卡项目说明

<table>
<tr><th>项目</th><th colspan="2">内容</th></tr>
<tr><td>种类</td><td colspan="2">选择要使用的功能:数值显示 / 数值输入</td></tr>
<tr><td>软元件</td><td colspan="2">设置要监视的软元件</td></tr>
<tr><td>数据类型</td><td colspan="2">选择在“软元件”中设置的值的数据类型:
有符号 BIN16、无符号 BIN16、有符号 BIN32、无符号 BIN32、CD16、BCD32、实数</td></tr>
<tr><td rowspan="10">显示方式</td><td>显示方式</td><td>选择监视的软元件的值的显示方式:
有符号 10 进制数、无符号 10 进制数、16 进制数、8 进制数、2 进制数、实数</td></tr>
<tr><td>字体</td><td rowspan="2">选择显示数值的字体、尺寸:
6 × 8 点阵、12 点阵高质量黑体、笔划、12 点阵标准、16 点阵高质量黑体、16 点阵标准 、TrueType 数字</td></tr>
<tr><td>尺寸</td></tr>
<tr><td>画面中的数值用星号来显示</td><td>画面中的数值用星号来显示时勾选此项</td></tr>
<tr><td>显示位数</td><td>设置数值的显示位数</td></tr>
<tr><td>添加 0</td><td>要在数值的前面显示 0 时勾选此项</td></tr>
<tr><td>对齐</td><td>选择数值的水平位置</td></tr>
<tr><td>小数位数</td><td>“显示方式”中选择实数时,设置小数部分的显示位数:1 ~ 32 位。小数点后的位数超过设置位数时,采取四舍五入的方式显示</td></tr>
<tr><td>格式字符串</td><td>需要在显示软元件值的同时显示文本(英文、数字、汉字、符号等)时进行设置</td></tr>
<tr><td colspan="2"></td></tr>
<tr><td rowspan="8">图形设置(通常)</td><td>图形</td><td>在对象中设置图形。选择“无”时,不显示图形</td></tr>
<tr><td>边框色</td><td rowspan="2">选择图形的边框色 / 底色
123456 边框色 底色</td></tr>
<tr><td>底色</td></tr>
<tr><td>数值色</td><td>选择显示数值的颜色</td></tr>
<tr><td>反转显示</td><td>反转显示数值时勾选此项</td></tr>
<tr><td>闪烁</td><td>选择数值、图形的闪烁方法(无 / 低速 / 中速 / 高速)</td></tr>
<tr><td>闪烁范围</td><td>设置闪烁部分(数值 / 数值 ＋ 底色)</td></tr>
<tr><td colspan="2"></td></tr>
<tr><td>预览</td><td>数值</td><td>设置在预览图形上显示的数值</td></tr>
<tr><td>名称</td><td colspan="2">可将设置中的对象的名称更改为符合用途的名称。最多可输入 30 个全角/半角字符</td></tr>
</table>

(2)“显示范围”选项卡

“显示范围”选项卡用来设置显示范围、图形,如图 4－107 所示。

(3)“扩展功能”选项卡

“扩展功能”选项卡如图 4－108 所示。

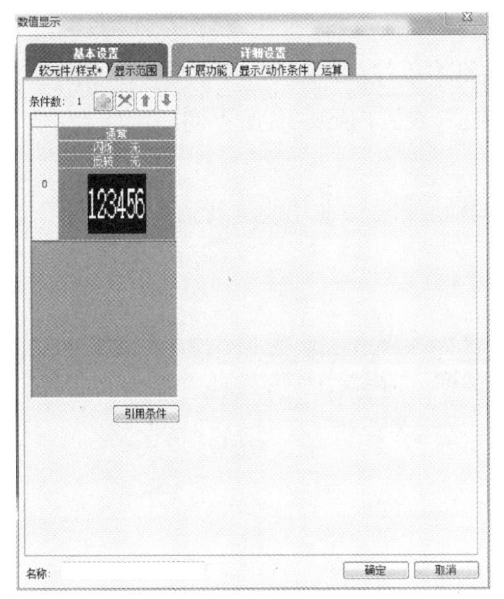

图 4－107　“显示范围”选项卡

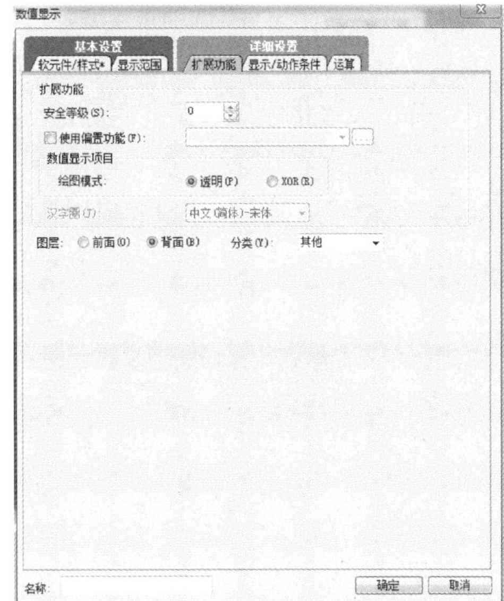

图 4－108　“扩展功能”选项卡

①安全等级

使用安全功能时,设置安全等级 1 ~ 15。不使用安全功能时,设置为 0。

②使用偏置功能

勾选后,设置为对多个软元件进行切换监视。勾选后,设置偏置软元件。

③数值显示项目

数值显示项目用于选择数值在液位上重叠显示时的绘图模式,如图 4－109 所示。

透明:在液位上显示数值。

XOR:为了区分液位和数值显示,以对液位颜色进行 XOR 合成的方式显示数值。GOT 为单色类型时有效。

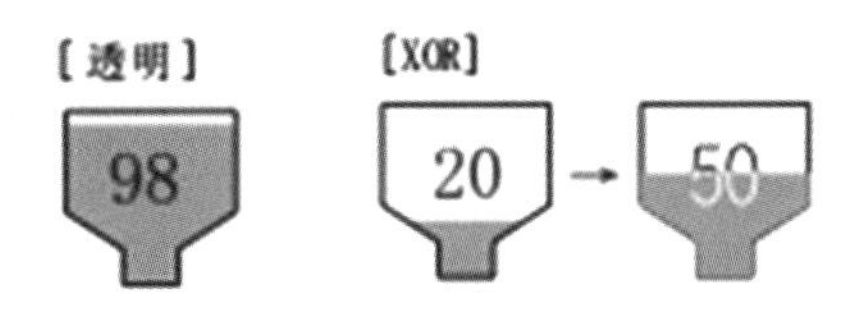

图 4－109　数值液位重叠的绘图模式

④汉字圈

汉字圈在“软元件 / 样式”选项卡中进行了格式字符串的设置后,设置显示文本的汉字圈。

⑤图层

图层切换要配置的图层:前面或背面。

⑥分类

在为对象分配分类时,选择要分配的分类。

(4)“显示/动作条件”选项卡

“显示/动作条件”选项卡用来设置显示对象的条件:通常、ON 中、OFF 中、周期、范围、上升沿、下降沿及多位触发。根据不同的触发类型,设置内容也有所不同。

(5)“运算/脚本”选项卡

“运算/脚本”选项卡用来设置使用数据运算功能或脚本功能进行监视时的计算式,如图 4－110 所示。

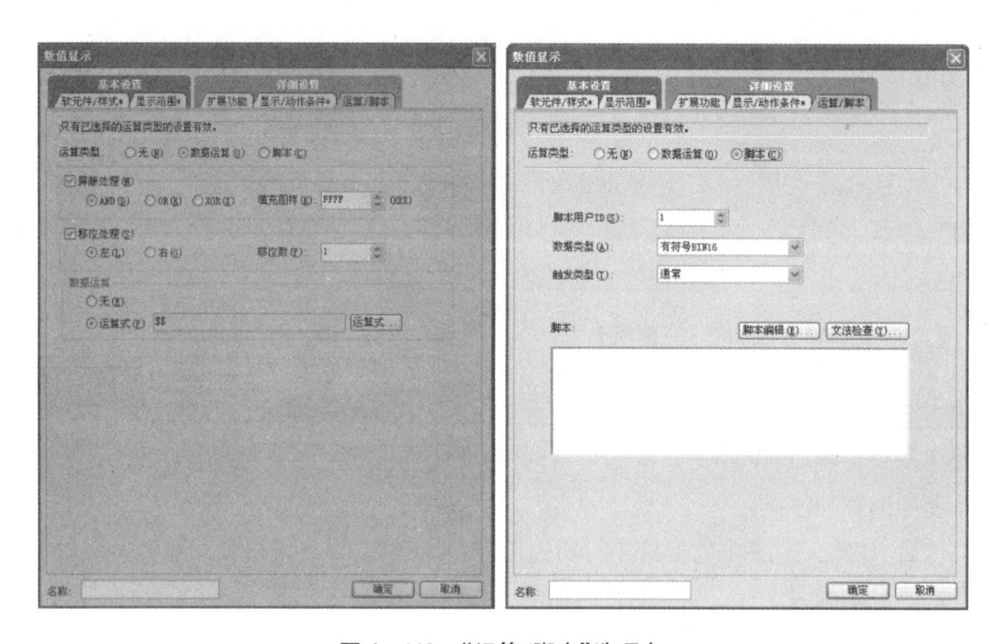

图 4－110 “运算/脚本”选项卡

①屏蔽处理

勾选后,设置基于屏蔽处理的运算,选择屏蔽处理的种类 AND、OR、XOR,并在“填充图样”中以 16 进制数设置要屏蔽的填充图样值。

②移位处理

勾选后,设置基于移位处理的运算。选择移位方向,左移或右移,并在“移位数”中设置要移动几位。

③数据运算

执行基于数据运算的运算,选择无或运算式。

2. 数值输入的设置

数值输入是指从 GOT 向连接机器的软元件写入任意值的功能。输入用按键可以使用按键窗口或者在触摸开关中分配了键代码而创建的按键,也可以从条形码阅读器/RFID 输入数值。

选择“对象”→“数值显示/数值输入”→“数值输入”选项,在准备配置数值输入的位置点击,即完成数值输入的配置。双击已配置的数值输入,即弹出设置对话框。“软元件/样式”选项卡如图 4－111 所示。

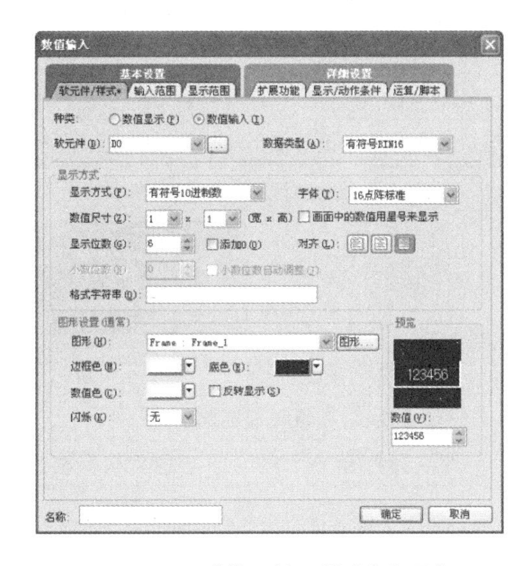

图 4－111　“软元件/样式”选项卡

“软元件/样式”选项卡用来设置软元件、显示方式、图形及预览，其项目说明见表 4－19。

表 4－19　“软元件/样式”选项卡项目说明

项目	内容	
种类	选择要使用的功能：数值显示/数值输入	
软元件	设置要监视的软元件	
数据类型	选择在“软元件”中设置的值的数据类型： 有符号 BIN16、无符号 BIN16、有符号 BIN32、无符号 BIN32、CD16、BCD32、实数	
显示方式	显示方式	选择监视的软元件的值的显示方式： 有符号 10 进制数、无符号 10 进制数、16 进制数、8 进制数、2 进制数、实数
	字体	选择显示数值的字体、尺寸： 6×8 点阵、12 点阵高质量黑体、笔划、12 点阵标准、16 点阵高质量黑体、16 点阵标准 、TrueType 数字
	尺寸	
	画面中的数值用星号来显示	画面中的数值用星号来显示时勾选此项
	显示位数	设置数值的显示位数
	添加 0	要在数值的前面显示 0 时勾选此项
	对齐	选择数值的水平位置
	小数位数	“显示方式”中选择实数时，设置小数部分的显示位数：1～32 位。小数点后的位数超过设置位数时，采取四舍五入的方式显示
	小数位数自动调整	选择实数时，要将整数的软元件值作为带小数点的值显示时勾选此项
	格式字符串	需要在显示软元件值的同时显示文本(英文、数字、汉字、符号等)时进行设置

表 4－19（续）

项目	内容	
图形设置（通常）	图形	在对象中设置图形。选择“无”时，不显示图形
	边框色	选择图形的边框色／底色 123456 边框色 底色
	底色	
	数值色	选择显示数值的颜色
	反转显示	反转显示数值时勾选此项
	闪烁	选择数值、图形的闪烁方法（无／低速／中速／高速）
	闪烁范围	设置闪烁部分（数值／数值＋底色）
预览	数值	设置在预览图形上显示的数值
名称	可将设置中的对象的名称更改为符合用途的名称。最多可输入30个全角/半角字符	

使用星号显示时，数值、符号、小数点以星号显示。但是，在格式字符串中设置的字符串（#以外）无法以星号显示。

数值输入的其他选项卡的设置与数值显示基本相同，设置时可以参照执行。

【实训考核】

使用2个按钮（M0、M1）、3个指示灯（Y0、Y1、Y2）、2个定时器（T0、T1）、1个计数器（C0），M0作为启动按钮，M1作为停止按钮，设计一个顺序控制程序。触摸屏设计画面如图4－112所示。

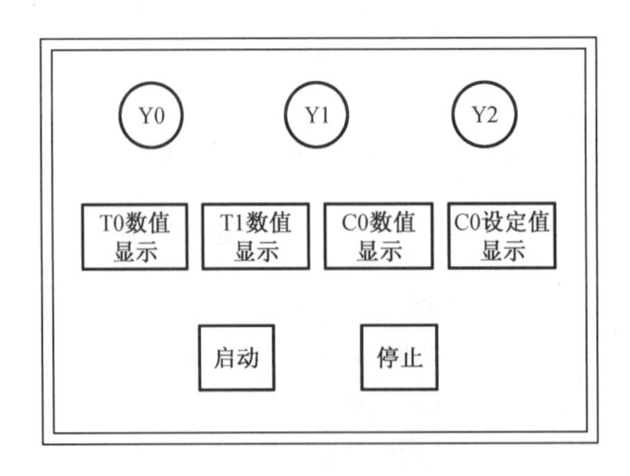

图 4－112　触摸屏设计画面

控制要求：按下按钮M0启动后，指示灯Y0发光3 s（由T0控制）；然后指示灯Y1闪烁D0次（由C0控制），每秒闪一次，D0的数值需人工在触摸屏上设置；灯Y1闪烁完成后，指示灯Y2发光4 s。按下停止按钮M1，清除当前数据转入初始状态待机。PLC参考梯形图程序如图4－113所示。

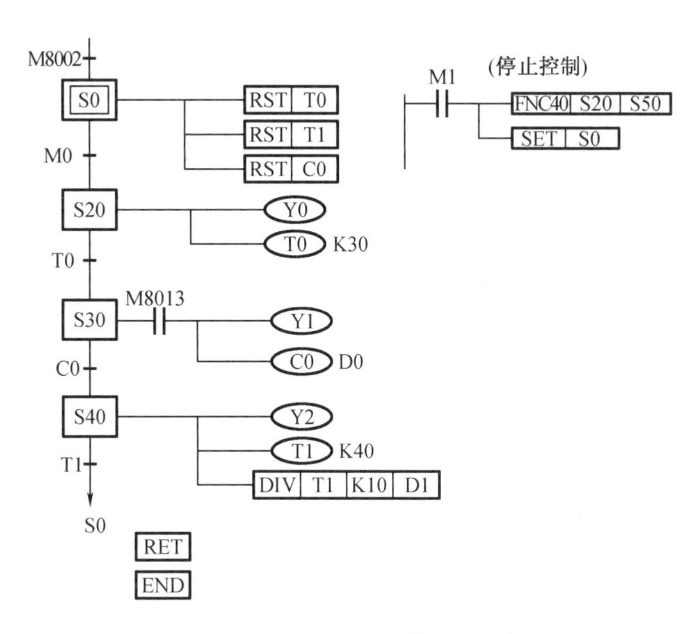

图4－113　PLC参考梯形图程序

按表4－20进行考核评分。

表4－20　触摸屏顺序控制实训考核表

项目	配分	技能考核标准	扣分	得分
I/O分配表	10	少列一个信号点扣1分		
PLC控制程序	20	程序功能(15分)； 程序变换(1分)； 程序检查(4分)		
触摸屏组态	14	画面对象完整(10分) 画面布置合理,美观(4分)		
模拟运行调试	10	不能实现任务功能或部分完成任务功能的,酌情扣1～8分		
通信及下载	6	PC与触摸屏通信下载正常(3分)； PC与PLC通信下载正常(3分)		
触摸屏控制PLC	20	不能实现任务功能或部分完成任务功能的,酌情扣1～15分		
实训报告	20	没按照报告要求完成实训报告或内容不正确的,酌情扣2～15分		
合计				

项目 5　PLC 与变频器、触摸屏的综合实训

【项目描述】

在工业自动化控制系统中，最为常见的是变频器与 PLC 的组合应用，并且产生了多种 PLC 控制变频器的方法。PLC 以其编程简单、灵活通用、可靠性高等优点已经成为工业控制的核心，变频器作为交流电动机的调速装置，以其高效节能等优点广泛应用于工业生产和民用生活中，而使用触摸屏进行监控操作是现代工业控制的常用手段，也有效地弥补了 PLC 在监控方面的不足。本项目以 PLC 为核心，通过应用实例把 PLC、变频器以及触摸屏有机地结合起来，体现了项目的实用性和综合性，对于培养学生专业技能和综合素质有极其重要的意义。

任务 1　PLC 对变频器的启停控制实训

【实训目标】

1. 了解变频调速 PLC 控制系统的组成与结构特点；
2. 熟悉典型变频调速 PLC 控制系统的设计思路和编程要点；
3. 进一步理解和掌握变频器外部端子与参数设置配合使用实现相应功能的方法；
4. 掌握变频调速 PLC 控制系统的设计实现以及运行调试方法。

【实训设备】

1. 三菱 FX 系列 PLC 一台；
2. FR－D740 型变频器一台；
3. PC 一台；
4. 电源、空气开关、按钮、接触器；
5. 连接导线若干；
6. 编程软件 GX Developer。

【实训内容】

1. 变频调速 PLC 控制系统的认识

变频调速 PLC 控制系统通常由三部分组成，即变频器本体、PLC、变频器与 PLC 的接口部分。

变频器通常利用继电器触点或具有开关特性的晶体管与 PLC 相连，以得到运行状态或

获取运行指令。对于继电器输出型或晶体管输出型 PLC 而言,其输出端子可以和变频器的输入端子直接相连。

变频器中也存在一些数值型(频率、电压)指令信号的输入,可分为数字输入和模拟量输入两种。数字量输入多采用变频器面板上的键盘操作和串行接口来给定;模拟量输入通常采用 PLC 的特殊模块给变频器提供输入信号。

2. 设计思路

采用 PLC 控制变频器的启停时,首先应根据控制要求,确定 PLC 的输入/输出,并给这些输入/输出分配地址。这里的 PLC 采用三菱 FX1N－60MR 继电器输出型 PLC,变频器采用三菱 FR－DF740 型变频器,其启停控制 I/O 分配见表 5－1。

表 5－1 变频器启停控制 I/O 分配

输入			输出		
输入继电器	输入元件	作用	输出继电器	输出元件	作用
X0	SB1	接通电源	Y0	KM	接通 KM
X1	SB2	切断电源	Y1	STF－SD	变频器启动
X2	SB3	变频器启动	Y4	HL1	电源指示
X3	SB4	变频器停止	Y5	HL2	运行指示
X4	A－C	报警信号	Y6	HL3	报警指示

PLC 控制的变频器启停电路如图 5－1 所示。

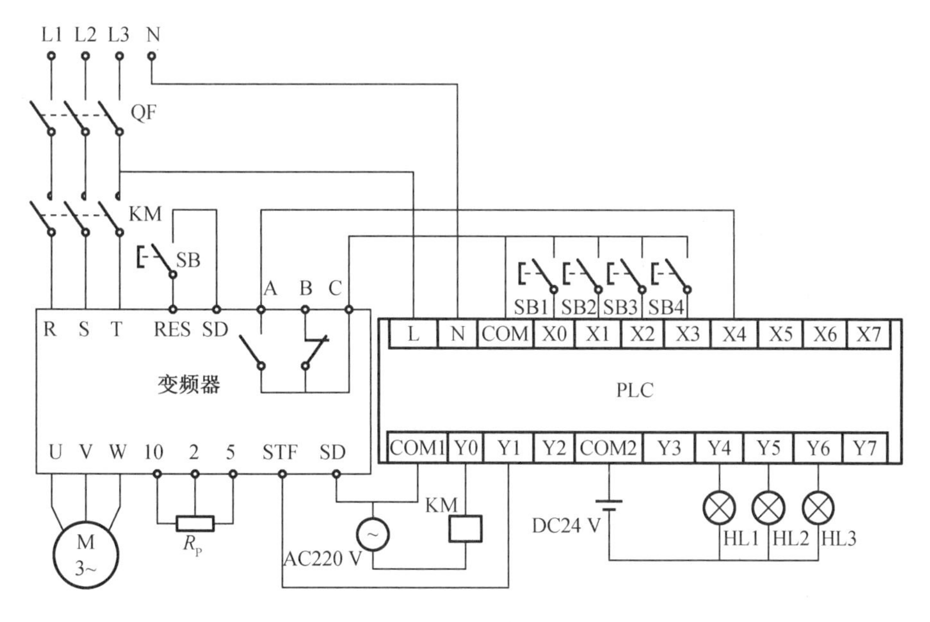

图 5－1 PLC 控制的变频器启停电路

变频器的速度由外接电位器 R_P 调节。由于 PLC 是继电器输出型,所以变频器的启动信号通过 PLC 的输出端子 Y1 直接接到正转启动端子 STF 上,然后将 PLC 输出的公共端子 COM1 和变频器的公共端子 SD 相连。变频器的故障报警信号 A－C(常开触点)直接连接到 PLC 的输出端子 X4 上,然后将 PLC 输入的公共端子 COM 和变频器的 C 端相连。一旦变频器发生故障,PLC 的报警指示灯 Y6 亮,并使系统停止工作。复位按钮 SB 用于在处理完故障后使变频器复位。为了节约 PLC 的输入/输出点数,复位按钮 SB 的信号不介入 PLC 的输入端子。

由于接触器的线圈需要用 AC220 V 电源驱动,而指示灯需要用 DC24 V 电源驱动,它们采用的电压等级不同,所以将 PLC 的输出分为两组,一组是 Y0～Y3,其公共端是 COM1;另一组是 Y4～Y7,其公共端是 COM2。注意:由于两组输出所使用的电压不同,所以不能将 COM1 和 COM2 连接在一起。

2. 参数设置

由于变频器采用外部操作模式,所以设定 Pr. 79＝2。

3. 程序设计

变频器启停控制的梯形图程序如图 5－2 所示。

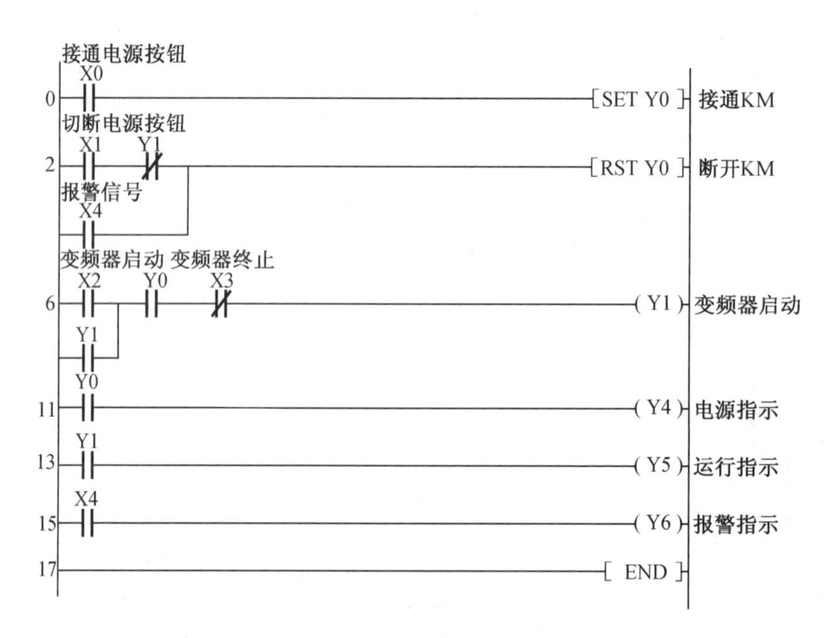

图 5－2　变频器启停控制的梯形图程序

任务 2　变频器多段速 PLC 控制实训

【实训目标】

1. 了解变频调速 PLC 控制系统的组成与结构特点;
2. 熟悉典型变频调速 PLC 控制系统的设计思路和编程要点;

3. 进一步理解和掌握变频器外部端子与参数设置配合使用实现相应功能的方法；
4. 掌握变频调速 PLC 控制系统的设计实现以及运行调试方法。

【实训设备】

1. 三菱 FX 系列 PLC 一台；
2. FR－D740 型变频器一台；
3. PC 一台；
4. 电源、空气开关、按钮、接触器；
5. 连接导线若干；
6. 编程软件 GX Developer。

【实训内容】

1. 设计思路

如图 5－3 所示，用按钮 X0(SB)控制变频器电源的接通或断开(即 KM 闭合或断开)，用 X10(SB1)控制变频器的启动或停止(即 STF 端子的闭合或断开)，这里每组的启动或停止都只用一个按钮，即利用 PLC 中的 ALT 指令来实现单按钮启停控制。SA1～SA7 是速度选择开关，此种开关可保证 7 个输入端不可能两个同时为 ON。PLC 的输出 Y0 接变频器的正转端子 STF，控制变频器的启动或停止。PLC 的输出 Y1、Y2、Y3 分别接转速选择端子 RH、RM、RL，通过 PLC 的程序实现三个端子的不同组合，从而可使变频器选择不同的速度运行。

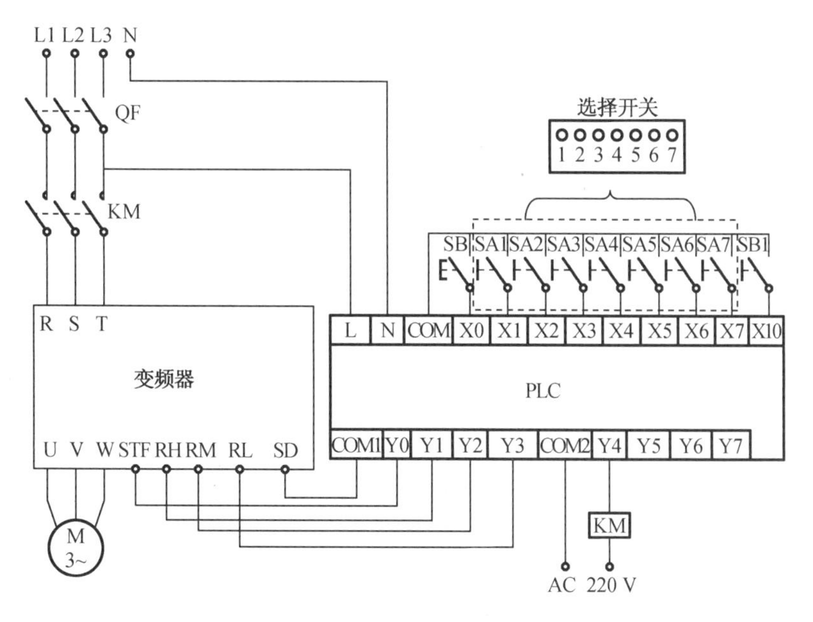

图 5－3　PLC 控制的变频器多段速电路

2. 参数设置

根据控制要求,变频器必须设置以下参数:

Pr. 79 =3(组合操作模式),Pr. 7 =2 s(加速时间),Pr. 8 =2 s(减速时间)。

各段速度:Pr. 4 =16 Hz ,Pr. 5 =20 Hz,Pr. 6 =25 Hz,Pr. 24 =30 Hz,Pr. 25 =35 Hz,Pr. 26 =40 Hz, Pr. 27 =45 Hz。

3. 程序设计

在图5 -3 中,当合上相应的速度选择开关时,都必须有一个速度与之相对应。PLC 的三个输出 Y1、Y2、Y3 控制变频器 RH、RM、RL 的接通,其多段速输入/输出关系见表5 -2。

表5 -2　多段速输入/输出关系

速度	Y1	Y2	Y3	参数
1(X1)	ON	OFF	OFF	Pr. 4
2(X2)	OFF	ON	OFF	Pr. 5
3(X3)	OFF	OFF	ON	Pr. 6
4(X4)	OFF	ON	ON	Pr. 24
5(X5)	ON	OFF	ON	Pr. 25
6(X6)	ON	ON	OFF	Pr. 26
7(X7)	ON	ON	ON	Pr. 27

根据表5 -2 设计的梯形图程序如图5 -4 所示。

图5 -4 中,步0 利用交替指令 ALT 控制变频器电源的接通或断开。当第一次按下 X0 时,Y4 得电,接触器 KM 闭合,变频器的电源接通;当第二次按下 X0 时,Y4 失电,接触器 KM 断开,变频器切断电源。该支路中串联变频器启动信号 Y0 的常闭触点,主要是为了保证在变频器运行时,不能切断变频器的电源;第三次按下 X0 时,再次接通变频器电源,以此类推。步6 是控制变频器启停的电路。步0 和步6 中都只用一个按钮来实现启停控制,可以节约 PLC 的输入点数。

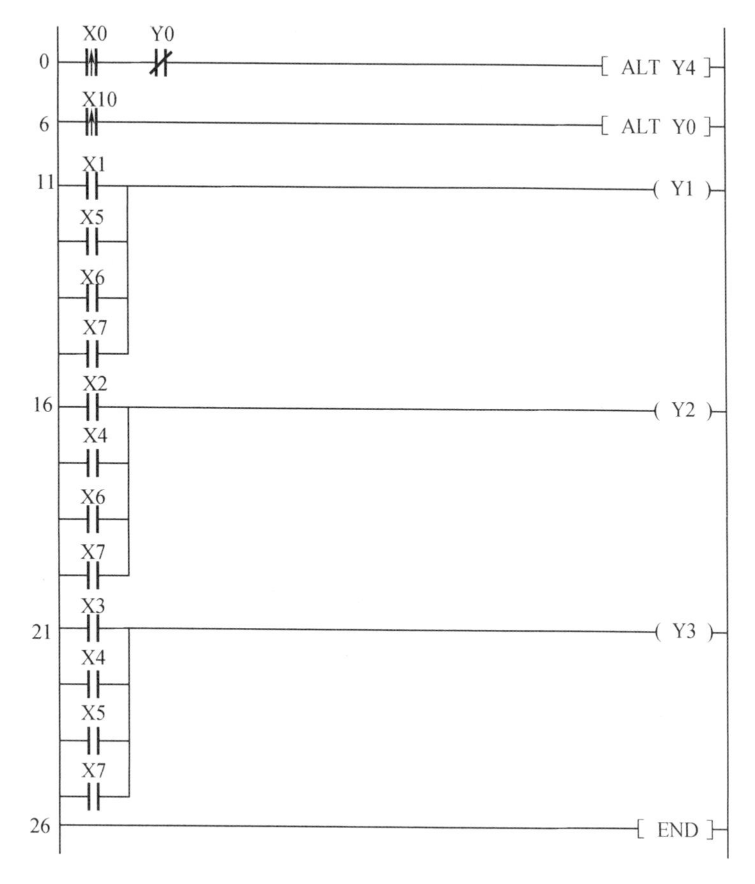

图5-4 PLC变频器多段速控制梯形图程序

任务3 基于PLC模拟量方式的变频器闭环调速控制实训

【实训目标】

1. 掌握利用PLC及其模拟量模块对变频器的控制实现电机的闭环调速的设计方法;
2. 熟悉典型变频调速PLC控制系统的设计思路和编程要点;
3. 进一步理解和掌握变频器外部端子与参数设置配合使用实现相应功能的方法;
4. 掌握变频调速PLC控制系统的设计实现以及运行调试方法。

【实训设备】

1. 三菱FX系列PLC一台;
2. FR-D740型变频器一台;
3. PC一台;
4. 电源、空气开关、按钮、接触器;
5. 连接导线若干;

6. 编程软件 GX Developer。

【实训内容】

随着变频调速技术应用日益广泛和应用水平的不断提高,对变频调速系统的精度要求也越来越高。目前,许多变频调速装置属于开环控制方式,已经不能满足高精度控制的要求。为了提高开环变频调速器的控制精度,系统可以采用带编码器速度检测和 PLC 控制的闭环系统。在电机转速闭环控制中,同轴编码器测量电机转速,经 PLC 内部 A/D 转换后与给定值进行比较,然后由 PID 运算控制得出的数值经 D/A 转换后输出给变频器,从而闭环控制电机转速。

1. 设计思路

变频器控制电机,电机上同轴连接旋转编码器。编码器根据电机的转速变化而输出电压信号 V_{i1},信号 V_{i1} 反馈到 PLC 模拟量输入模块的电压输入端,在 PLC 内部与给定量比较,经过运算处理后,通过 PLC 模拟量输出模块的电压输出端输出一路可变电压信号 V_{out} 来控制变频器的频率输出,达到闭环控制转速的目的,如图 5-5 所示。

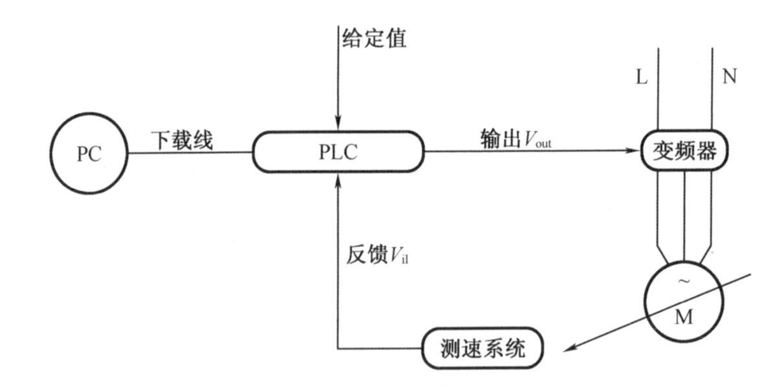

图 5-5　PLC 模拟量方式的变频器闭环调速控制系统原理图

2. 系统硬件配置

PLC 模拟量方式的变频器闭环调速控制系统硬件接线图如图 5-6 所示。

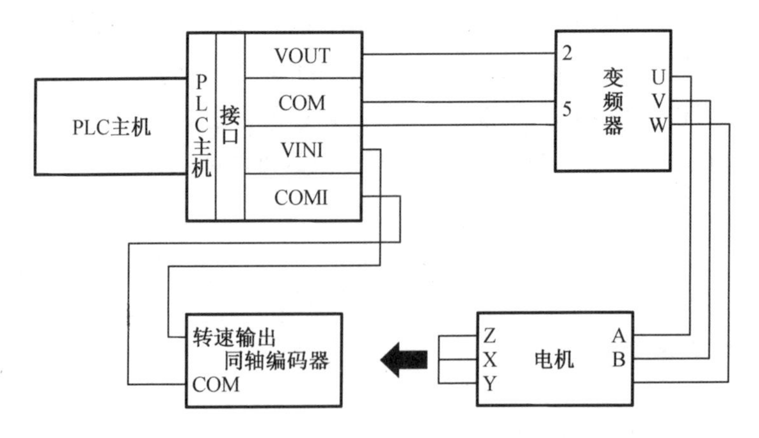

图 5-6　PLC 模拟量方式的变频器闭环调速控制系统硬件接线图

（1）选用 FX2N－64MR－001AC 系列 PLC，32 位开关量输入，32 位继电器输出。

（2）选用最大分辨率为 8 位的 FX0N－3A 模拟量模块，2 路模拟量输入，1 路模拟量输出。输入通道接收模拟信号，并转换为数字值；输出通道采用数字值并输出等量模拟信号。

FX0N－3A 的数据传输和参数设置都是通过 TO/FROM 指令对缓冲存储器 BFM 的读写实现的。缓冲存储器 BFM 的地址分配见表 5－3。

表 5－3　缓冲存储器(BFM)的地址分配

缓冲存储器编号	b8～b15	b7	b6	b5	b4	b3	b2	b1	b0
0	保留	通过 17#的 b0 选择的 A/D 通道的当前值输入 8 位数据							
16	保留	在 D/A 通道上的当前值输出 8 位数据							
17	保留						D/A 起运	A/D 起运	A/D 通道选择
0～15、18～31	保留								

BFM0：存储外部模拟信号经 D/A 转换后的数值。

BFM16：存储主机传送来的数据，准备 A/D 转换为模拟信号，输出控制负载。

BFM17：b0＝0 时选择模拟输入通道 1；b0＝1 时选择模拟输入通道 2。

b1 由 0 上升为 1 时，起运 A/D 转换；b1 由 1 下降为 0 时，起运 D/A 转换。

（3）选用三菱 D740－0.75K 型变频器。

（4）同轴编码器可以将电动机的转速按比例转换成电压信号，通常是 0～5 V。

3. 系统控制流程图

系统控制流程图如图 5－7 所示。控制过程如下：首先读取给定值，即读取给定转速，读取反馈值，即读取电机的实际转速的测量值，将给定值与反馈值进行比较，计算偏移量；然后调用 PID 算法，由偏移量计算出控制输出值，再将输出电压给变频器，达到调整电机转速的目的。

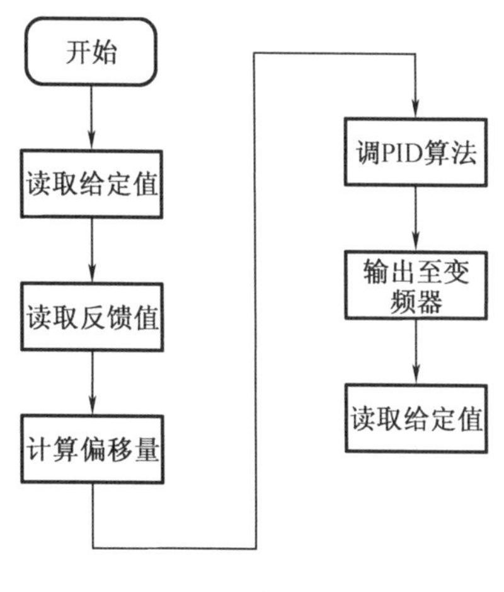

图 5－7　系统控制流程图

4. 梯形图参考程序

按照系统控制流程图编写的梯形图参考程序如图 5－8 所示。

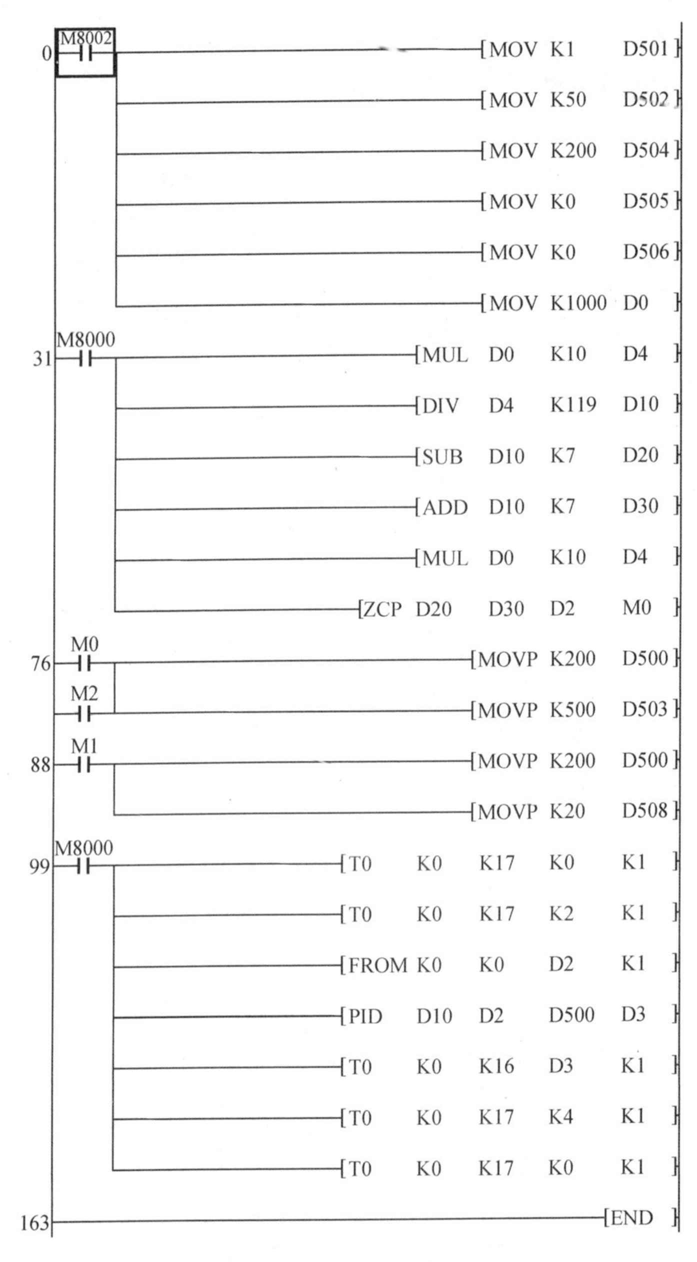

图 5－8　梯形图参考程序

5. 操作步骤

(1)对变频器进行参数设置，设置完毕后，断电保存参数：Pr. 160 =0，Pr. 73 =0，Pr. 79 =4，Pr. 340 =0。

(2)按接线列表正确将导线连接完毕后，将程序下载至 PLC 主机，将“RUN/STOP”开关置于“RUN”状态。

(3)先设定给定值。点击标准工具条上的“软元件测试”快捷项(或选择“在线”菜单下“调试”项中的“软元件测试”项),进入“软元件测试”对话框。在“字软元件/缓冲存储区”栏中的“软元件”项中键入D1,设置D1的值,确定电机的转速。

(4)启动电机转动。电机转动平稳后,记录给定值和反馈值(反馈值可能通过监视模式读取)。再改变给定值,观察电机转速的变化并记录数据。

(5)按变频器面板上的“STOP/RESET”,使电机停止转动。

(6)观察并记录数据:

给定值=

反馈值=

变频器输出频率(Hz)=

最大震荡偏差=

任务4 某饮料生产线PLC一体化综合应用实训

【实训目标】

1. 了解变频调速PLC控制系统的组成与结构特点;
2. 熟悉典型变频调速PLC控制系统的设计思路和编程要点;
3. 进一步理解和掌握变频器外部端子与参数设置配合使用实现相应功能的方法;
4. 掌握变频调速PLC控制系统的设计实现以及运行调试方法。

【实训设备】

触摸屏控制PLC运行

1. 三菱FX系列PLC一台;
2. FR-D740型变频器一台;
3. PC一台;
4. 触摸屏一台;
5. 电源、空气开关、按钮、接触器;
6. 连接导线若干;
7. 编程软件GX Developer;
8. 组态软件GT Designer3。

【实训内容】

某饮料生产线如图5-9所示。生产线可生产A、B两种瓶装饮料,生产A饮料时生产线以30 Hz的速度运行,生产B饮料时生产线以20 Hz的速度运行,生产过程中要求对A、B两种饮料进行计数。生产线的传送和停止要求用触摸屏控制,并能通过触摸屏显示生产线的工作状态和A、B两种瓶装饮料的生产数量。

图5－9　某饮料生产线

1. 设计思路

本项目饮料生产线生产A、B两种瓶装饮料，两种饮料的生产传送速度不一样，要求通过触摸屏进行启停和控制速度，并能在触摸屏上显示工作状态；同时可以对产量进行计数并能在触摸屏上显示。

2. 确定PLC的I/O分配表及触摸屏规划

根据题目要求，编制表5－4。具体说明如下。

（1）PLC输入信号一个

任务要求对生产的饮料计数，因此，PLC需要接收来自光电传感器的输入信号，可定义为X0。

（2）PLC输出信号三个

PLC对生产线的控制是通过对变频器控制端子的通断来实现的，包括变频器的启动信号STF、高速信号RH（生产A传送速度）及中速信号RM（生产B传送速度），可以分别定义为Y0、Y1及Y2。

（3）在触摸屏上设置按钮对象四个

生产A饮料启动按钮可定义为内部元件M0，生产B饮料启动按钮可定义为内部元件M1，停止生产按钮可定义为内部元件M2，计数器清零按钮可定义为内部元件M4。

（4）在触摸屏上设置指示灯对象三个

A饮料生产指示，可链接输出继电器Y1；B饮料生产指示，可链接输出继电器Y2；停止生产指示，可链接内部元件M3。

（5）在触摸屏上设置显示数据对象三个

A饮料产量可定义为数据寄存器D0，B饮料产量可定义为数据寄存器D1。为了工作方便，在触摸屏上一般要显示当前时间，因此，可以添加数据对象并链接系统当前时间。

表 5－4　编程元件分配表

编程元件	设备器件	功能	编程元件	设备器件	功能
X0		光电传感器	M2	内部元件	停止生产
Y0	STF	正转控制端子	M3	内部元件	停止指示
Y1	RH	高速控制端子	M4	内部元件	计数清零
Y2	RM	中速控制端子	D0	数据寄存器	A 饮料产量
M0	内部元件	生产 A 饮料	D1	数据寄存器	B 饮料产量
M1	内部元件	生产 B 饮料			

综上所述，触摸屏画面规划如图 5－10 所示。

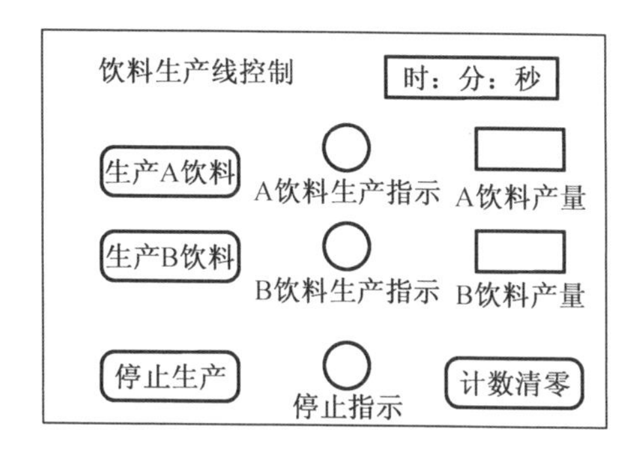

图 5－10　触摸屏画面规划

3. 画出硬件接线图

根据任务要求及编程元件分配表，设计系统硬件接线图，如图 5－11 所示。

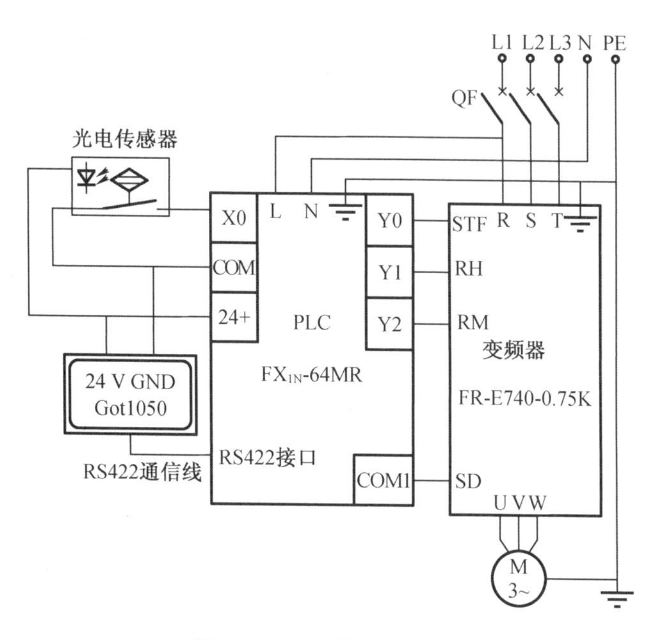

图 5－11　系统硬件接线图

4. 编写 PLC 程序

根据任务要求及编程元件分配表,编写 PLC 梯形图程序,如图 5－12 所示。

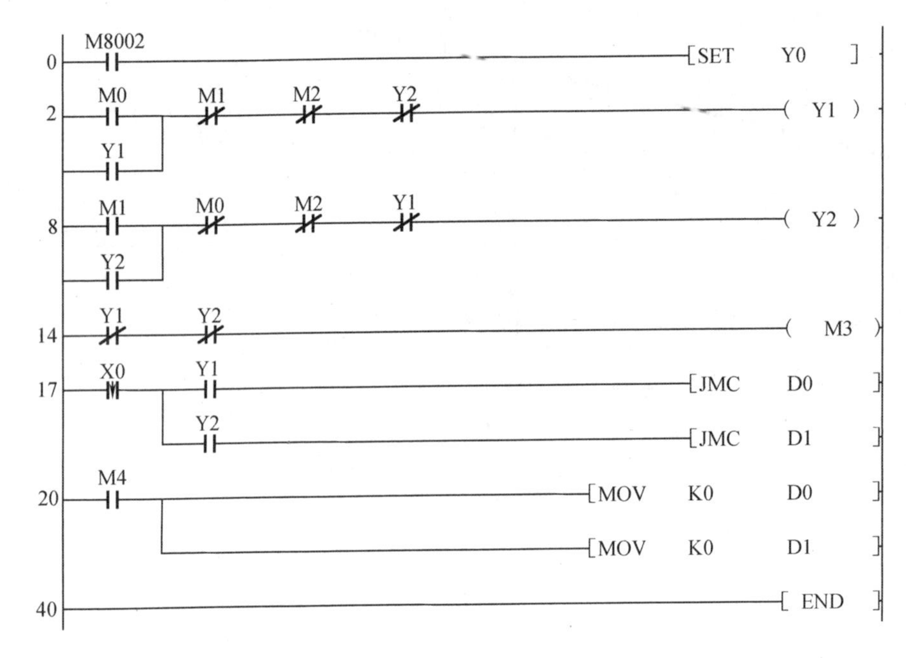

图 5－12　PLC 梯形图程序

5. 工程模拟

PLC 控制程序编写调试完成后,可以与设计的触摸屏画面联合进行离线模拟调试,直到完全符合控制要求。

6. 将工程下载到触摸屏中

离线模拟只能反映工程画面显示效果,由于涉及 PLC 设备数据的采集和输入输出控制,组态工程需要下载到触摸屏中运行,并与 PLC 设备建立通信才能看到实际的运行结果。

7. 设置变频器参数

上限频率:Pr. 1 = 30 Hz。

下限频率:Pr. 2 = 0 Hz。

基准频率:Pr. 1 = 50 Hz。

多段速度设定:Pr. 4 = 30 Hz。

多段速度设定:Pr. 5 = 20 Hz。

加速时间:Pr. 7 = 2 s。

减速时间:Pr. 8 = 2 s。

电子过电流保护:Pr. 9 = 电动机额定电流。

操作模式选择:Pr. 79 = 3。

8. 系统调试

创建触摸屏组态工作画面,如图 5－13 所示。

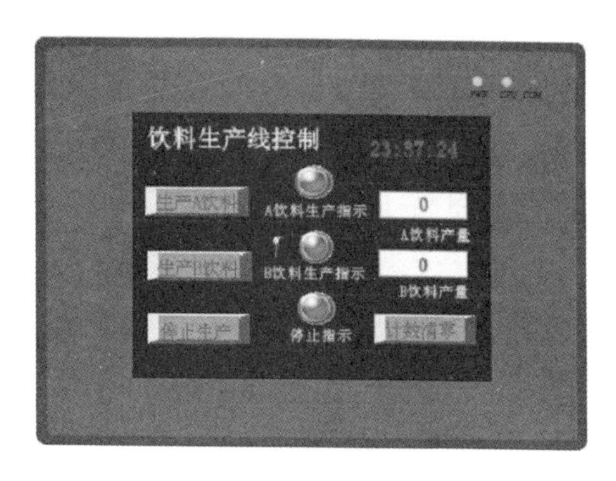

图5-13　触摸屏组态工作画面

(1)运行PLC程序,触摸屏上时间开始显示,停止指示灯闪烁;

(2)按触摸屏的“生产A饮料”按钮,电机以30 Hz的速度运行,“A饮料生产指示”灯闪烁,用物品扫过光电传感器(或用拨动X0外接开关来模拟),触摸屏显示A饮料产量;

(3)按触摸屏的“生产B饮料”按钮,电机以20 Hz的速度运行,“B饮料生产指示”灯闪烁,用物品扫过光电传感器(或用拨动X0外接开关来模拟),触摸屏显示B饮料产量;

(4)按触摸屏的“停止生产”按钮,电机停转,“停止指示”灯闪烁;

(5)按触摸屏的“计数清零”按钮,A、B饮料产量清零。

任务5　某搅拌机PLC一体化综合应用实训

【实训目标】

1. 熟练掌握利用GT Designer3对触摸屏组态的设计思路和设计方法;
2. 进一步理解触摸屏实时监控PLC的本质;
3. 进一步掌握典型变频调速PLC控制系统的设计思路和编程要点;
4. 掌握PLC、变频器与触摸屏控制系统的设计实现以及运行调试方法。

【实训设备】

1. 三菱FX系列PLC一台;
2. FR-D740型变频器一台;
3. PC一台;
4. 触摸屏一台;
5. 电源、空气开关、按钮、接触器;
6. 连接导线若干;
7. 编程软件GX　Developer8;

8. 组态软件 GT Designer3。

【实训内容】

利用触摸屏、PLC 及变频器控制三相交流电机，模拟搅拌机进行搅拌作业。触摸屏、PLC 及变频器控制电路接线图如图 5-14 所示。

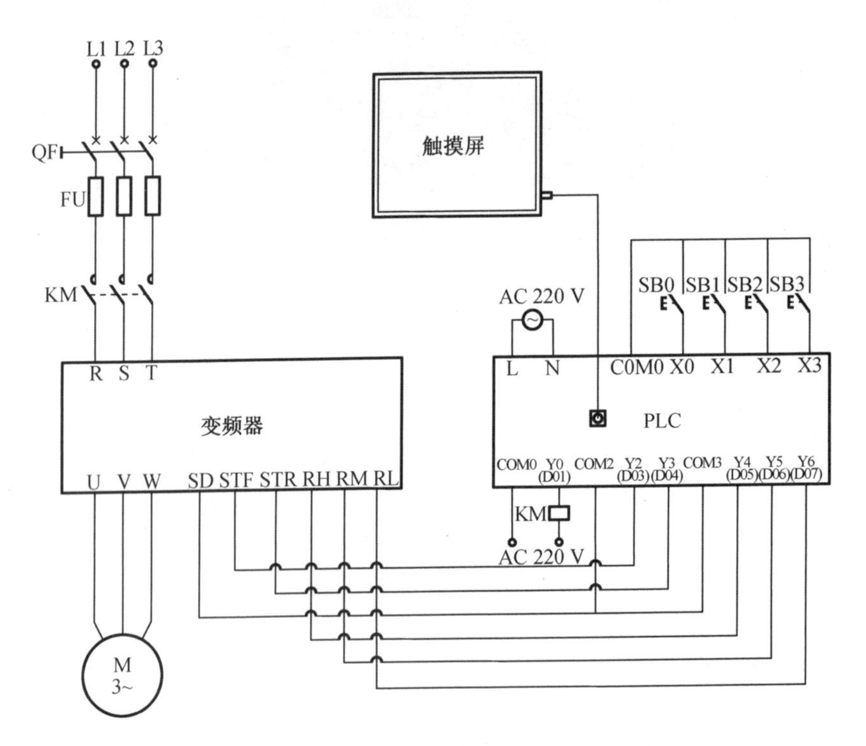

图 5-14 触摸屏、PLC 及变频器控制电路接线图

本系统控制要求如下：

(1) 变频器上电、停电由接触器 KM 完成，上电用按钮 SB1，停电用按钮 SB2。

(2) 按下启动按钮 SB3，搅拌机电机按表 5-5 所示工作时序执行。全部执行后，电机自动停止。当再次启动时，重复上述动作。

表 5-5 搅拌电机工作时序

时序	电机转向	电机转速/Hz	运行时间/s
1	正向	10	10
2	反向	10	10
3	电机停止		5
4	正向	30	8
5	反向	30	8
6	电机停止		5

表 5-5(续)

时序	电机转向	电机转速/Hz	运行时间/s
7	正向	50	8
8	电机停止		直到再次启动

(3)按下急停按钮 SB0,无论处在什么状态,搅拌电机都立即停止。

(4)可同时实现本地(按钮)和远程(触摸屏)两地控制。远程控制要求能够实现与本地控制同样的功能。

(5)要求触摸屏实现变频器运行指示、电动机正反向指示功能,并显示当前速度、运行时间。

(6)严格按照系统控制要求与图 5-14 所示接线图接线,导线要求进入线槽,并符合槽板配线工艺要求,接线要求紧固、美观。

1. 设计思路

(1)本系统 PLC 的输入/输出分配已经在控制要求和接线图中给出,因此,硬件连接比较简单,只需按照控制电路接线图完成接线,并满足工艺要求即可。

(2)在满足已给的 PLC 输入/输出分配的基础上,补充其他的编程元件的使用说明,编写详细的编程元件分配表。

(3)利用编程软件 GX developer 在 PC 上编写 PLC 控制程序,并通过通信线下载到 PLC,实现题目要求的控制功能。

(4)利用组态软件 Designer3 在 PC 上对触摸屏进行组态,并通过通信线下载到触摸屏,实现题目要求的监控功能。

(5)变频器上电后,对变频器的工作方式等参数进行正确设置。

2. 编写编程元件分配表

根据题目要求和设计理念,编写详细的编程元件分配表,见表 5-6。具体说明如下。

表 5-6　编程元件分配表

编程元件	设备器件	功能	编程元件	设备器件	功能
X0	SB0	急停按钮	M11	内部元件	时序 1 标志
X1	SB1	上电按钮	M12	内部元件	时序 2 标志
X2	SB2	停电按钮	M13	内部元件	时序 3 标志
X3	SB3	启动按钮	M14	内部元件	时序 4 标志
Y0	KM	上电接触器	M15	内部元件	时序 5 标志
Y2	STF	正转控制端子	M16	内部元件	时序 6 标志
Y3	STR	反转控制端子	M17	内部元件	时序 7 标志
Y4	RH	高速控制端子	T0	定时器	时长 1
Y5	RM	中速控制端子	T1	定时器	时长 2

表5-6(续)

编程元件	设备器件	功能	编程元件	设备器件	功能
Y6	RL	低速控制端子	T2	定时器	时长3
M0	内部元件	急停按钮	T3	定时器	时长4
M1	内部元件	上电按钮	T4	定时器	时长5
M2	内部元件	停电按钮	T5	定时器	时长6
M3	内部元件	启动按钮	T6	定时器	时长7
M100	内部元件	急停标志	D10	数据寄存器	运行频率

(1)输入继电器X0~X3、输出继电器Y0、Y2~Y6与题目要求相一致。

(2)PLC内部元件M0~M3与触摸屏上定义的按钮相对应,其功能与X0~X3相一致,目的是同时实现本地(按钮)和远程(触摸屏)两地控制。M100是两地急停的标志元件。

(3)定时器T0~T6依次为表5-6搅拌电机的7个工作时序定时,M11~M17依次为搅拌电机的7个工作时序的标志。

(4)数据寄存器D10用来存储变频器的运行频率。

3.编写梯形图程序

梯形图参考程序如图5-15所示。编写梯形图的主要思路是,先由T0~T6设定搅拌电机的7个工作时长,激活搅拌电机的7个工作时序标志M11~M17,再根据控制要求由7个作时序标志分别接通电动机正反向控制电路和高中低速控制电路。具体说明如下。

(1)变频器上电输出继电器Y0线圈得电梯形图是典型的两地启动—保持—停止控制电路,两地启停分别由按钮SB1~SB2和触摸屏上定义的启停按钮来实现。

(2)急停标志M100线圈的得电由急停按钮SB0和触摸屏上定义的急停按钮的并联电路来实现。

(3)第一个时序标志M11由启动按钮SB3或触摸屏上定义的启动按钮触发,自锁,同时由定时器T0开始计时;T0计时时间到,其常开触点触发第二个时序标志M12,自锁,同时由定时器T1计时,同时,M12的常闭触点切断M11线圈及T0线圈。其他时序标志M12~M17线圈、定时器T2~T6线圈的得失电的控制,道理与此相同。最后一个时序M17线圈与定时器T6线圈的断电是由T6的常闭触点来实现的。

(4)输出继电器Y2~Y6线圈的控制原理是一样的,就是将某输出继电器得电所有条件并联在一起,集中输出。例如,根据控制要求,电动机在第一、第四和第七个时序正转,因此正转输出继电器Y2线圈的得电条件是M11、M14及M17的并联电路;根据控制要求,电动机在第四和第五个时序电机中速运行,因此中速输出继电器Y5线圈的得电条件是M14及M15的并联电路。

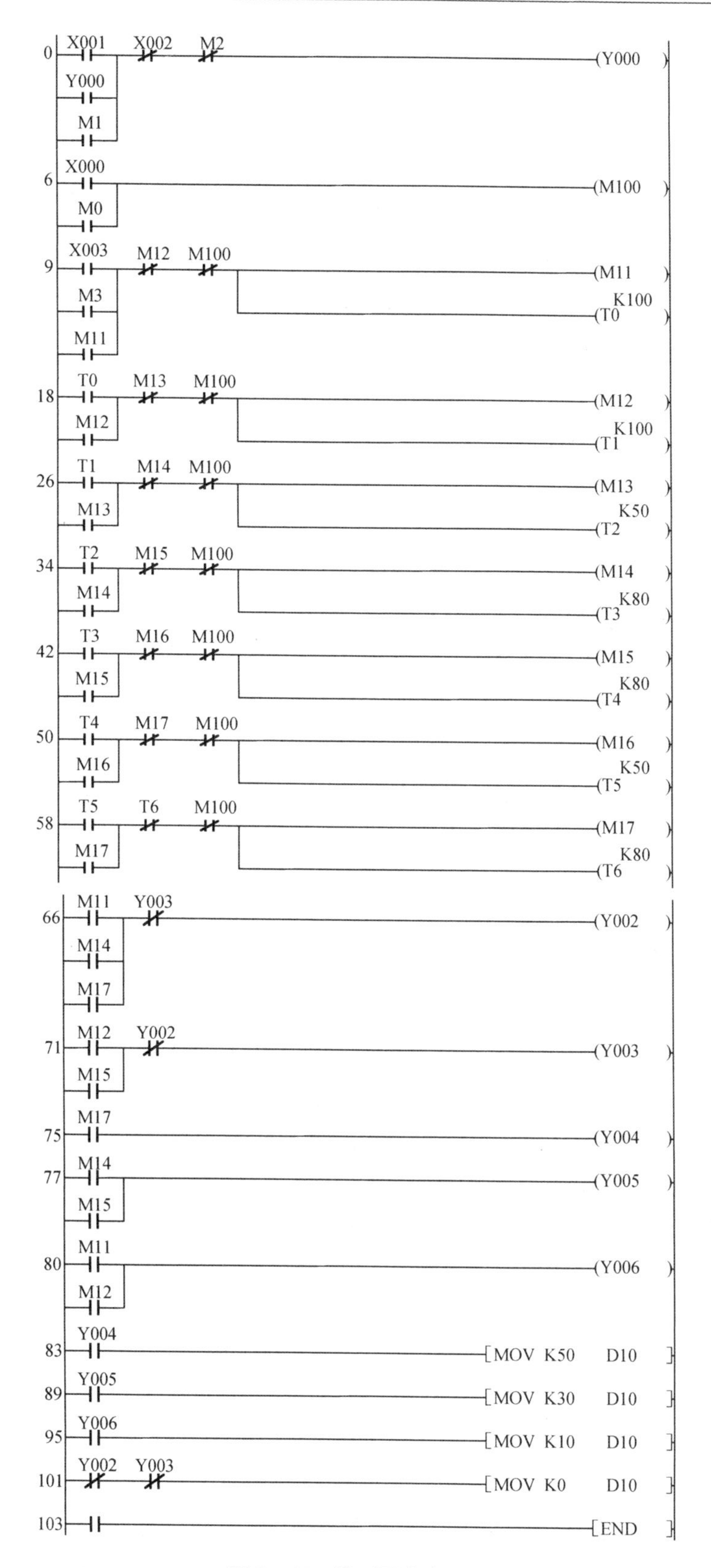

图5－15　梯形图参考程序

(5)在每一个时序标志线圈的电路中,都串联了急停标志 M100 的常闭触点,如果按下急停按钮 SB0 或触摸屏上定义的急停按钮,急停标志 M100 线圈就会得电,其常闭触点就会立即切断所有时序标志及定时器控制电路,从而断开变频器正反向控制端子及高中低速控制端子,使电动机停电。

(6)根据控制要求,需在触摸屏上显示电动机运行的频率,因此,分别由高、中、低速触点驱动,将相应的即时频率传送到数据寄存器 D10 中保存,为触摸屏上的数据显示做好准备。

4. 绘制触摸屏监控画面

根据控制要求,绘制触摸屏监控画面,如图 5-16 所示。画面上定义的对象具体说明如下。

(1)按钮对象四个,包括变频器上电按钮、停电按钮、电动机启动按钮和急停按钮,分别对应 PLC 软元件 M1、M2、M3 和 M0;

(2)指示灯对象 6 个,包括变频器上电指示灯、电动机正反向运行及高中低速指示灯,分别对应 PLC 软元件 Y0、Y2、Y3、Y4、Y5 和 Y6;

(3)数据对象 2 个,包括电动机运行频率和运行时间,分别对应数据寄存器 D10 和定时器。

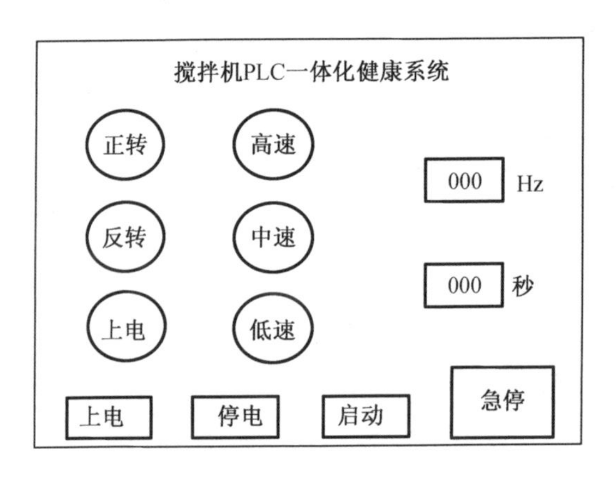

图 5-16 触摸屏监控画面

5. 变频器上电,设置运行参数

按下上电按钮,变频器通电。按要求设置参数如下:

工作方式:Pr. 79 = 2。

上限频率:Pr. 1 = 60。

下限频率:Pr. 2 = 0。

高　　速:Pr. 4 = 50。

中　　速:Pr. 5 = 30。

低　　速:Pr. 6 = 10。

加速时间:Pr. 7 = 3。

减速时间:Pr. 8 = 3。

6. 操作运行

系统通电后，按下启动按钮，一方面观察 PLC 的输出指示变化与电动机运行情况，另一方面观察触摸屏指示灯和相应数值的变化，看看是否与题目要求相符。

【实训考核】

按表 5－7 进行考核评分。

表 5－7　PLC 一体化实训考核表

项目	配分	技能考核标准	扣分	得分
接线工艺	30	(1)接线的正确性(10 分)：接线错误一处扣 1 分，未完成部分按错误处理，扣完为止。 (2)接线安全性与可靠性(10 分)：接线不牢固一处扣 0.5 分，露铜过长一处扣 0.5 分，压线皮一处扣 0.5 分。 (3)布线合理性与美观(10 分)：按照现场情况分 ABCD 四个档次，A 为最高档，D 为最低档，每档递减 2 分，最低 2 分。分档方法：接线进入线槽，长度合适，整体美观		
PLC 控制程序	30	(1)I/O 分配表(5 分)：少列一个信号点扣 0.5 分 (2)程序编写及下载(5 分)：未变换扣 1 分，有语法错误 1 处扣 0.5 分，未成功下载到 PLC 扣 2 分，扣完为止。 (3)系统(指主电路及控制电路)通电调试(6 分)：一次通电不成功扣 3 分；二次通电不成功扣 3 分。 (4)本地按钮控制功能(4 分)：按钮操作功能应符合题目控制要求，不满足一处扣 1 分。 (5)电动机运行功能(10 分)：未按工作时序运行，一处扣 2 分		
触摸屏远程监控	20	(1)触摸屏组态及下载(6 分)：PC 上组态画面缺一个图素扣 0.5 分；未能成功下载到触摸屏，扣 1 分，扣完为止。 (2)画面上监控对象符合题目的监控要求(8 分)。按钮对象控制功能不符合题目要求一处扣 0.5 分；指示灯对象功能不符合题目要求一处扣 0.5 分；数值对象显示不符合题目要求一处扣 1 分，无单位一处扣 0.5 分。扣完为止。 (3)组态监控画面(6 分)。组态监控画面整体美观、布局合理、操作简单，按照现场情况分 ABC 三个档次，A 为最高档，C 为最低档，每档递减 2 分，最低 2 分		
变频器参数设置	10	(1)工作方式设置(3 分)：工作方式选择不正确扣 3 分。 (2)上、下限频率设置(2 分)：上、下限频率未按题目要求设置，各扣 1 分。 (3)加、减速时间设置(2 分)：加、减速时间设置，未按题目要求设置，各扣 1 分。 (4)高、中、低速频率设置(3 分)：高、中、低速频率设置未按题目要求设置，各扣 1 分		

表 5 -7(续)

项目	配分	技能考核标准	扣分	得分
文明生产	10	(1)现场操作应符合安全操作指南(5 分):带电操作扣 5 分/次。 (2)遵守赛场纪律,尊重赛场工作人员,爱惜赛场的设备和器材,节省材料,工具摆放合理,工位整洁(5 分):不满足一项扣 1 分,扣完为止。 (3)人为引起工位跳闸等短路事故扣 10 分		
合计				

附录 A　三菱 FX2N 的基本指令和应用指令

表 A－1　基本指令一览

符号名称	功能	电路表示和目标元件
[LD] 取	运算开始 常开触点	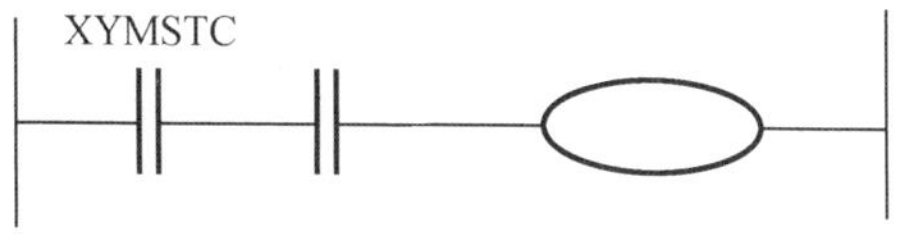 XYMSTC
[LDI] 取反	运算开始 常闭触点	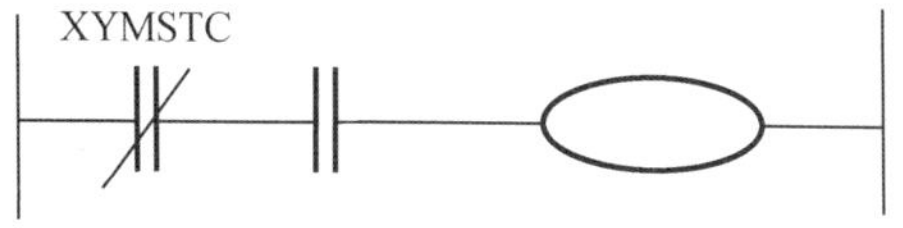 XYMSTC
[LDP] 取上升沿脉冲	运算开始 上升沿触点	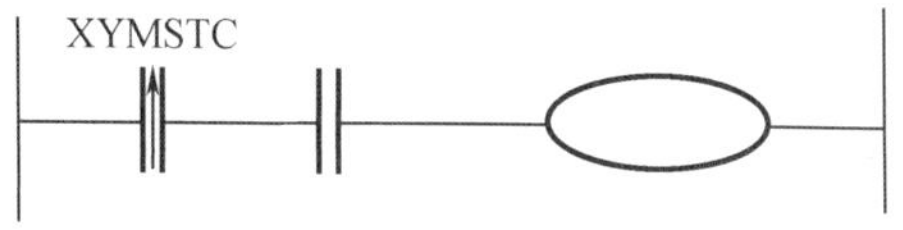 XYMSTC
[LDF] 取下降沿脉冲	运算开始 下降沿触点	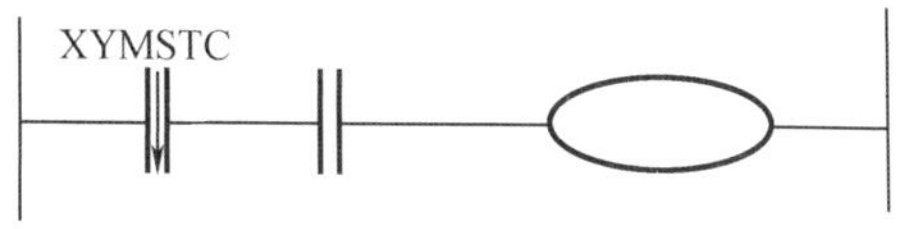 XYMSTC
[AND] 与	串联 常开触点	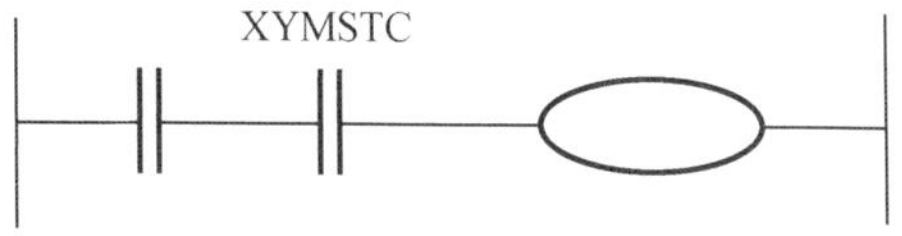 XYMSTC
[ANI] 与非	串联 常闭触点	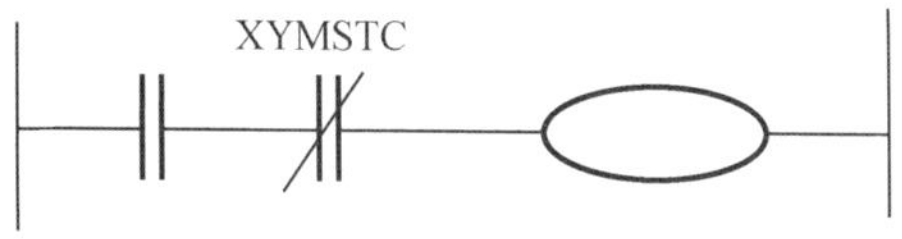 XYMSTC
[ANDP] 与脉冲	串联 上升沿触点	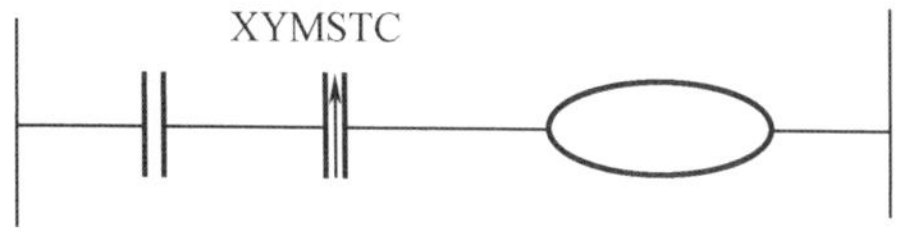 XYMSTC
[ANDF] 与脉冲(F)	串联 下降沿触点	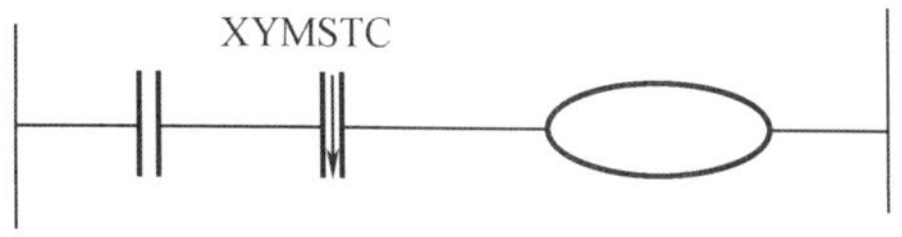 XYMSTC

表 A－1(续 1)

符号名称	功能	电路表示和目标元件
[OR] 或	并联 常开触点	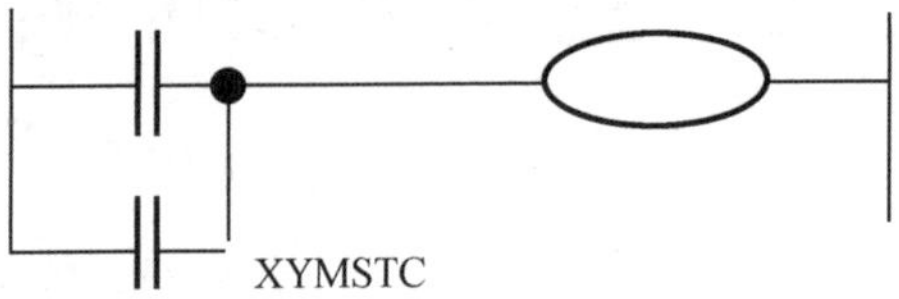 XYMSTC
[ORI] 或非	并联 常闭触点	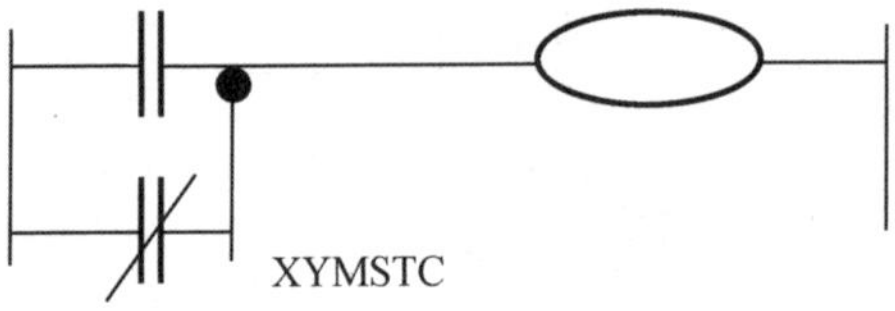 XYMSTC
[ORP] 或脉冲	并联 上升沿触点	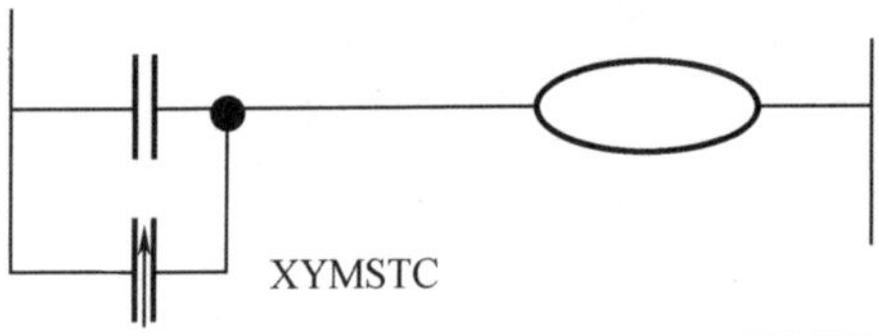 XYMSTC
[ORF] 或脉冲(F)	并联 下降沿触点	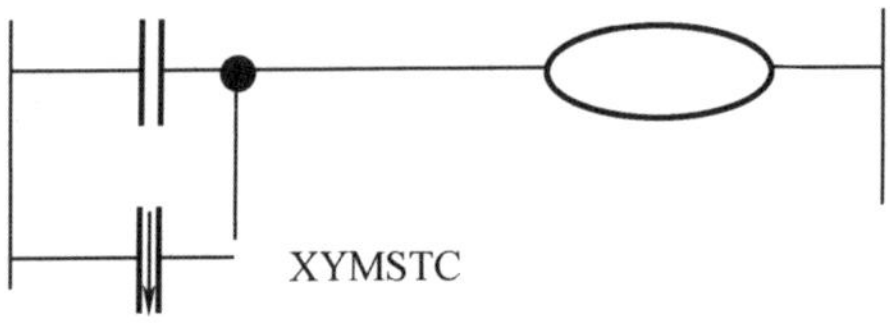 XYMSTC
[ANB] 逻辑块与	块串联	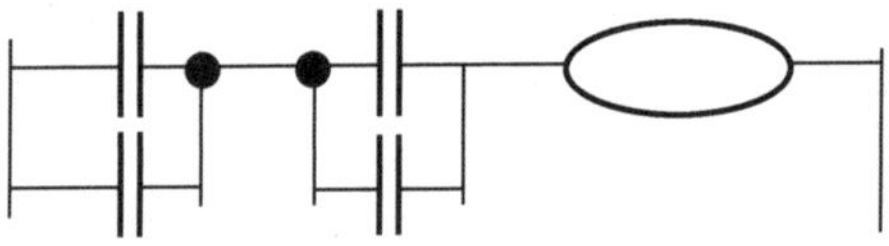
[ORB] 逻辑块或	块并联	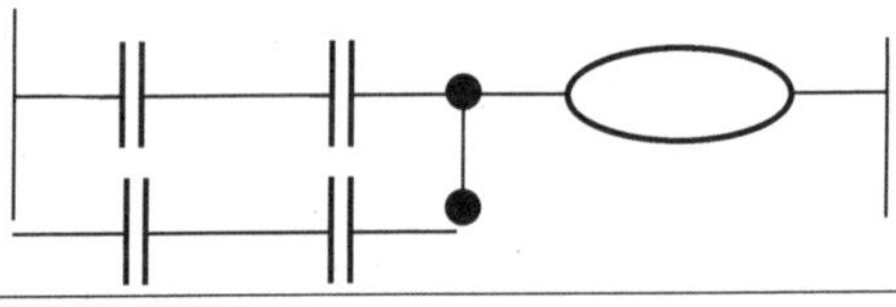
[OUT] 输出	线圈驱动指令	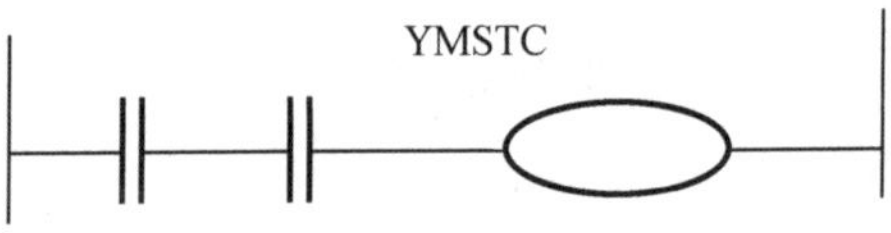 YMSTC
[SET] 置位	保持指令	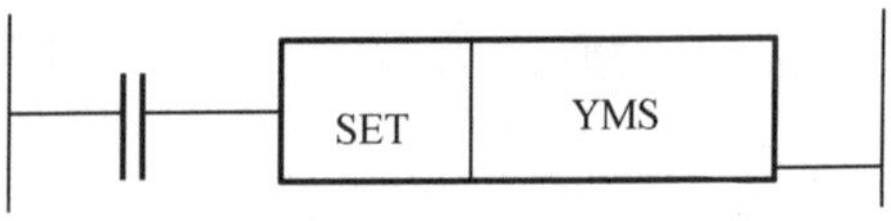 SET YMS
[RST] 复位	复位指令	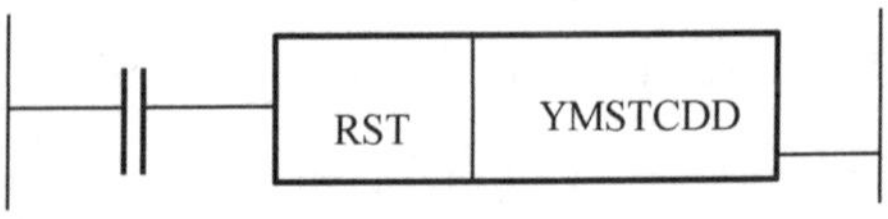 RST YMSTCDD

表 A－1(续2)

符号名称	功能	电路表示和目标元件
[PLS] 脉冲	上升沿 检测指令	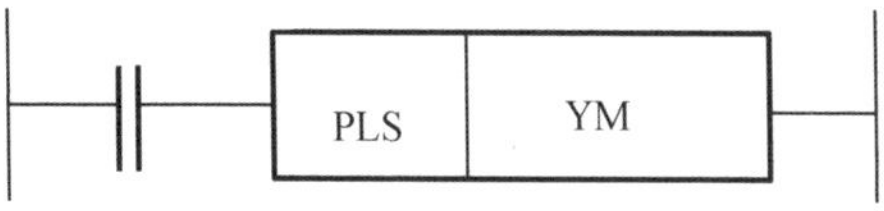 PLS YM
[PLF] 脉冲(F)	下降沿 检测指令	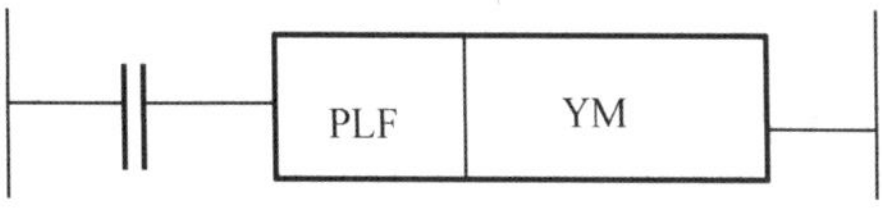 PLF YM
[MC] 主控	主控 开始指令	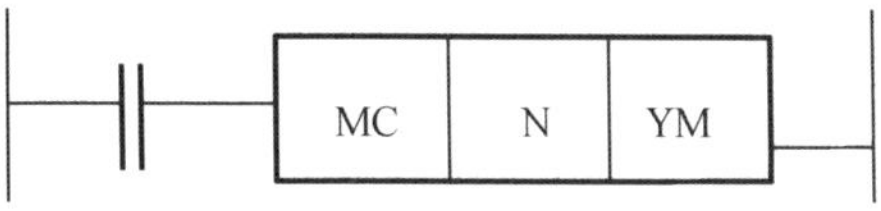 MC N YM
[MCR] 主控复位	主控 复位指令	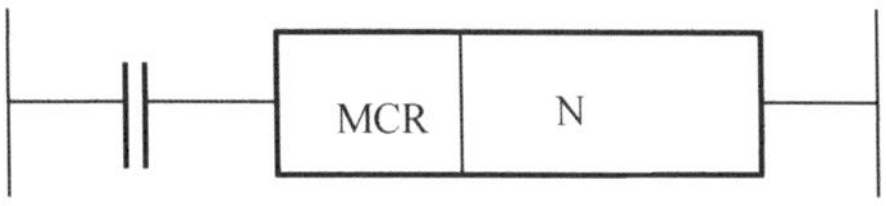 MCR N
[MPS] 进栈	进栈指令 (PUSH)	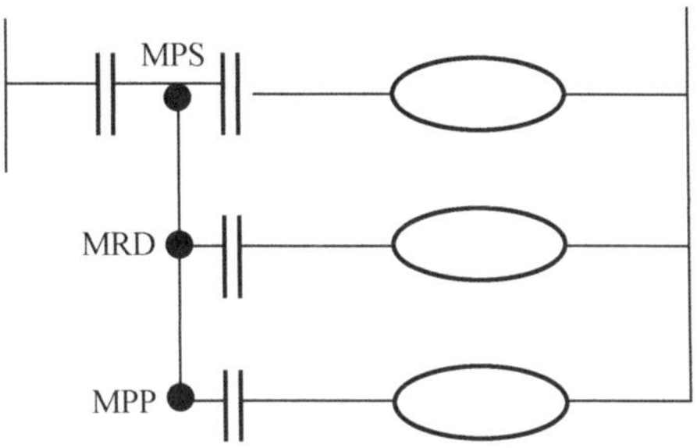 MPS
[MRD] 读栈	读栈指令	MRD
[MPP] 出栈	出栈指令 (POP 读栈且复位)	MPP
[INV] 反向	运算结果的反向	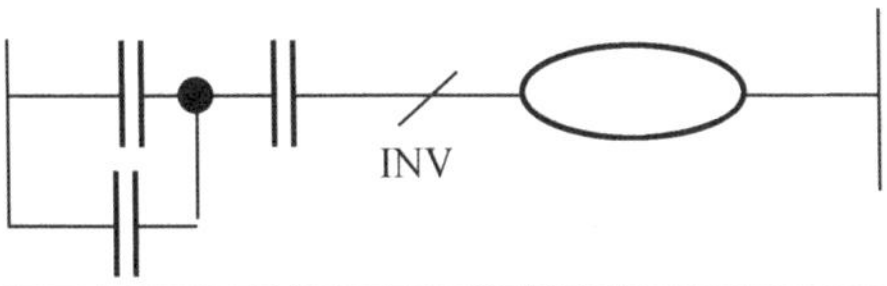 INV
[NOP] 无	空操作	程序清除或空格用
[END] 结束	程序结束	程序结束,返回 0 步

表 A-2　应用指令一览表

分类	FNC NO.	指令符号	功能	D 指令	P 指令
程序流	00	CJ	有条件跳	—	○
	01	CALL	子程序调用	—	○
	02	SRET	子程序返回	—	—
	03	IRET	中断返回	—	—
	04	EI	开中断	—	—
	05	DI	关中断	—	—
	06	FEND	主程序结束	—	—
	07	WDT	监视定时器刷新	—	—
	08	FOR	循环区起点	—	—
	09	NEXT	循环区终点	—	—
传送比较	10	CMP	比较	○	○
	11	ZCP	区间比较	○	○
	12	MOV	传送	○	○
	13	SMOV	移位传送	—	○
	14	CML	反向传送	○	○
	15	BMOV	块传送	—	○
	16	FMOV	多点传送	○	○
	17	XCH	交换	○	○
	18	BCD	BCD 转换	○	○
	19	BIN	BIN 转换	○	○
四则逻辑运算	20	ADD	BIN 加	○	○
	21	SUB	BIN 减	○	○
	22	MUL	BIN 乘	○	○
	23	DIV	BIN 除	○	○
	24	INC	BIN 增 1	○	○
	25	DEC	BIN 减 1	○	○
	26	WAND	逻辑字与	○	○
	27	WOR	逻辑字或	○	○
	28	WXOR	逻辑字异或	○	○
	29	NEG	求补码	○	○

表 A-2(续1)

分类	FNC NO.	指令符号	功能	D指令	P指令
移位指令	30	ROR	循环右移	○	○
	31	ROL	循环左移	○	○
	32	RCR	带进位右移	○	○
	33	RCL	带进位左移	○	○
	34	SFTR	位右移	—	○
	35	SFTL	位左移	—	○
	36	WSFR	字右移	—	○
	37	WSFL	字左移	—	○
	38	SFWR	“先进先出”写入	—	○
	39	SFRD	“先进选出”读出	—	○
数据处理	40	ZRST	区间复位	—	○
	41	DECO	解码	—	○
	42	ENCO	编码	—	○
	43	SUM	ON 位总数	○	○
	44	BON	ON 位判别	○	○
	45	MEAN	平均值	○	○
	46	ANS	报警器置位	—	—
	47	ANR	报警器复位	—	○
	48	SOR	BIN 平方根	○	○
	49	FLT	浮点数与十进制数间转换	○	○
高速处理	50	REF	刷新	—	○
	51	REFE	刷新和滤波调整	—	○
	52	MTR	矩阵输入	—	—
	53	HSCS	比较置位(高速计数器)	○	—
	54	HSCR	比较复位(高速计数器)	○	—
	55	HSZ	区间比较(高速计数器)	○	—
	56	SPD	速度检测	—	—
	57	PLSY	脉冲输出	○	—
	58	PWM	脉冲幅宽调制	—	—
	59	PLSR	加减速的脉冲输出	○	—

表 A－2(续2)

分类	FNC NO.	指令符号	功能	D 指令	P 指令
方便指令	60	IST	状态初始化	—	—
	61	SER	数据搜索	○	○
	62	ABSD	绝对值式凸轮顺控	○	—
	63	INCD	增量式凸轮顺控	—	—
	64	TTMR	示教定时器	—	—
	65	STMR	特殊定时器	—	—
	66	ALT	交替输出	—	—
	67	RAMP	斜坡信号	—	—
	68	ROTC	旋转台控制	—	—
	69	SORT	列表数据排序	—	—
外部设备(I/O)	70	TKY	0～9 数字键输入	○	—
	71	HKY	16 键输入	○	—
	72	DSW	数字开关	—	—
	73	SEGD	7 段编码	—	○
	74	SEGL	带锁存的 7 段显示	—	—
	75	ARWS	矢量开关	—	—
	76	ASC	ASCⅡ转换	—	—
	77	PR	ASCⅡ代码打印输入	—	—
	78	FROM	特殊功能模块读出	○	○
	79	TO	特殊功能模块写入	○	○
外部设备(SER)	80	RS	串行数据传送	—	—
	81	PRUN	并联运行	○	○
	82	ASCI	HEX→ASCⅡ转换	—	○
	83	HEX	ASCⅡ→HEX 转换	—	○
	84	CCD	校正代码	—	○
	85	VRRD	FX－8AV 变量读取	—	○
	86	VRSC	FX－8AV 变量整标	—	○
	87				
	88	PID	PID 运算	○	○
	89				

表 A-2(续3)

分类	FNC NO.	指令符号	功能	D 指令	P 指令
浮点数	110	ECMP	二进制浮点数比较	○	○
	111	EZCP	二进制浮点数区比较	○	○
	118	EBCD	二进制浮点数→十进制浮点数变换	○	○
	119	EBIN	十进制浮点数→二进制浮点数变换	○	○
	120	EADD	二进制浮点数加	○	○
	121	ESUB	二进制浮点数减	○	○
	122	EMUL	二进制浮点数乘	○	○
	123	EDIV	二进制浮点数除	○	○
浮点运算	127	ESOR	二进制浮点数开平方	○	○
	129	INT	二进制浮点数→BIN 整数转换	○	○
	130	SIN	浮点数 SIN 运算	○	○
	131	COS	浮点数 COS 运算	○	○
	132	TAN	浮点数 TAN 运算	○	○
时钟运算	147	SWAP	上下字节转换	—	○
	160	TCMP	时钟数据区比较	—	○
	161	TZCP	时钟数据区间比较	—	○
	162	TADD	时钟数据加	—	○
	163	TSUB	时钟数据减	—	○
	166	TRD	时钟数据读出	—	○
	167	TWR	时钟数据写入	—	○
格雷码	170	GRY	格雷码转换	○	○
	171	GBIN	格雷码逆转换	○	○
接点比较	224	LD =	(S1) = (S2)	○	—
	225	LD >	(S1) > (S2)	○	—
	226	LD <	(S1) < (S2)	○	—
	228	LD < >	(S1) ≠ (S2)	○	—
	229	LD≤	(S1) ≤ (S2)	○	—
	230	LD≥	(S1) ≥ (S2)	○	—
	232	AND =	(S1) = (S2)	○	—
	233	AND >	(S1) > (S2)	○	—
	234	AND <	(S1) < (S2)	○	—
	236	AND < >	(S1) ≠ (S2)	○	—
	237	AND≤	(S1) ≤ (S2)	○	—
	238	AND≥	(S1) ≥ (S2)	○	—

表 A－2(续4)

分类	FNC NO.	指令符号	功能	D 指令	P 指令
接点比较	240	OR =	(S1) = (S2)	○	—
	241	OR >	(S1) > (S2)	○	—
	242	OR <	(S1) < (S2)	○	—
	244	OR < >	(S1) ≠ (S2)	○	—
	245	OR≤	(S1) ≤ (S2)	○	—
	246	OR≥	(S1) ≥ (S2)	○	—

附录 B　DF700 参数一览表

表 B－1　DF700 参数一览表

参数	名称	设定范围	初始值
●0	转矩提升	0～30%	6/4/3% *1
●1	上限频率	0～12 Hz	120 Hz
●2	下限频率	0～120 Hz	0 Hz
●3	基准频率	0～400 Hz	50 Hz
●4	多段速设定(高速)	0～400 Hz	50 Hz
●5	多段速设定(中速)	0～400 Hz	30 Hz
●6	多段速设定(低速)	0～400 Hz	10 Hz
●7	加速时间	0～3600 s	5/10 s *2
●8	减速时间	0～3600 s	5/10 s *2
●9	电子过电流保护	0～500 A	变频器额定电流
10	直流制动动作频率	0～120 Hz	3 Hz
11	直流制动动作时间	0～10 s	0.5 s
12	直流制动动作电压	0～30%	6/4% *3
13	启动频率	0～60 Hz	0.5 Hz
14	适用负载选择	0～3	0
15	点动频率	0～400 Hz	5 Hz
16	点动加减速时间	0～3600 s	0.5 s
17	MRS 输入选择	0、2、4	0
18	高速上限频率	120～400 Hz	120 Hz
19	基准频率电压	0～1000 V、8888、9999	9999
20	加减速基准频率	1～400 Hz	50 Hz
22	失速防止动作水平	0～200%	150%
23	倍速时失速防止动作水平补偿系数	0～200%，9999	9999
24	多段速设定(4 速)	0～400 Hz，9999	9999
25	多段速设定(5 速)	0～400 Hz，9999	9999
26	多段速设定(6 速)	0～400 Hz，9999	9999
27	多段速设定(7 速)	0～400 Hz，9999	9999
29	加减速曲线选择	0、1、2	0
30	再生制动功能选择	0、1、2	0

表 B－1(续 1)

参数	名称	设定范围	初始值
31	频率跳变 1 A	0～400 Hz、9999	9999
32	频率跳变 1B	0～400 Hz、9999	9999
33	频率跳变 2A	0～400 Hz、9999	9999
34	频率跳变 2B	0～400 Hz、9999	9999
35	频率跳变 3A	0～400 Hz、9999	9999
36	频率跳变 3B	0～400 Hz、9999	9999
37	转速显示	0、0.01～9 998	0
40	RUN 键旋转方向选择	0、1	0
41	频率到达动作范围	0～100%	10%
42	输出频率检测	0～400 Hz	6 Hz
43	反转时输出频率检测	0～400 Hz、9999	9999
44	第 2 加减速时间	0～3600 s	5/10 s *2
45	第 2 减速时间	0～3600 s、9999	9999
46	第 2 转矩提升	0～30%、9999	9999
47	第 2V/F(基准频率)	0～400 Hz、9999	9999
48	第 2 失速防止动作水平	0～200%、9999	9999
51	第 2 电子过电流保护	0～500 A、9999	9999
52	DU/PU 主显示数据选择	0、5、8～12、14、20、23～25、52～55、61、62、64、100	0
55	频率监视基准	0～400 Hz	50 Hz
56	电流监视基准	0～500 A	变频器额定电流
57	再启动自由运行时间	0、0.1～5 s、9999	9999
58	再启动上升时间	0～60 s	1 s
59	遥控功能选择	0、1、2、3	0
60	节能控制选择	0、9	0
65	再试选择 0～5	0	
66	失速防止动作水平降低开始频率	0～400 Hz	50 Hz
67	报警发生时再试次数	0～10、101～110	0
68	再试等待时间	0.1～600 s	1 s
69	再试次数显示和消除	0	0
70	特殊再生制动使用率	0～30%	0%
71	适用电机	0、1、3、13、23、40、43、50、53	0
72	PWM 频率选择	0～15	1

表 B－1(续2)

参数	名称	设定范围	初始值
73	模拟量输入选择	0、1、10、11	1
74	输入滤波时间常数	0～8	1
75	复位选择/PU 脱离检测/PU 停止选择	0～3、14～17	14
77	参数写入选择	0、1、2	0
78	反转防止选择	0、1、2	0
●79	运行模式选择	0、1、2、3、4、6、7	0
80	电机容量	0.1～7.5 kW、9999	9999
82	电机励磁电流	0～500 A、9999	9999
83	电机额定电压	0～1000 V	200/400 V[*4]
84	电机额定频率	10～120 Hz	50 Hz
90	电机常数(RI)	0～50 Ω、9999	9999
96	自动调谐设定/状态	0、11、21	0
117	PU 通信站号	0～31(0～247)	0
118	PU 通信速率	48、96、192、384	192
119	PU 通信停止位长	0、1、10、11	1
120	PU 通信奇偶校验	0、1、2	2
121	PU 通信再试次数	0～10、9999	1
122	PU 通信校验时间间隔	0、0.1～999.8 s、9999	0
123	PU 通信等待时间设定	0～150 ms、9999	9999
124	PU 通信有无 CR/LF 选择 0、1、2	1	
●125	端子 2 频率设定增益频率 0～400 Hz	50 Hz	
●126	端子 4 频率设定增益频率 0～400 Hz	50 Hz	
127	PID 控制自动切换频率	0～400 Hz、9999	9999
128	PID 动作选择	0、20、21、40～43	0
129	PID 比例带	0.1%～1 000%、9999	100%
130	PID 积分时间	0.1～3600 s、9999	1 s
131	PID 上限	0～100%、9999	9999
132	PID 下限	0～100%、9999	9999
133	PID 动作目标值	0～100%、9999	9999
134	PID 微分时间	0.01～10.00 s、9999	9999
145	PU 显示语言切换	0～7	1
146	生产厂家设定用参数,请勿自行设定		
150	输出电流检测水平	0～200%	150%
151	输出电流检测信号延迟时间	0～10 s	0 s

表 B-1(续3)

参数	名称	设定范围	初始值
152	零电流检测水平	0~200%	5%
153	零电流检测时间	0~1 s	0.5 s
156	失速防止动作选择	0~31、100、101	0
157	OL 信号输出延时	0~25 s、9999	0 s
158	AM 端子功能选择	1~3、5、8~24、52、53、61、62	
●160	扩展功能显示选择	0、9999	9999
161	频率设定/键盘锁定操作选择	0、1、10、11	0
162	瞬时停电再启动动作选择	0、1、10、11	1
165	再启动失速防止动作水平	0~200%	150%
166	输出电流检测信号保持时间	0~10 s、9999	0.1 s
167	输出电流检测动作选择	0、1	0
168	生产厂家设定用参数,请勿自行设定		
169	生产厂家设定用参数,请勿自行设定		
170	累计电度表清零	0、10、9999	9999
171	实际运行时间清零	0、9999	9999
178	STF 端子功能选择	0~5、7、8、10、12、14、16、18、24、25、37、60、62、65~67、9999	60
179	STR 端子功能选择	0~5、7、8、10、12、14、16、18、24、25、37、61、62、65~67、9999	61
180	RL 端子功能选择	0~5、7、8、10、12、14、16、18、24、25、37、62、65~67、9999	0
181	RM 属子功能选择		1
182	RH 端子功能选择		2
190	RUN 端子功能选择	0、1、3、4、7、8、11~16、25、26、46、47、64、70、80、81、90、91、93、95、96、98、99、100、101、103、104、107、108、111~116、125、126、146、147、164、170、180、181、190、191、193、195、196、198、199、9999	0

表 B－1(续4)

参数	名称	设定范围	初始值
192	ABC 端子功能选择	0、1、3、4、7、8、11～16、25、26、46、47、64、70、80、81、90、91、95、96、98、99、100、101、103、104、107、108、111～116、125、126、146、147、164、170、180、181、190、191、195、196、198、199、9999	99
197	S0 端子功能选择	0、1、3、4、7、8、11～16、25、26、46、47、64、70、80、81、90、91、93、95、96、98、99、100、101、103、104、107、108、111～116、125、126、146、147、164、170、180、181、190、191、193、195、196、198、199	80
232	多段速设定(8 速)	0～400 Hz、9999	9999
233	多段速设定(9 速)	0～400 Hz、9999	9999
234	多段速设定(10 速)	0～400 Hz、9999	9999
235	多段速设定(11 速)	0～400 Hz、9999	9999
230	多段速设定(12 速)	0～400 Hz、9999	9999
237	多段速设定(13 速)	0～400 Hz、9999	9999
238	多段速设定(14 速)	0～400 Hz、9999	9999
239	多段速设定(15 速)0～400 Hz、9999	9999	
240	Soft－PWM 动作选择	0、1	1
241	模拟输入显示单位切换	0、1	0
244	冷却风扇的动作选择	0、1	1
245	额定转差 0～50%、9999	9999	
246	转差补偿时间常数	0.01～10 s	0.5 s
247	恒功率区域转差补偿选择	0～9999	9999
249	启动时接地检测的有无	0、1	1
250	停止选择	0～100 s、1 000～1 100 s、8888、9999	9999
251	输出缺相保护选择	0、1	1
255	寿命报警状态显示	(0～15)	0

表 B－1(续5)

参数	名称	设定范围	初始值
256	浪涌电流抑制电路寿命显示	(0～100%)	100%
257	控制电路电容器寿命显	(0～100%)	100%
258	主电路电容器寿命显示	(0～100%)	100%
259	测定主电路电容器寿命	0、1(2、3、8、9)	0
260	PWM 频率自动切换	0、1	0
261	掉电停止方式选择	0、1、2	0
267	端子 4 输入选择	0、1、2	0
268	监视卷小数位数选择	0、1、9999	9999
269	厂家设定用参数,请勿自行设定		
295	频率变化量设定	0、0.01、0.10、1.00、10.00	0
296	密码保护选择	1～6、101～106、9999	9999
297	密码注册/解除	1000～9998(0～5、9999)	9999
298	频率搜索增益	0～32 767、9999	9999
299	再启动时的旋转方向检测选择	0、1、9999	0
338	通信运行指令权	0、1	0
339	通信速率指令权	0、1、2	0
340	通信启动模式选择	0、1、10	0
342	通信 EEPROM 写入选择	0、1	0
343	通信错误计数	－	0
450	第 2 适用电机	0、1、9999	9999
495	远程输出选择	0、1、10、11	0
496	远程输出内容 1	0～4095	0
502	通信异常时停止模式选择	0、1、2	0
503	维护定时器	0(1～9998)	0
504	维护定时器报警输出设定时间	0～9998、9999	9999
549	协议选择	0、1	0
551	PU 模式操作权选择	2、4、9999	9999
555	电流平均时间	0.1～1 s	1 s
556	数据输出屏蔽时间	0～20 s	0 s
557	电流平均值监视信号基准输出电流	0～500 A	变频器额定电流
561	PIC 热敏电阻保护水平	0.5～30 kΩ、9999	9999
563	累计运转时间次数(0～65535)	0	
564	累计通电时间次数	(0～65535)	0
571	启动时维持时间	0～10 s、9999	9999

表 B-1(续6)

参数	名称	设定范围	初始值
575	输出中断检测时间 0～3600 s、9999	1 s	
576	输出中断检测水平	0～400 Hz	0 Hz
577	输出中断解除水平	900～1100%	1000%
592	三角波功能选择	0、1、2	0
593	最大振幅量	0～25%	10%
594	减速时振幅补偿量	0～50%	10%
595	加速时振幅补偿量	0～50%	10%
596	振幅加速时间	0.1～3600 s	5 s
597	振幅减速时间	0.1～3600 s	5 s
611	再启动时加速时间	0～3600 s、9999	9999
653	速度滤波控制	0～200%	0
665	再生回避频率增益	0～200%	100
872 *6	输入缺相保护选择	0、1	1
882	再生回避动作选择	0、1、2	0
883	再生回避动作水平	300～800 V	DC400 V/780 V *4
885	再生回避补偿频率限制值	0～10H z、9999	6 Hz
886	再生回避电压增益	0～200%	100%
888	自由参数 1	0～9999	9999
889	自由参数 2	0～9999	9999
891	累计电量监视器位切换次数	0～4、9999	9999
C2(902) *5	端子 2 频率设定偏置频率	0～400 Hz	0 Hz
C3(902) *5	端子 2 频率设定偏置	0～300%	0%
125(903) *5	端子 2 频率设定增益频率	0～400 Hz	50 Hz
C4(903) *5	端子 2 频率设定增益	0～300%	100%
C5(904) *5	端子 4 频率设定偏置频率	0～400 Hz	0 Hz
C6(904) *5	端子 4 频率设定偏置	0～300%	20%
126(905) *5	端子 4 频率设定增益频率	0～400 Hz	50 Hz
C7(905) *5	端子 4 频率设定增益	0～300%	100%
C22～C25 (922、923)	生产厂家设定用参数,请勿自行设定		
990	PU 蜂鸣器音控制	0、1	1
991	PU 对比度调整	0～63	58
Pr. CL	清除参数	0、1	0
ALLC	参数全部清除	0、1	0

表 B-1(续7)

参数	名称	设定范围	初始值
Er. CL	清除报警历史	0、1	0
Pr. CH	初始值变更清单	-	-

*1　容量不同也各不相同。6%:0.75 kW 以下。4%:1.5~3.7 kW。3%:5.5 kW、7.5 kW。

*2　容量不同也各不相同。5 s:3.7 kW 以下。10 s:5.5 kW、7.5 kW。

*3　容量不同也各不相同。6%:0.1 kW、0.2 kW。4%:0.4~7.5 kW。

*4　电压级别不同也各不相同。(200 V/400 V)

*5　( )内为使用 FR-E500 系列用操作面板(FK(FR-PA02~02))或参数模块(PU04-CH/FR-PU07)时的参数编号。

*6　仅三相电源输入规格品可以设定。

附录 C　2019 年全国职业院校技能大赛现代电气控制系统安装与调试（样题）

2019 年全国职业院校技能大赛

现代电气控制系统安装与调试

（样题）

（总时间:240 分钟）

工

作

任

务

书

场次号________　　工位号________

注意事项

一、本任务书共13页，如出现缺页、字迹不清等问题，请及时向裁判示意，进行任务书的更换。

二、在完成工作任务的全过程中，应严格遵守电气安装和电气维修的安全操作规程。电气安装中，低压电器安装按《电气装置安装工程　低压电器施工及验收规范(GB 50254—96)》验收。

三、不得擅自更改设备已有器件位置和线路，若对现场设备安装调试有疑问，须经设计人员(赛场评委)同意后方可修改。

四、竞赛过程中，参赛选手认定竞赛设备的器件有故障，可提出更换，器件经现场裁判测定完好属参赛选手误判时，每次扣参赛队3分；若因人为操作损坏器件，酌情扣5~10分；后果严重者(如导致PLC、变频器、伺服等烧坏)，本次竞赛成绩计0分。

五、所编PLC、触摸屏等程序必须保存到计算机的“D：\工位号”文件夹下，工位号以现场抽签为准。

六、参赛选手在完成工作任务的过程中，不得在任何地方标注学校名称、选手姓名等信息。

请按要求在4个小时内完成以下工作任务：

一、按立体仓库系统控制说明书设计电气控制原理图，并按图完成器件选型计算、器件安装、电路连接(含主电路)和相关元件参数设置。

二、按立体仓库系统控制说明书编写PLC程序及触摸屏程序，完成后下载至设备PLC及触摸屏，并调试该电气控制系统达到控制要求。

三、参考YL－ZT型T68镗床电气原理图，排除T68镗床电气控制电路板上所设置的故障，使其能正常工作，同时完成维修工作票。

本任务在YL－158GA1设备上实现，设备详细介绍详见《亚龙YL－158GA1现代电气控制系统安装与调试用户说明书》。

立体仓库系统控制说明书

一、立体仓库系统运行说明

立体仓库系统由立体仓库区、码料小车、托盘传送带、机器手、称重区和货物传送带组成，立体仓库系统俯视图如图C－1所示。

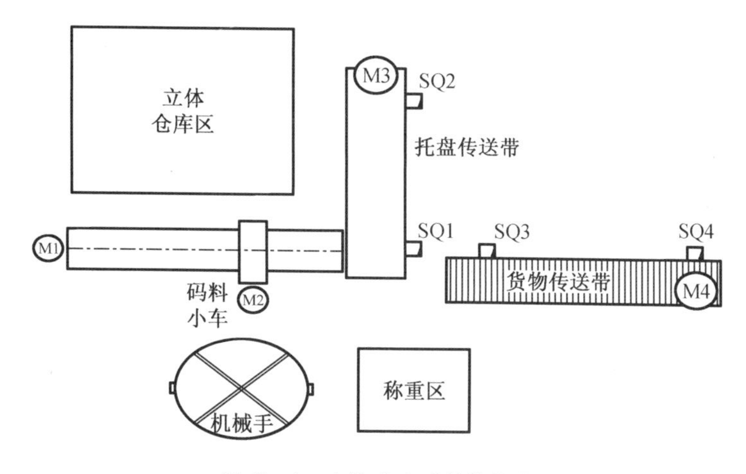

图 C－1　立体仓库系统俯视图

立体仓库区的正视图如图 C－2 所示。由该图可知，立体仓库区共有 9 个存储位置，已知当前 9 个存储位置都已有货，要求设计一个自动取货控制系统，将 9 个货物分别取出。

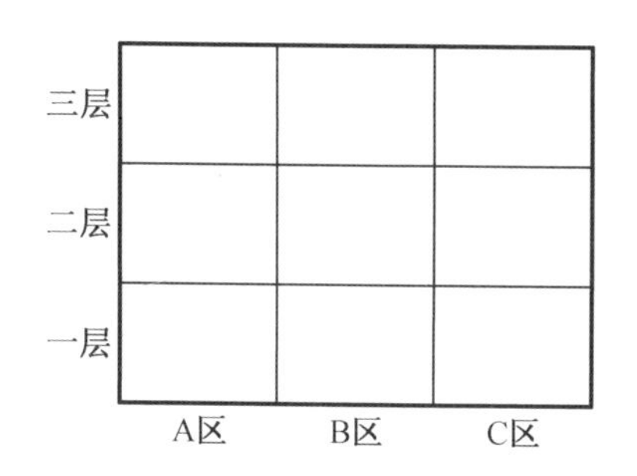

图 C－2　立体仓库区的正视图

系统自动运行过程如下：在触摸屏中选择要取出的货物，码料小车行驶至相应位置取出货物（带托盘）并返回至原位；机械手将货物取放至称重区进行称重，将托盘取放至托盘传送带的 SQ1 位置，当 SQ1 检测到有托盘时，托盘传送带启动，将托盘运送至 SQ2 位置。货物经过称重后再由机械手抓放至货物传送带的 SQ3 位置，当 SQ3 检测到有货物时，货物传送带将货物运送至 SQ4 位置。货物传送带的速度根据运送货物的质量而变化。

已知每个货物质量一般在 0～100 kg 范围内，经称重模块称重后，将质量信号转换成 0～10 V电压信号。使用前面板提供的 0～10 V 电压模拟货物质量。

立体仓库系统由以下电气控制回路组成：码料小车的左右移动由电机 M1 驱动（M1 为步进电机，步进电机参数设置为旋转一周需要 2 000 个脉冲）。码料小车的上下移动由电机 M2 驱动（M2 为伺服电机，伺服电机参数设置为旋转一周需要 3 200 个脉冲）。托盘传送带由电机 M3 驱动（M3 为三相异步电机，可正、反转运行）。货物传送带由电机 M4 驱动（M4 为三相异步电机，由变频器进行多段速控制，变频器参数设置为第一段速为 15 Hz，第二段速为 30 Hz，第三段速为 45 Hz，加速时间 1.2 s，减速时间 0.5 s，三相异步电机可正、反转运行）。

电动机旋转以“顺时针旋转为正向，逆时针旋转为反向”。

二、立体仓库系统安装方案要求

1. 本系统使用三台 PLC，三台 PLC 通过 CC_Link/工业以太网进行通信。指定三菱 Q0CPU/西门子 S7－300/西门子 S7－1500 为主站，2 台三菱 FX3U/西门子 S7－200Smart/S7－1200 为从站。

2. MCGS 触摸屏应连接到系统中主站 PLC 上（三菱系统中触摸屏连接到 QPLC 的 RS232 端口；西门子系统中触摸屏连接到 S7－300/S7－1500 的以太网端口，不允许连接到交换机）。

3. 电机控制、I/O、HMI 与 PLC 组合分配方案见表 C－1（其余自行定义）。

表 C－1　电机控制、I/O、HMI 与 PLC 组合分配方案

	方案		
电机	三菱 Q 系列＋FX3U 系列方案	西门子 S7－300＋S7－200Smart 方案	西门子 S7－1500＋S7－1200 方案
HMI	Q00UCPU	S7－300	CPU 1511
M3、M4、SB1～SB4 HL1～HL5 SQ1～SQ4	FX3U－48MR	S7－200Smart 6ES7288－1SR40－0AA0	CPU 1212C 6ES7212－1BE40－0XB0
M1、M2、SA1 SQ11～SQ15	FX3U－48MT	S7－200Smart 6ES7288－1ST30－0AA0	CPU 1212C 6ES7212－1AE40－0XB0

4. 根据本说明书设计电气控制原理图，根据所设计的电路图连接电路，不允许借用机床考核单元电气回路。参照所给定的图纸格式把系统电气原理图以及各个 PLC 的 I/O 接线图绘制在标准图纸上，在“设计”栏中填入选手工位号，在“制图”栏中填入 PLC 品牌型号。

5. PLC 和变频器安装位置要求如图 C－3 所示，不允许自行定义位置，不得擅自更改设备已有器件位置和线路，其余器件位置自行定义。

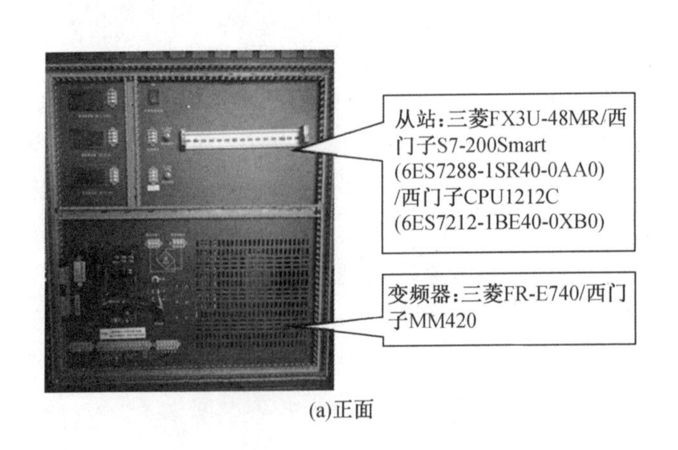

(a)正面

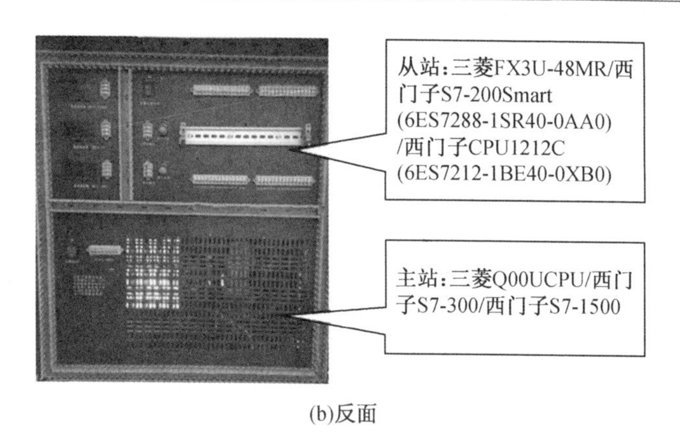

(b)反面

图 C－3 PLC 和变频器安装位置要示

三、立体仓库系统控制要求

立体仓库系统设备具备两种工作模式。模式一：手动调试模式；模式二：自动运行模式。设备上电后触摸屏进入欢迎界面，点击触摸屏任意位置，设备进入手动调试模式。

1. 手动调试模式

设备进入手动调试模式后，触摸屏出现手动调试界面，手动调试界面可参考图 C－4 进行制作。按下“选择调试按钮”，选择需要调试的电机，当前电机指示灯亮，触摸屏提示信息变为“当前调试电机：× ×电机”，按下启动按钮 SB1，选中的电机将进行调试运行。每个电机调试完成后，对应的指示灯熄灭。

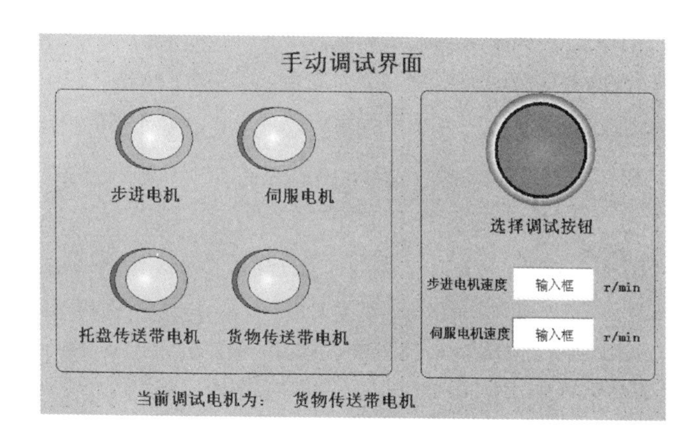

图 C－4 手动调试界面参考图

(1)码料小车左右移动电机(步进电机)M1 调试过程

码料小车左右移动电机(步进电机)M1 安装在丝杠装置上。其安装示意图如图 C－5 所示，其中 SQ13、SQ12、SQ11 分别为立体仓库区 A、B、C 区的定位开关，SQ14、SQ15 为极限位开关。步进电机开始调试前，先手动将码料小车移动至 SQ11 位置，在触摸屏中设定步进电机的速度(速度范围 60～150 r/min)之后，按下启动按钮 SB1，码料小车开始向左移动，至

SQ12 处停止，4 s 后继续向左移动，至 SQ13 处停止。然后，重新设置步进电机的速度，再次按下启动按钮 SB1，码料小车开始向右移动，至 SQ11 处停止，整个调试过程结束。整个调试过程中按下停止按钮 SB2，步进电机停止，再次按下启动按钮 SB1，码料小车从当前位置开始继续移动。步进电机调试过程中，码料小车移动时 HL1 长亮，码料小车停止时 HL1 以 2 Hz的频率闪烁。

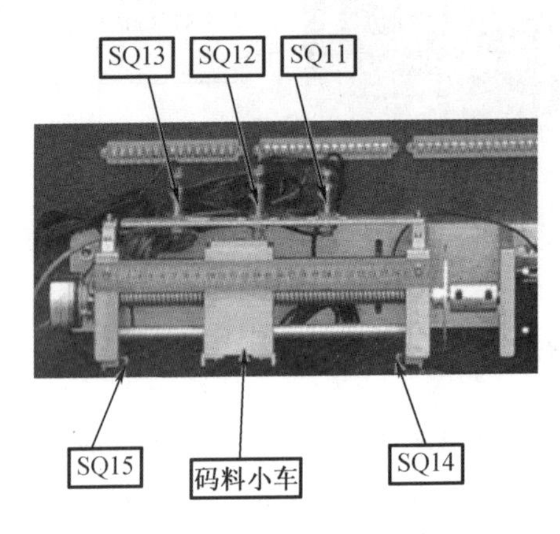

图 C－5　码料小车水平移动示意图

（2）码料小车上下移动电机（伺服电机）M2 调试过程

码料小车上下移动电机（伺服电机）M2 不需要安装在丝杠装置上。伺服电机开始调试前，在触摸屏中设定伺服电机的速度（速度范围 60 ~ 150 r/min），然后按下启动按钮 SB1，伺服电机以正转 5 s、停止 2 s、反转 5 s、停止 2 s 的规律运行，按下停止按钮 SB2，伺服电机停止。伺服电机调试过程中，HL1 以亮 2 s、灭 1 s 的规律闪烁。

（3）托盘传送带电动机 M3 调试过程

按下启动按钮 SB1 后，M3 启动，并且以正转 4 s、停止 2 s、反转 8 s、停止 2 s 的规律运行，直到按下停止按钮 SB2，M3 调试结束。M3 调试过程中，HL2 长亮。

（4）货物传送带电动机 M4 调试过程

按下启动按钮 SB1 后，M4 正转启动，且动作顺序为 15 Hz 运行 3 s、30 Hz 运行 3 s、45 Hz 运行 3 s、停止；再次按下启动按钮 SB1 后，M4 反转启动，且动作顺序为 15 Hz 运行 3 s、30 Hz运行 3 s、45 Hz 运行 3 s，直到按下停止按钮 SB2，M4 停止。M4 调试过程中，HL2 以亮 2 s、灭 1 s 的规律闪烁。

所有电机（M1 ~ M4）调试完成后，按下 SB3，触摸屏将切换到自动运行界面。在未切换至自动运行界面时，单台电机可以反复调试。

2. 自动运行模式

触摸屏进入自动运行界面后，按下启动按钮 SB1，系统正式进入自动运行模式。触摸屏自动运行界面可参考图 C－6 进行设计。设计要求：自动运行界面中应当有仓库位置指示，各仓库位置有货物进入时，对应的位置显示已存放货物的质量；此外，自动运行界面中还应该有当前运送货物的质量。

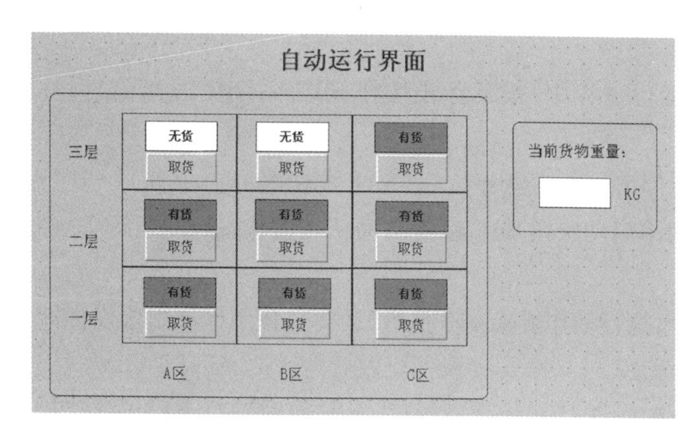

图 C－6　自动运行界面参考图

立体仓库系统工动作流程与控制要求如下。

(1)系统初始化状态

码料小车处于一层 C 区(C1 仓位),码料小车上无货物。按下启动按钮 SB1,系统正式进入自动运行模式。

(2)运行操作

①根据需要取货的位置,点击触摸屏中相应位置的“取货”按钮,码料小车自动移动至该位置完成取货,期间 M1、M2 的速度均为 2 r/s。已知码料小车每上升一层,伺服电机 M2 需要正转 10 r。例如,要将二层 B 区(B2 仓位)的货物取出,码料小车需要从 C1 仓位运行至 B2 仓位,则 M1、M2 的动作流程如下:M1 以 2 r/s 的速度驱动码料小车向左移动,直至 SQ12 处停下;M2 以 2 r/s 的速度正转 10 r 后停下,此时码料小车到达 B2 仓位,等待 4 s(期间码料小车自动将货物连同托盘取出),此时触摸屏中对应仓位的有/无货状态发生改变;货物取出后 M1 驱动码料小车向右移动至 SQ11,M2 反转 10 r,即码料小车回到原点 C1 仓位处,等待 5 s(期间机械手将码料小车上的货物和托盘分别取放至称重区和托盘传送带)。至此一个完整的取货过程完成,码料小车等待下一个命令。

②在机械手将货物放至称重区后,触摸屏中显示当前货物的质量(质量范围为 0 ~ 100 kg,由前面板提供的 0 ~ 10 V 电压模拟给出)。

③在货物称重的同时,机械手将托盘放至托盘传送带上,M3 负责带动托盘传送带将托盘运送至 SQ2 位置:SQ1 检测到托盘传送带上有托盘,M3 正转启动,托盘被运送到位后,SQ2 被压下,M3 停止。

④货物称重后,按下确认按钮 SB4,等待 5 s(期间机械手将称重区的货物取放至货物传送带上)。货物被放至货物传送带上后,SQ3 会被压下,SQ3 有信号后,M4 正转启动。M4 的速度根据货物质量自动调整:质量大于或等于 60 kg 的货物,M4 以 15 Hz 的速度运送;质量在 30 ~ 60 kg 范围内的货物,M4 以 30 Hz 的速度运送;质量小于或等于 30 kg 的货物,M4 以 45 Hz 的速度运送。直至货物被运送到位,SQ4 被压下,M4 停止。至此,一个完整的取货操作完成。

⑤当所有仓位都无货时，系统停止运行，同时指示灯 HL3 闪烁（周期为 0.5 s）。

（3）停止操作

①系统自动运行过程中，按下停止按钮 SB2，系统完成当前货物的取货操作后停止运行。

②系统发生急停事件按下急停按钮（SA1 被切断）时，系统立即停止。急停恢复（SA1 被接通）后，再次按下启动按钮 SB1，系统自动从之前状态启动运行。

（4）其他要求

动作要求连贯，执行动作要求顺序执行，运行过程不允许出现硬件冲突。

（5）系统状态显示

系统自动运行时绿灯 HL4 长亮，码料小车动作时绿灯 HL5 闪烁（周期为 1 s），系统停止时红灯 HL3 长亮。

3. 非正常情况处理

系统在自动运行模式下，当某仓位无货时，若点击该仓位对应的取货按钮，则触摸屏自动弹出报警画面“此仓位无货，请选择其他仓位”，3 s 后报警画面自动消失，触摸屏恢复到自动运行界面。

维修工作票

工作票编号 NO.：

发单日期:20　年　月　日

<table>
<tr><td>工位号</td><td colspan="3"></td></tr>
<tr><td>工作任务</td><td colspan="3">T68 镗床电气控制电路板故障检测与排除</td></tr>
<tr><td>工作时间</td><td colspan="3">自　年　月　日　时　分至　年　月　日　时　分</td></tr>
<tr><td>工作条件</td><td colspan="3">登陆学号(即两位数的工位号,如 01、10、20 等):
登陆密码:无
观察故障现象和排除故障后试机通电;检测及排除故障过程停电。</td></tr>
<tr><td>工作许可人签名</td><td colspan="3"></td></tr>
<tr><td>维修要求</td><td colspan="3">1. 在工作许可人签名后方可进行检修;
2. 对电气控制电路板进行检测,确定故障点并排除、调试,填写表格;
3. 严格遵守电工操作安全规程;
4. 不得擅自改变原线路接线,不得更改电路和元件位置;
5. 完成检修后能恢复该镗床各项功能</td></tr>
<tr><td>故障现象
描述</td><td></td><td></td><td></td></tr>
<tr><td>故障检测和
排除过程</td><td></td><td></td><td></td></tr>
<tr><td>故障点
描述</td><td></td><td></td><td></td></tr>
</table>

注:参赛选手在“工位号”栏签工位号,裁判在“工作许可人签名”栏签名。

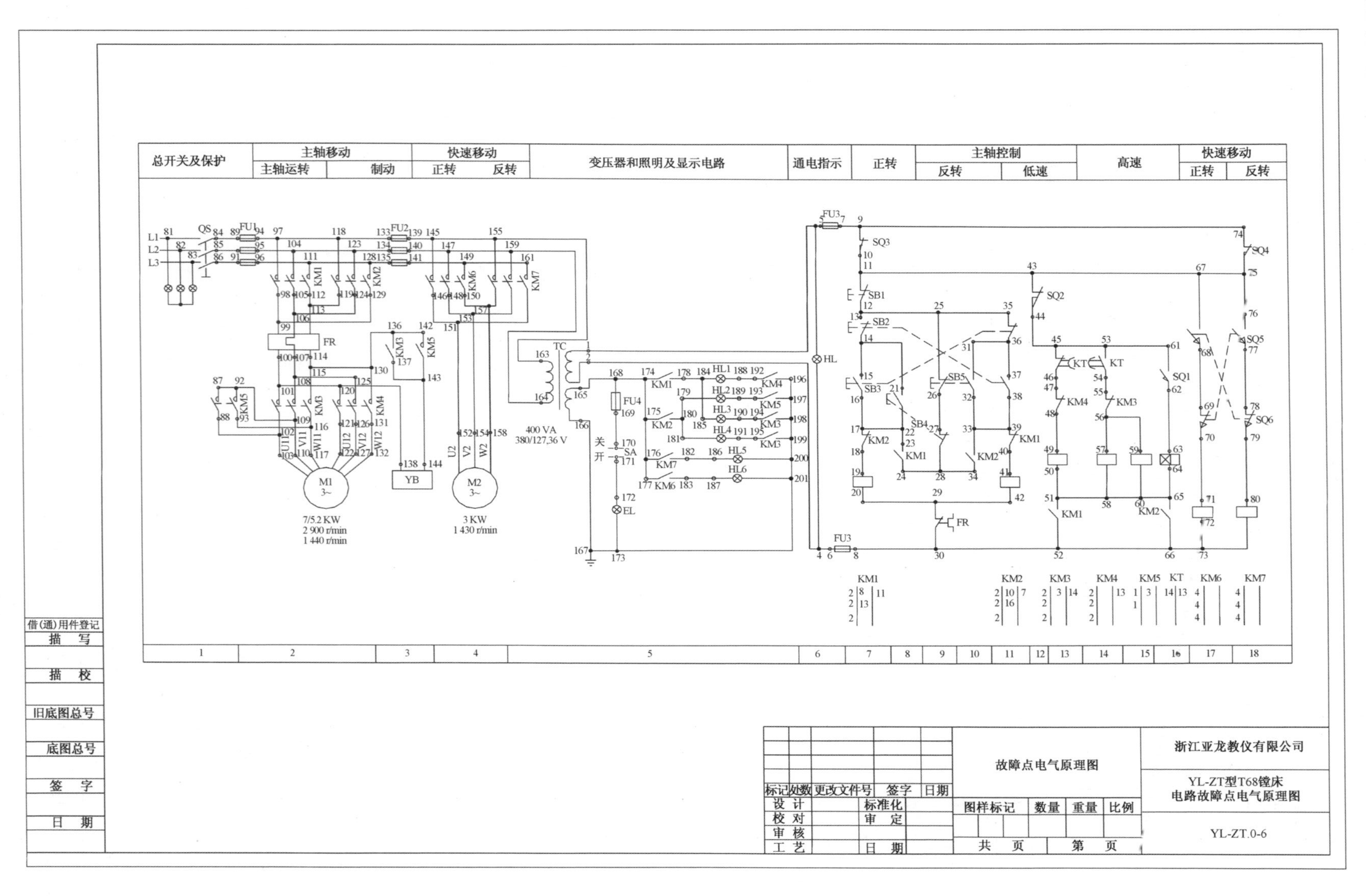
总开关及保护
主轴移动
主轴运转
制动
快速移动
正转
反转
变压器和照明及显示电路
通电指示
正转
主轴控制
反转
低速
高速
快速移动
正转
反转
M1 3~
7/5.2 KW
2 900 r/min
1 440 r/min
YB
M2 3~
3 KW
1 430 r/min
400 VA
380/127,36 V
借(通)用件登记
描 写
描 校
旧底图总号
底图总号
签 字
日 期
标记 处数 更改文件号 签字 日期
设 计
校 对
审 核
工 艺
标准化
审 定
日 期
故障点电气原理图
图样标记 数量 重量 比例
共 页 第 页
浙江亚龙教仪有限公司
YL-ZT型T68镗床
电路故障点电气原理图
YL-ZT.0-6

附录 D　2019 年全国职业院校技能大赛（高职组）“智能电梯装调与维护”竞赛赛卷（样卷）

2019 年全国职业院校技能大赛

（高职组）

“智能电梯装调与维护”

竞

赛

赛

卷

（样卷）

场次号________　　工位号________

选手须知：

1. 赛卷共15页，如出现赛卷缺页、字迹不清等问题，请及时向裁判示意，并进行任务书的更换。

2. 参赛团队应在5小时内完成赛卷规定任务内容；参赛选手在竞赛过程中创建的程序文件必须存储到“D:\技能竞赛\工位号”文件夹下。

3. 选手提交的赛卷用工位号标识，不得写上姓名或与身份有关的信息，否则成绩无效。

4. 参赛选手在比赛过程中可提出设备器件更换要求。更换的器件经裁判组检测后，如为非人为损坏，由裁判根据现场情况给予补时；如为人为损坏或器件正常，每次扣3分。

竞赛基本要求：

1. 正确使用工具，操作安全规范。
2. 部件安装、电路连接、接头处理正确、可靠，符合要求。
3. 爱惜赛场的设备和器材，尽量减少耗材的浪费。
4. 保持工作台及附近区域干净整洁。
5. 竞赛过程中如有异议，可向现场考评人员反映，不得扰乱赛场秩序。
6. 遵守赛场纪律，尊重考评人员，服从安排。

竞赛设备描述：

“智能电梯装调与维护”竞赛在THJDDT－5型电梯控制技术综合实训装置上进行，该装置由两台高仿真电梯模型和两套电气控制柜组成。电梯模型的所有信号全部通过航空电缆引入控制柜，每部电梯的控制系统均由一台FX3U－64MR/ES－A PLC控制，PLC之间通过FX3U－485BD通信模块交换数据，电梯外呼统一管理，可实现电梯的群控功能。高仿真电梯模型由驱动装置、轿厢及对重装置、导向系统、门机机构、安全保护机构等组成；电气控制柜由PLC、变频器、低压电气元件（继电器、接触器、热继电器、相序保护器）、智能考核系统等组成。参赛选手根据竞赛任务书要求完成以下任务。

任务一：电梯电气控制原理图设计与绘制

根据提供的相关设备和任务书中的电梯控制功能要求，在指定专用绘图页上手工绘制电路图，电路图中的图形符号和文字描述，应符合JB/T 2739—2008《工业机械电气图用图形符号》要求。

（1）电梯主电路、变频器主电路及控制电路设计与绘制：含交流接触器、相序保护器、熔断器、变频器、曳引机、热继电器，不含PLC控制电路，其中部分图形符号和文字描述已提供。

（2）电梯安全及门锁电气控制电路设计及绘制：实现厅门、轿门等保护功能，实现急停、相序、过流等保护功能。注：绘制的电路图相序保护器触点及门锁开关为正常工作状态。

任务二:电梯机构安装、调整与线路连接

根据提供的设备及部件,完成下列电梯机构的安装、调整与线路连接(包括操作箱与呼梯盒、井道信息系统、平层检测机构、限速器钢丝绳、层门开合传动机构等),电梯模型各部件相应位置示意图如图 D－1 所示。

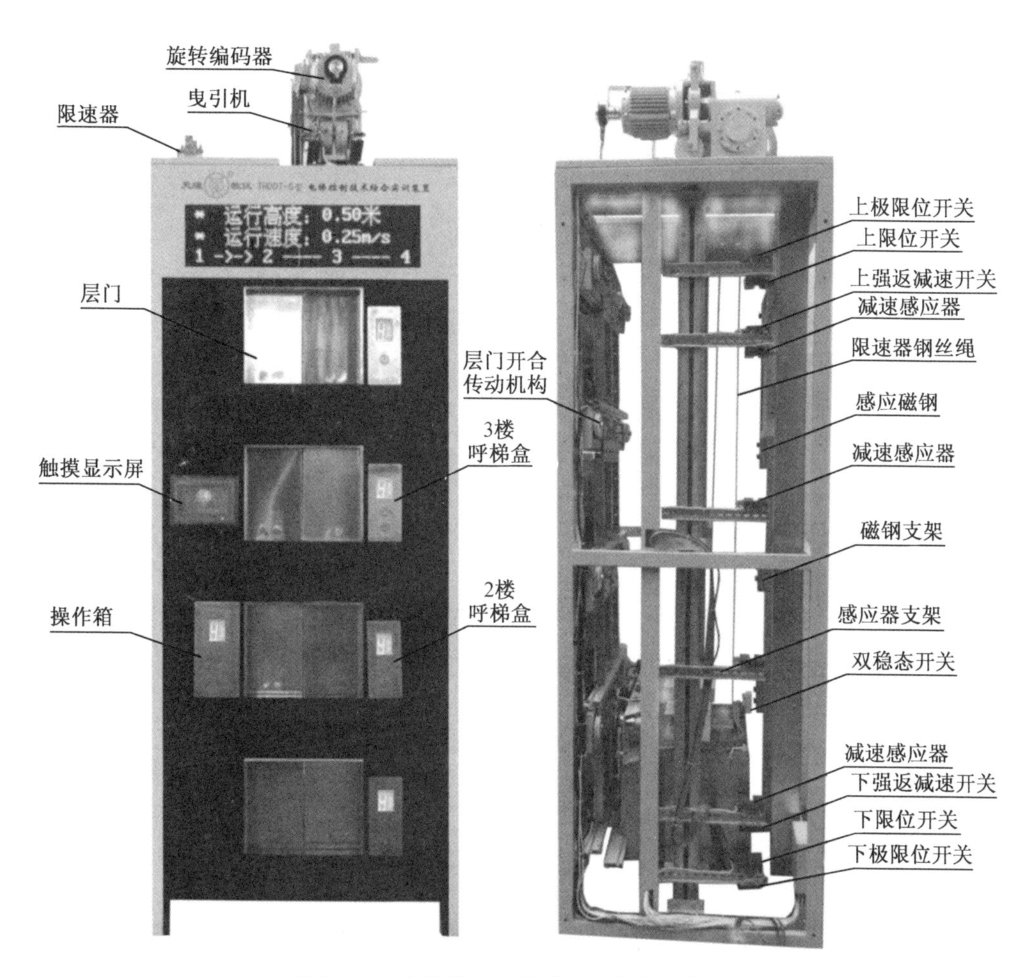

图 D－1　电梯模型各部件相应位置示意图

1. 操作箱与呼梯盒的安装与接线

按照图 D－1 标识的位置,将操作箱、2 楼和 3 楼呼梯盒安装在相应位置,并完成按钮的接线与调试。

2. 井道信息系统的安装与接线

根据电梯实际工作要求及图 D－1 标识的位置,正确安装 1 层、2 层、3 层和 4 层减速感应器及感应器支架,将支架调整到合适的位置,并完成线路的连接。

3. 平层检测机构的安装与调整

根据双稳态开关的工作特性及图 D－1 标识的位置,正确安装 1 层、2 层、3 层和 4 层感应磁钢及磁钢支架,并调整到合适的位置。

4. 限速器钢丝绳的安装与调整

根据限速器实际工作要求及图 D－1 标识的位置，正确安装限速器钢丝绳，按照图 D－2 完成钢丝绳的连接及绳头制作，并调整钢丝绳长度、安全钳开关及断绳开关的位置。

图 D－2　钢丝绳连接示意图

5. 层门开合传动机构的安装与调整

根据层门的实际工作要求，按照图 D－3 完成层门开合传动机构的安装，并调整好传动钢丝绳和拉伸弹簧的长度。连接门机线路，调试门机控制器参数，完成开关门自动控制，实现与电梯模型联动控制。

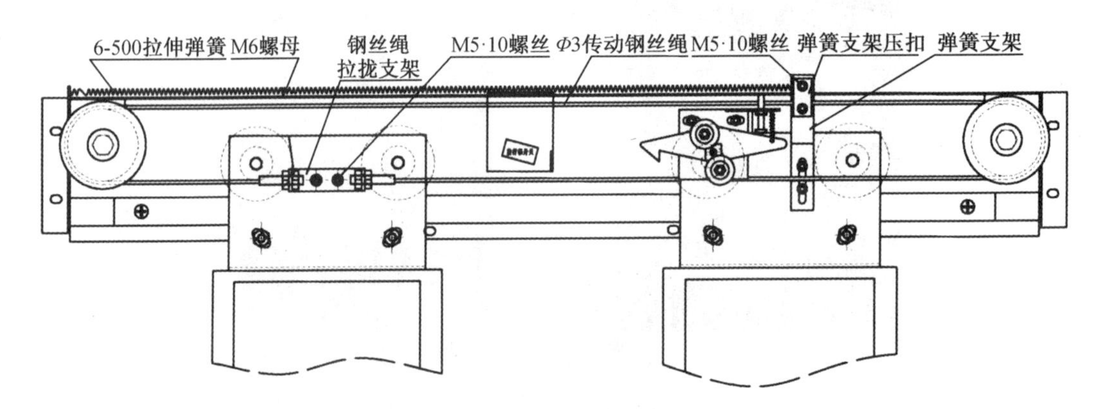

图 D－3　层门开合传动机构安装示意图

任务三：电梯电气控制柜的器件安装与线路连接

1. 根据提供的控制柜布局图（图 D－4），完成电气控制柜中电梯电气控制系统安装（变频器 1 只、变压器 1 只、调速电阻 1 只、整流桥堆 1 只、继电器 5 只、交流接触器 2 只、热继电器 1 只、相序保护器 1 只、保险丝座 3 只、固定器 6 只、导轨 1 根），其余器件已经安装好，器件的安装要牢靠、合理、规范。

2. 根据提供的电梯电气控制柜接线图完成线路的连接，其中，航空插座到航空插座转接端子排的线路已经连接好。接线正确能实现相应的电气功能，接线符合工艺标准，端子排接线应使用管型绝缘端子，继电器、接触器等接线应使用 U 形插片，各导线连接处需要套号码管,工作完成后盖上线槽盖。

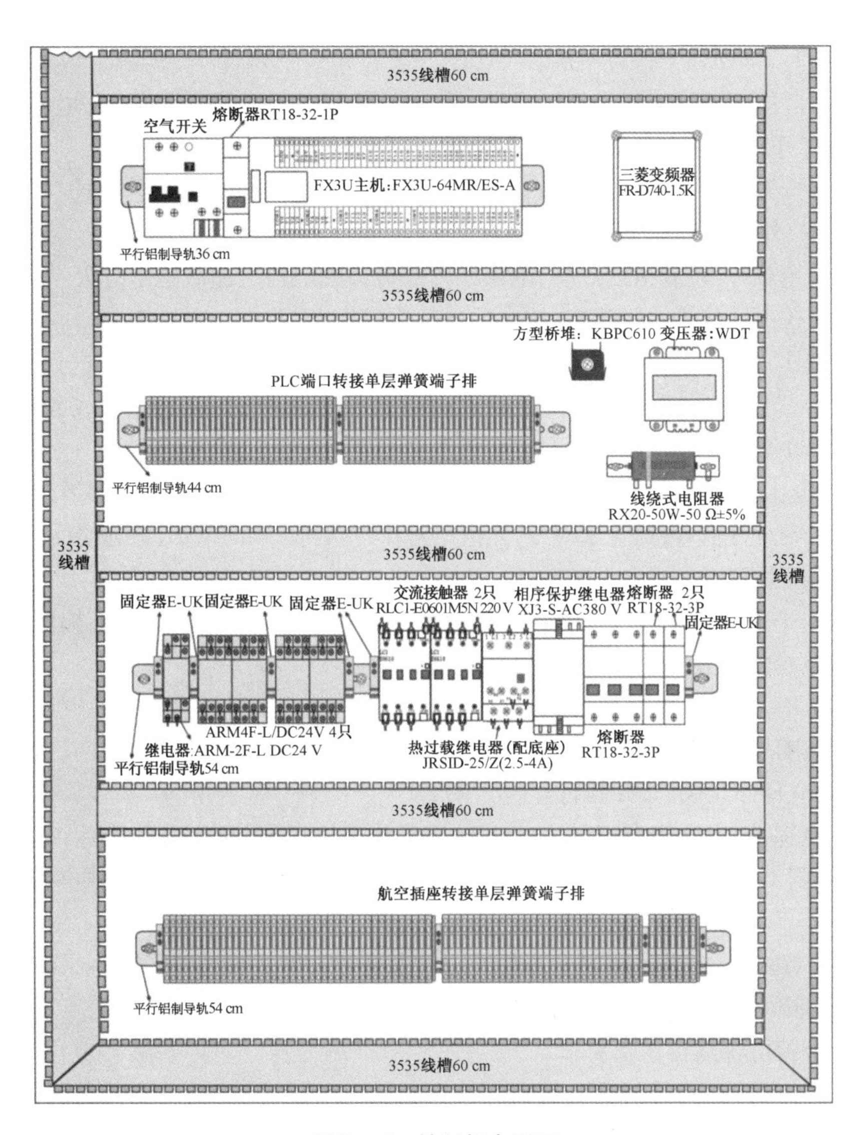

图 D-4 控制柜布局图

任务四:电梯控制程序设计与调试

按照给定的 PLC 控制电梯 I/O 端口分配图(图 D-5),编写控制程序及调试设备,使设备达到下列控制要求。

1. 电梯舒适系统设计与调试

进行舒适系统控制程序设计,根据任务书中的电梯节能和平稳度的要求,设置变频器参数,编写变频控制程序,实现变频器多段速度自动切换,平稳停止。

变频器参数设置基本要求:

(1)运行模式可外部端子控制;

(2)加速时间 1.6 s,减速时间 1.5 ~2.2 s;

(3)运行高速为30 Hz,低速为15 Hz,检修为5 Hz。

2. 单座电梯运行基本功能要求

(1)开始时,电梯处于任意一层。

(2)电梯应能正确响应任一楼层内选、外呼信号,电梯到达响应楼层后,电梯停止运行,电梯门自动打开,5 s后电梯自动关门。

(3)电梯按钮带有指示灯。当按内选/外呼按钮时,指示灯亮,到达内选/外呼楼层后,相应楼层内选/外呼信号解除,指示灯灭。

(4)电梯超载时,超载指示灯亮,电梯开门等待,超载解除,超载指示灯灭。

(5)电梯在本层处于关门状态,按本层外呼按钮能开门。

(6)电梯具有服务层设置功能:可对主梯和副梯在2楼、3楼是否停靠进行设置。如设置关闭2楼停靠服务,则2楼内呼按钮、2楼外呼按钮系统不响应。(关闭或者取消关闭通过触摸屏操作)

(7)电梯运行逻辑要求:对多个同向的内选信号,按到达位置先后次序依次响应;对同时多个内选信号与外呼信号,响应原则为“先按定向,同向响应,顺向截梯,最远端反向截梯”。

(8)电梯应具有以下安全保护功能。

①电梯未平层或运行时,开门按钮和关门按钮均不起作用。平层且电梯停止运行后,按开门按钮电梯门打开,按关门按钮电梯门关闭。

②电梯具有上、下限位保护功能。

③电梯具有安全触板和光电对射传感器双重保护措施,当电梯关门中两者任意一项有信号时,电梯立即停止关门,并执行开门。

④打开电梯锁(电梯锁有信号)时,电梯从其他楼层返回停在一层,到达一层后驻停指示灯亮,并开门10 s后自动关门,此时不响应所有内选和外呼信号,等关闭电梯锁时电梯恢复正常工作。

(9)电梯节能要求,当轿厢处于正常关门状态且处于停止状态,等待8 s,无内选或外呼信号时,内部照明灯和风扇停止工作,当有呼叫信号时恢复正常工作。

3. 两台群控电梯运行逻辑要求

(1)两台电梯内选信号的响应规则与单台电梯一致,群控逻辑主要考虑两台电梯对外呼信号如何响应,外呼信号统一管理,两台电梯外呼信号作用相同,响应逻辑应遵循路程最短原则、时间最少原则与任务均分原则。

(2)高峰时段电梯优化调控模式:

①早间上班模式:设置为早间上班模式,2台电梯自动停靠1楼,当有呼梯信号时,按照群控逻辑响应信号,呼梯信号响应完成,电梯门关闭,等待10 s没有呼梯信号,2台电梯自动返回并停靠1楼。

②区间工作模式:设置为区间工作模式,主梯自动停靠3楼,副梯自动停靠2楼,当有呼梯信号时,按照群控逻辑响应信号,呼梯信号响应完成,电梯门关闭,等待10 s没有呼梯信号,主梯自动停靠3楼,副梯自动停靠2楼。

③晚间下班模式:设置为晚间下班模式,主梯自动停靠4楼,副梯自动停靠3楼,当有呼梯信号时,按照群控逻辑响应信号,呼梯信号响应完成,电梯门关闭,等待10 s没有呼梯信号,主梯自动停靠4楼,副梯自动停靠3楼。

④取消模式选择,电梯按照群控逻辑响应信号,停靠楼层按照最后响应楼层停靠。

⑤三种模式选择与取消选择通过触摸屏操作。

(3)将电梯分为待召、上客、运行三种状态,定义:其中一台为主梯(主梯 PLC1 为主站),另一台为副梯(副梯 PLC2 为从站),相同情况下主梯优先响应。当其中一台电梯处于检修状态时,另一台按单电梯运行逻辑运行。

4. 触摸显示屏工程设计

(1)在主梯的触摸屏 TPC7062KX 上制作二个界面。界面一为启动窗口,在界面一中设置有进入界面二的按钮,并有相应的文字说明。界面一中包含主梯和副梯的电梯开门及关门动画模拟(门动作为连续移动变化)、主梯和副梯轿厢的运行轨迹(包括轿厢的连续移动变化及平层停止)及主梯和副梯轿当前轿厢的实时高度(显示单位为 mm)。在界面一中设置有入界面二的按钮,并有相应的文字说明。界面二中包含主梯和副梯的 2 楼、3 楼的关闭楼层开关与取消关闭开关,早间上班模式、区间工作模式、晚间下班模式选择开关与取消选择开关。在界面二中设置返回界面一的按钮,并有相应的文字说明。

(2)在副梯的触摸屏 TPC7062KX 上制作一个界面。界面一中包含主梯和副梯的轿厢当前楼层信息、电梯运行方向、所有外呼指示灯、所有内选指示灯,显示状态与电梯运行状态一致。同时当超载时显示报警相关信息。

(3)在 PLC 程序中增加相应程序段使触摸屏实现上述功能。

任务六:电梯故障诊断与排除

根据电梯故障现象,结合 PLC 控制电梯 I/O 端口分配图(图 D-5)、电梯电气控制柜带故障设置接线图(图 D-6)、电梯模型接线图(图 D-7)、电梯电气控制柜接线图(图 D-8),对所设置的 3 个故障进行诊断和排除(排除故障需在网孔板上进行相应的线路连接),并对故障现象进行描述、写出排除方法。

故障一　现象描述:

　　　　排除方法:

故障二　现象描述:

　　　　排除方法:

故障三　现象描述:

　　　　排除方法:

任务七:电梯调试、机械故障排除与保养

(1)达到电梯平层准确(误差小于 5 mm)。

(2)解决开关门过程中有撞击声的问题,解决开关门过程中有卡阻的现象的问题,解决电梯运行中有抖动和振动的现象的问题。

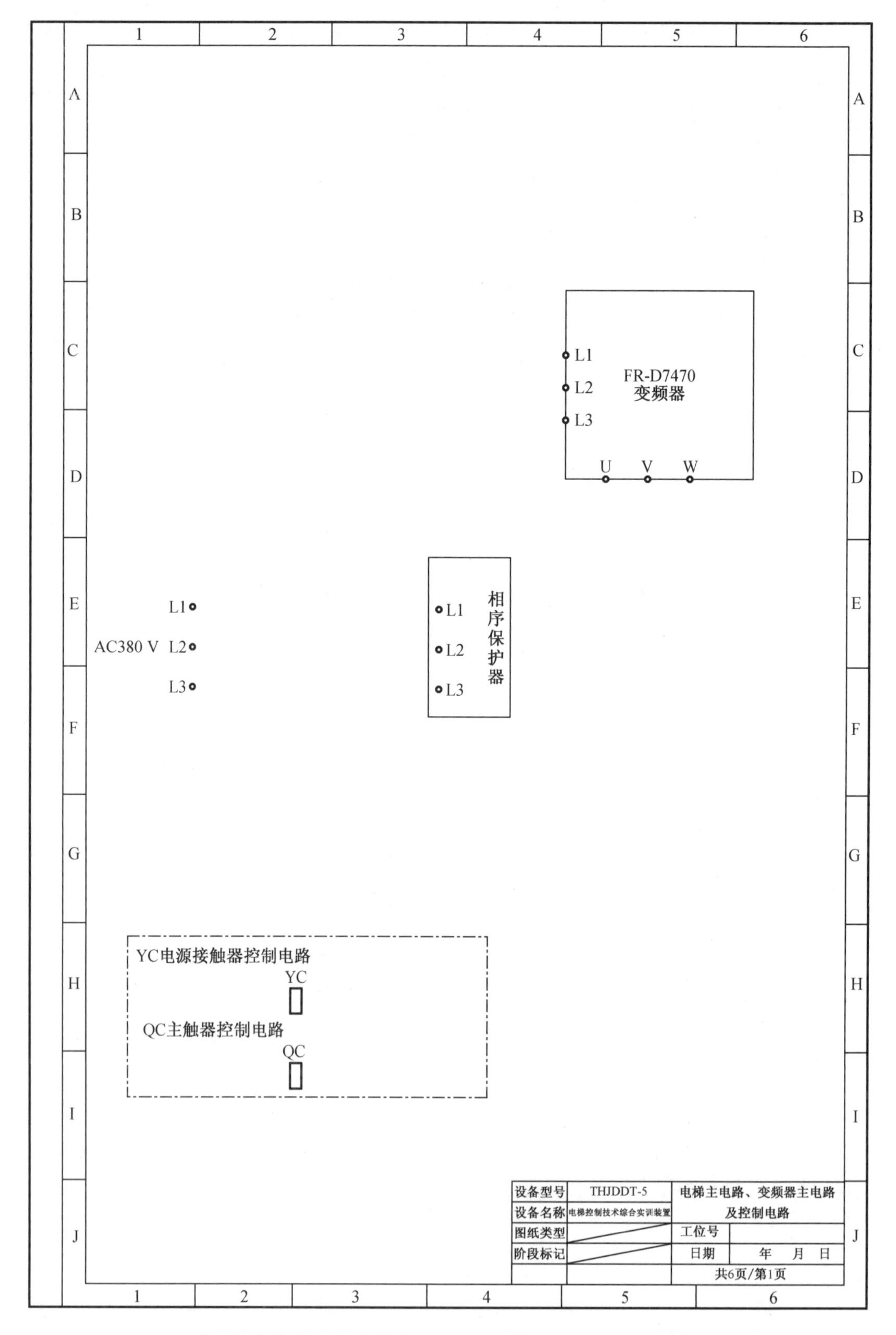

电梯主电路、变频器主电路及控制电路设计与绘制专用绘图页

电梯安全及门锁电气控制电路设计及绘制专用绘图页

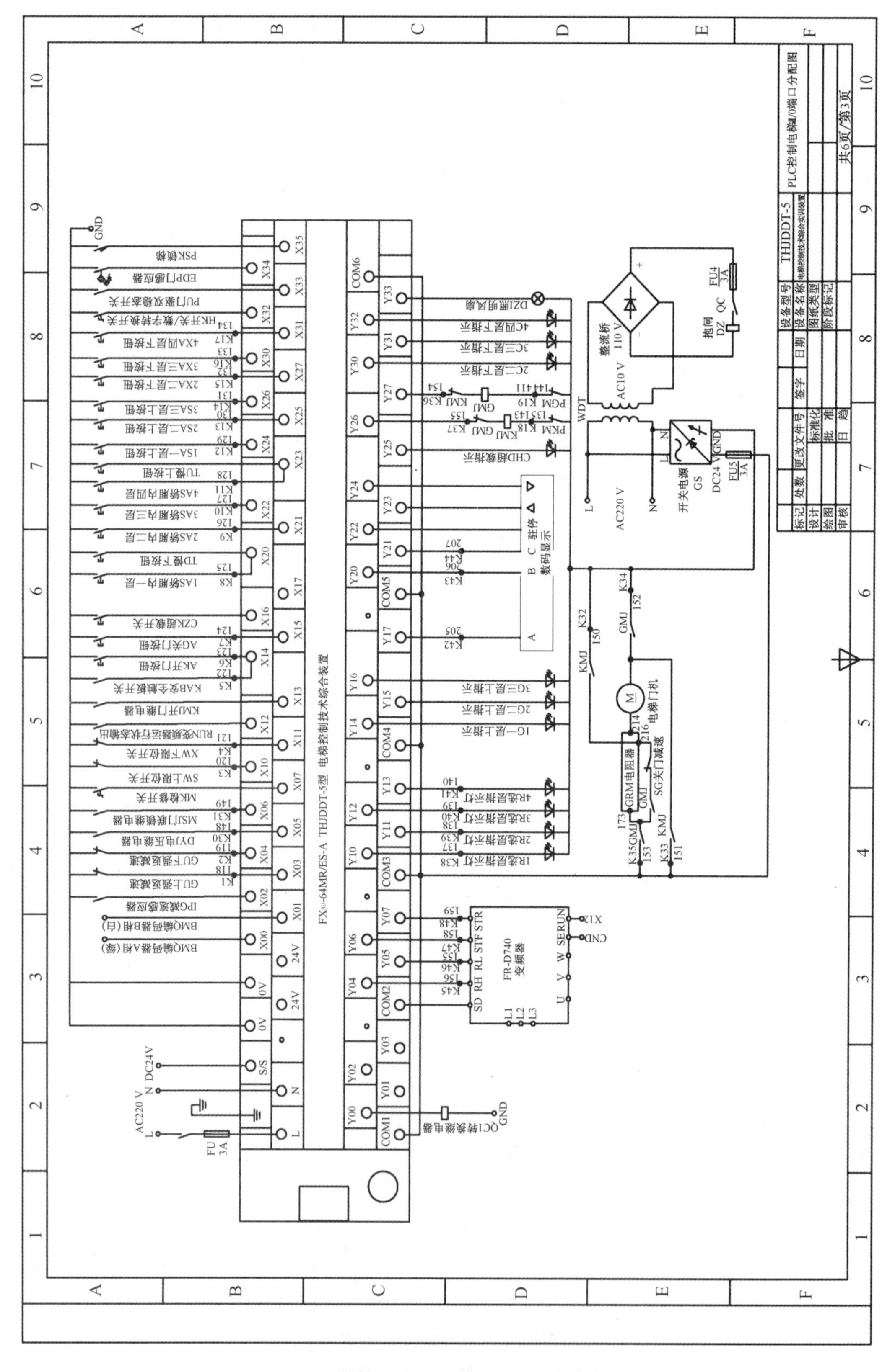

图 D－5　PLC 控制电梯 I/O 端口分配图

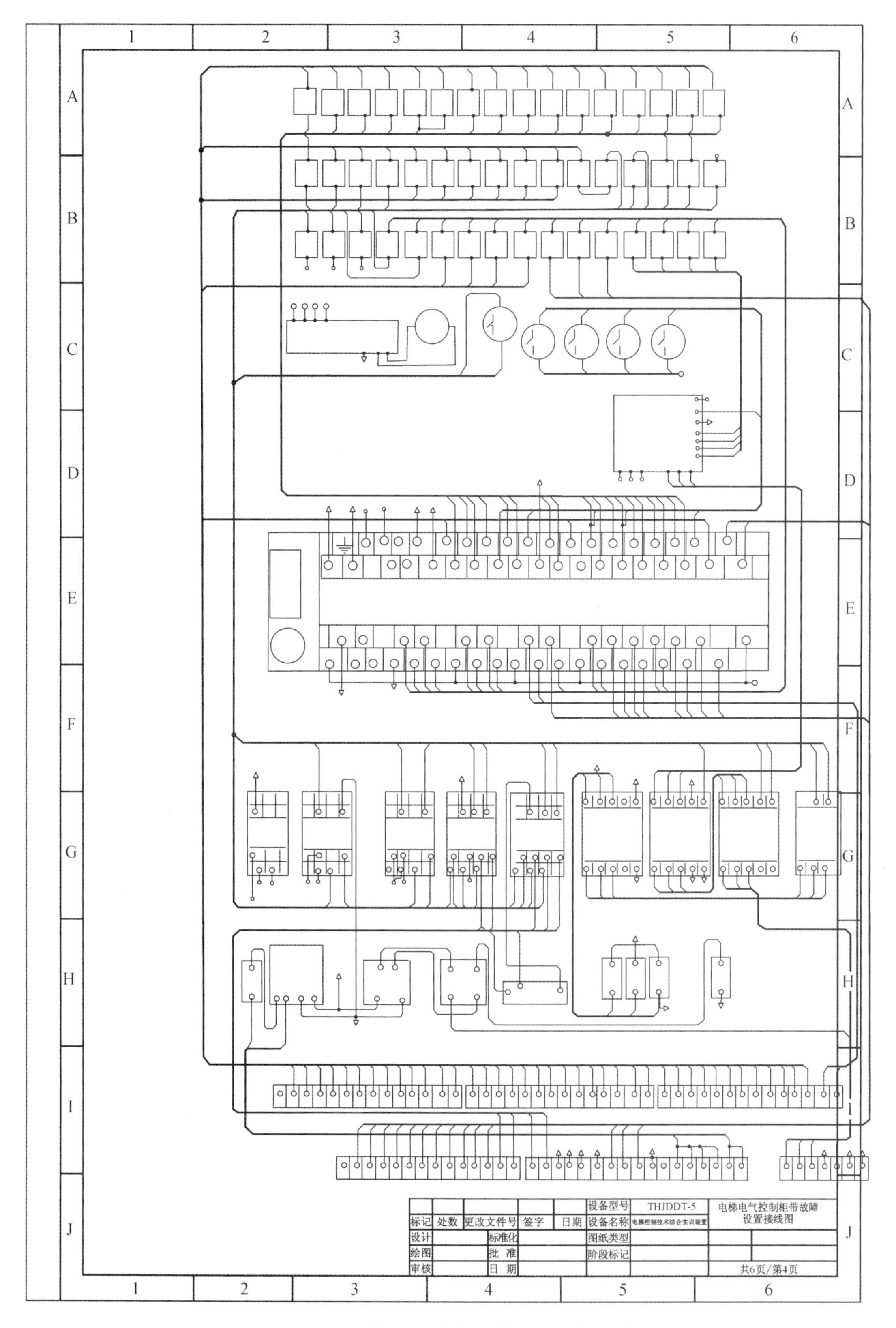

图 D－6　电梯电气控制柜带故障设置接线图

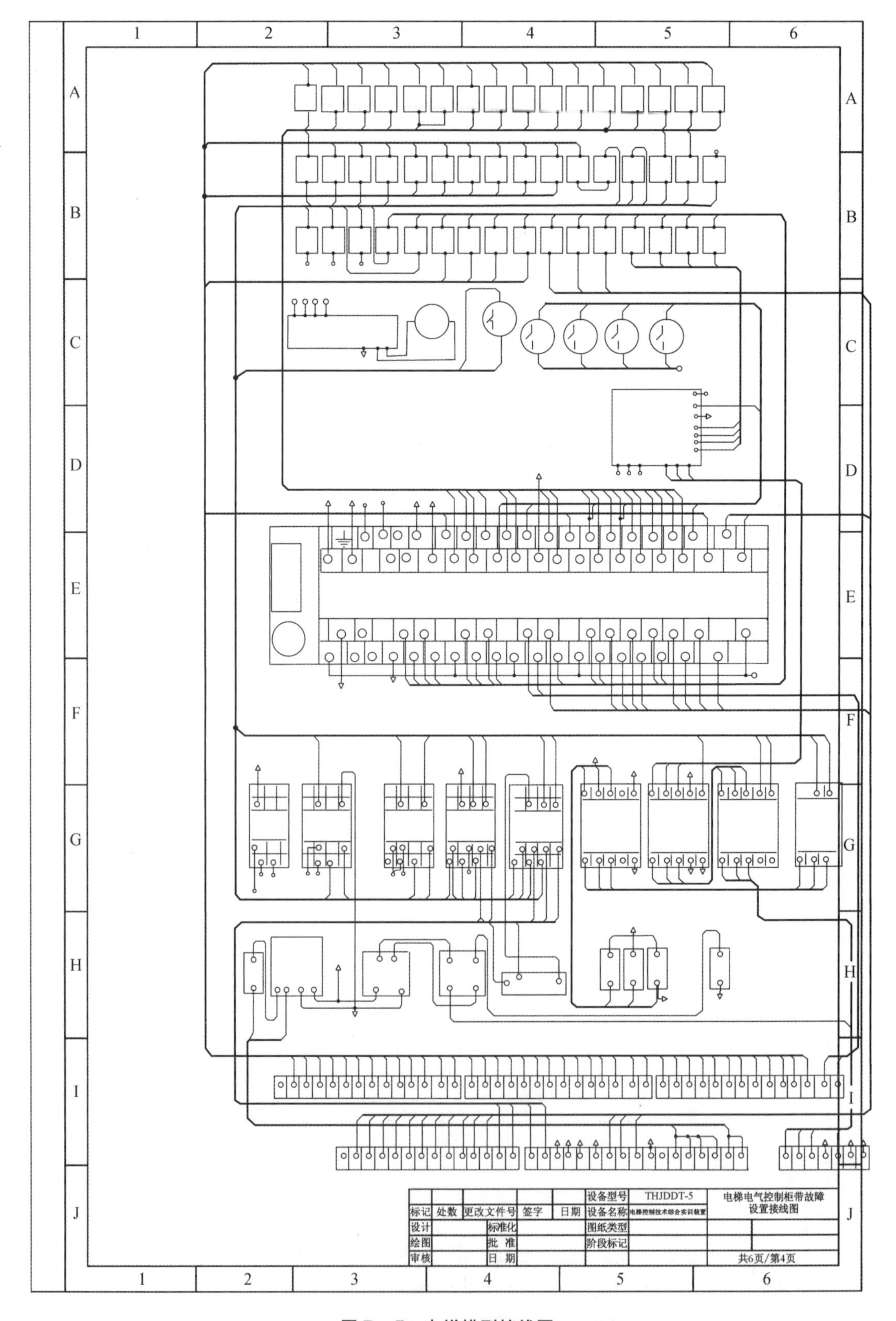
1
2
3
4
5
6
A
B
C
D
E
F
G
H
I
J
设备型号
THJDDT-5
电梯电气控制柜带故障设置接线图
标记
处数
更改文件号
签字
日期
设备名称
设计
标准化
图纸类型
绘图
批 准
阶段标记
审核
日 期
共6页/第4页

图 D-7 电梯模型接线图

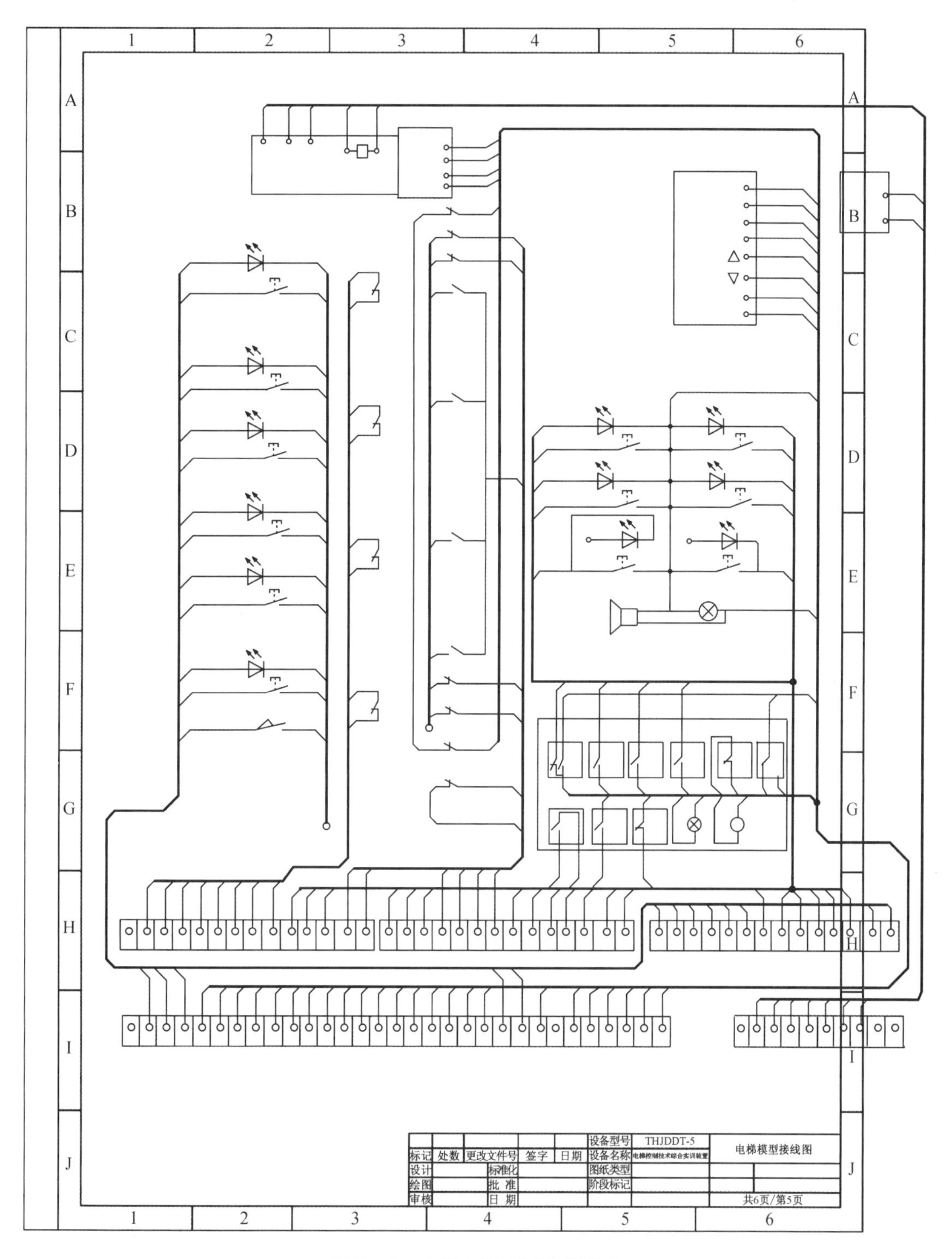

图 D－8 电梯电气控制柜接线图

参 考 文 献

[1] 蔡杏山. 图解 PLC、变频器与触摸屏技术完全自学手册[M]. 北京:化学工业出版社,2015.

[2] 张永平. 现代电气控制与 PLC 应用项目教程[M]. 北京:北京理工大学出版社,2014.

[3] 赵俊生. 电气控制与 PLC 技术项目化理论与实训[M]. 北京:电子工业出版社,2009.

[4] 周奎,王玲. 变频器技术及应用[M]. 北京:高等教育出版社,2018.

[5] 于晓云,许连阁. 可编程控制技术应用:项目化教程[M]. 北京:化学工业出版社,2011.

[6] 廖常初. 可编程序控制器应用技术[M]. 重庆:重庆大学出版社,1998.

[7] 施利春,李伟. PLC 操作实训(西门子)[M]. 北京:机械工业出版社,2009.

[8] 王成福. 可编程序控制器及其应用[M]. 北京:机械工业出版社,2006.

[9] 阮友德. PLC、变频器、触摸屏综合应用实训[M]. 北京:中国电力出版社,2009.